"十二五"职业教育国家规划教材

经全国职业教育教材审定委员会审定

氨基酸发酵生产技术（第二版）

邓毛程　主　编

U0242201

中国轻工业出版社

图书在版编目（CIP）数据

氨基酸发酵生产技术/邓毛程主编. —2 版. —北京：中国轻工业
出版社，2024.1

"十二五"职业教育国家规划教材

ISBN 978-7-5019-9783-1

Ⅰ. ①氨… Ⅱ. ①邓… Ⅲ. ①氨基酸—发酵—高等职业教育—
教材 Ⅳ. ①TQ922

中国版本图书馆 CIP 数据核字（2014）第 110517 号

责任编辑：江 娟 贺 娜

策划编辑：江 娟 责任终审：滕炎福 封面设计：锋尚设计
版式设计：王超男 责任校对：吴大鹏 责任监印：张 可

出版发行：中国轻工业出版社（北京鲁谷东街 5 号，邮编：100040）
印 刷：三河市万龙印装有限公司
经 销：各地新华书店
版 次：2024 年 1 月第 2 版第 2 次印刷
开 本：720×1000 1/16 印张：14
字 数：282 千字
书 号：ISBN 978-7-5019-9783-1 定价：28.00 元
邮购电话：010 – 85119873
发行电话：010 – 85119832 010 – 85119912
网 址：http://www.chlip.com.cn
Email：club@ chlip.com.cn

本书编写人员

主　编　邓毛程

副主编　王　瑶　朱晓立　李　静

主　审　梁世中

前　言

　　氨基酸发酵是典型的代谢控制发酵、好气性发酵，随着氨基酸发酵产品及应用的迅速发展，以及新设备、新技术等不断被应用于生产，我国氨基酸发酵行业在生产规模、技术水平等方面均取得可喜的成绩。但是，相对于产业规模的发展速度，我国氨基酸发酵产业的技术技能型应用人才明显不足，不利于氨基酸发酵产业的进一步发展。为了方便初学者进行系统学习，有效地培养更多的技术技能型应用人才，我们在众多的参考文献基础上，结合氨基酸发酵产业的新技术，结合自己的生产实践以及教学实践，将氨基酸发酵生产技术汇编成为本书。为了更好地配合高职生物技术类专业"教－学－做"一体化教学的改革，我们对本书（第一版）进行了修订，改进的内容主要有：将第一版的第五章和第六章的内容整合为一章，将第一版的第九章和第十章的内容整合为一章；更新了各章的工艺技术内容、图表、同步练习以及参考文献等；在各章中增加了实训项目和拓展知识。本书经过修订，突出了以谷氨酸发酵生产技术为学习线索的特色，方便学生系统地掌握氨基酸发酵生产的通用技术，适用于高职生物技术类专业的教学，采用"教－学－做"一体教学的学时建议不少于120学时。同时，本书也可作为氨基酸发酵产业技术人员的参考资料。

　　参加本书编写工作的人员主要有：广东轻工职业技术学院的邓毛程、王瑶、朱晓立、李静。具体分工如下：邓毛程编写绪论、第三章、第五章、第六章；王瑶编写第一章、第二章；朱晓立编写第四章；李静编写第七章、第八章。由邓毛程担任主编，王瑶、朱晓立、李静担任副主编，华南理工大学梁世中教授担任主审。在编写过程中，得到了郑善良（复旦大学）、王瑛华（复旦大学）、梁世中（华南理工大学）、谢秀祯（海南师范大学）、张鑫（郑州轻工业学院）、马歌丽（郑州轻工业学院）、苏振玉（广州奥桑味精食品有限公司）、徐国华（中国阜丰发酵集团有限公司）、李平凡（广东轻工职业技术学院）等多位老师的大力支持；同时，主要参考了冯容保、云逢霖、于信令、张克旭、陈宁、张伟国等多位老师的书籍和文献资料，以及许多国内外相关的书籍和文献资料，在此表示衷心的感谢。

　　由于编者学识疏浅，书中难免会有错误或不妥之处，恳请读者不吝赐教，提出宝贵意见。

邓毛程

2014 年 2 月

目　　录

绪　　论

第一节　氨基酸的种类和应用

一、氨基酸的种类

氨基酸是构成蛋白质的基本单位，赋予蛋白质特定的分子结构形态，是生命机体营养、物质代谢调控、信息传递等的重要物质。氨基酸分为两大类，即蛋白质氨基酸和非蛋白质氨基酸。蛋白质氨基酸只有 20 种，自然界中绝大多数氨基酸都是蛋白质氨基酸。从营养学角度划分，可分为必需氨基酸、半必需氨基酸和非必需氨基酸。人体或其他脊椎动物本身不能合成，必须从食物蛋白中摄取的氨基酸称为必需氨基酸，这类氨基酸包括 L−赖氨酸、L−苏氨酸、L−蛋氨酸、L−色氨酸、L−缬氨酸、L−亮氨酸、L−异亮氨酸和 L−苯丙氨酸。人体或其他脊椎动物虽然能够合成，但合成量不能满足正常需要的氨基酸称为半必需氨基酸，有精氨酸和组氨酸两种。人体或其他脊椎动物本身能够从简单的前体合成，不需从食物蛋白中摄取的氨基酸称为非必需氨基酸，此类氨基酸有甘氨酸、丙氨酸、天冬氨酸、谷氨酸、丝氨酸、半胱氨酸、天冬酰胺、谷氨酰胺、脯氨酸和酪氨酸。

二、氨基酸的应用

1. 氨基酸在食品工业中的应用

（1）调味的作用　L−谷氨酸单钠俗称味精，其产量居氨基酸之首位，作为重要的鲜味剂，一般应用于家庭、饮食业的烹饪以及食品加工业的调味。甘氨酸呈甜味，略带苦味和甘味，在食品加工业中常被作为甜味剂，如调制酒类、清凉饮料、速食食品、水产加工品等的加工。L−天门冬氨酸和苯丙氨酸缩合成为天门冬氨酸甲酯（简称甜味素，AMP），其甜度是蔗糖的 150 倍，几乎不增加热量，可作为糖尿病、肥胖症等疗效食品的甜味剂，也可作为防龋齿食品的甜味剂。

（2）增香与除臭的作用　烘焙食品的香气来自氨基酸与糖反应生成的分解产物，主要涉及食品非酶褐变过程的美拉德反应和斯特勒克降解反应，添加氨基酸可强化这两个反应。例如，烘烤面包时，添加脯氨酸可强化面包的香气，添加赖氨酸或丙氨酸使烘烤后具有蜂蜜般香味，添加缬氨酸使烘烤后具有芝麻般香味。利用 L−半胱氨酸的美拉德反应，可以调制出牛肉、猪肉般的"肉香"。

羊肉、鱼和大豆等因含有中级脂肪酸、挥发性胺或正己醛而具有特□的异臭味或腥味，以丙氨酸为主的矫味剂可除去。利用 L−赖氨酸 6 位氨基的□泼性，也可消除食品加工中产生的异臭味。

（3）保质与保鲜的作用　氨基酸可以作为抗氧化剂，有效地延长□品的保质期。例如，胱氨酸、亮氨酸、色氨酸等适用于油脂贮存过程中抗氧□；脯氨酸、蛋氨酸与维生素 E 制成的复合抗氧化剂可防止虾、蟹的褪色和变黑□半胱氨酸盐酸盐可以作为天然果汁的抗氧化剂。

用氨基酸作为防腐剂，既可起防腐作用，又具有营养、风味等作用□例如，甘氨酸能抑制枯草杆菌、大肠杆菌的生长，添加到食品中起到防腐保鲜□作用；赖氨酸可以用于水果及其罐头制品的保鲜与保色。

（4）营养的作用　氨基酸是构成天然蛋白质的基本单位，人类从□食中的蛋白质获取各种氨基酸以满足机体的需求。对于人体和脊椎动物而言，□种必需氨基酸只能由食物供给。动物性蛋白质中 8 种必需氨基酸的比例与人体□需要的比例基本一致，而大多数植物蛋白质往往缺乏部分必需氨基酸或者其比□与人体所需要的比例不同，因此，可以在植物食品中添加一些氨基酸进行强化，□其营养价值接近动物性蛋白的水平。例如，采用赖氨酸强化谷物，是联合国粮□织组织和世界卫生组织所确认并推荐的一种做法，能够有效地解决蛋白质短缺□问题。对婴幼儿而言，赖氨酸能够促进钙的吸收，加速骨骼生长，对婴幼儿的生□发育十分有益。

2. 氨基酸在医药工业中的应用

（1）作为营养性输液　生物体中，蛋白质的合成与分解是处于一种□态平衡状态，为了维持体内氮的平衡，需由外界供给蛋白质或氨基酸。病患□□不能由口腔摄取食物时，可以通过输入氨基酸制剂改善患者的营养状况，促□康复。目前，氨基酸输液除了包含 8 种必需氨基酸，还包含多种非必需氨基酸。

（2）治疗的作用　氨基酸及其衍生物可以作为药物使用。精氨酸、□氨酸、瓜氨酸对高氨血症、肝机能障碍等疾病具有显著疗效。天门冬氨酸盐可用□治疗心脏病、肝病、糖尿病等疾病。谷氨酸及其衍生物可改进和维持脑机能，□于治疗运动障碍、脑炎、蒙古症、肝昏迷等症状。胱氨酸可作为治疗皮肤及皮□损伤的药物。组氨酸可扩张血管，降低血压，常用于心绞痛、心功能不全等疾□的治疗。蛋氨酸可用于治疗肝炎、肝硬化等疾病，也可缓解砷、四氯化碳、苯□吡啶等有害物质的毒性。支链氨基酸可用于肝功能衰竭等疾病的治疗，也可治□神经障碍以及贫血等。赖氨酸、脯氨酸可作为利尿剂，并可作为抗高血压药物□苯丙氨酸具有抗肿瘤的作用。环丝氨酸可用于治疗结核病。

（3）起载体与黏接作用　聚合氨基酸是同一氨基酸单体化学法或微□物法合成的一类高分子聚合物，具有抗腐蚀性、耐热性、组织的相容性与消□吸收性，可作为药物的缓释、靶向载体和外用药物的载体，也适用于外科及手□用的黏胶剂、止血剂及密封剂。例如，Cell Therapeutics 公司利用生物可降解的聚谷氨酸作为紫杉醇的载体，开发了抗肿瘤药物——聚谷氨酸紫杉醇（PG - TXL）；将氨甲嘌呤（治疗肿瘤、白血病的药物）与 ε - 聚赖氨酸聚合，能提高药物的疗效。

3. 氨基酸在饲料工业中的应用

在氨基酸饲料学中，根据必需氨基酸缺乏程度，可将必需氨基酸分为第一、第二或第三限制氨基酸。饲料中蛋白质大部分是植物蛋白质，与动物蛋白质的氨基酸组成不一致，若只增加饲料蛋白质的数量，氨基酸的比例不协调，将不能全部被动物所利用。只有根据饲料所缺少的限制性氨基酸进行补充，才能提高饲料中蛋白质的利用率。

对于不同品种的动物，所用的饲料不同，限制性氨基酸的含义也不同。例如，用玉米和大豆粕饲养幼猪时，赖氨酸是第一限制性氨基酸，色氨酸是第二限制性氨基酸；使用无鱼粉日粮饲养鸡时，蛋氨酸、赖氨酸、苏氨酸和色氨酸分别是第一、第二、第三和第四限制性氨基酸。

实验证明，以氨基酸作为饲料添加剂，可促进动物生长发育，改善肉质，提高产奶、产蛋，使饲料得到充分利用，节省饲料用量，降低成本。例如，在猪的饲料中添加 0.04% ~ 0.22%（质量分数）的 L - 赖氨酸，猪可增重 20% ~ 35%；在饲料中添加 0.1%（质量分数）左右的蛋氨酸，可使饲料中蛋白质的利用率提高 3% 左右，可有效地提高禽类的产蛋率或增加猪的瘦肉率。

4. 氨基酸在农业中的应用

作为无公害农药，近年来氨基酸农药得到极大的发展。利用氨基酸及其金属盐类、聚合物、衍生物可作为杀虫剂，如用甘氨酸乙酯的二硫代磷酸盐杀灭蚜虫或螨虫，效果可提高 30 ~ 40 倍。甘氨酸、丙氨酸、半胱氨酸、苏氨酸、高精氨酸等均有抑菌作用，其铜盐络合剂的效果更佳。为了提高杀虫效果，氨基酸可作为引诱剂起作用，如谷氨酸是地中海蝇的性引诱剂，赖氨酸是蚊子的性引诱剂，达到"聚而歼之"的效果，可提高杀虫率 5 ~ 12 倍。

我国农田草害已超过病虫害，由草害引起的损失占农作物总产的 10% 左右，因此，除去农田杂草具有重要意义。由于化学除草剂的毒性大、残留期长，故氨基酸及其衍生物作为新型除草剂日益受到人们的重视，如 N - 3, 4 - 二氮丙氨酸乙酯是除野燕麦的优良除草剂，硫代氨基酸酯是广谱性除草剂。

氨基酸及其衍生物可作为植物生长的促进剂，对植物生长具有一定促进作用。例如，谷氨酸钠可促进大豆增产，半胱氨酸刺激玉米的生长发育，蛋氨酸盐是黄瓜、菜豆、苹果、橙树的生长刺激剂。

5. 氨基酸在化学工业中的应用

随着化妆品工业的发展，氨基酸与化妆品的关系日益密切。例如，甘氨酸、丙氨酸、天门冬氨酸、丝氨酸等可组合成皮肤的保湿因子，添加到化妆品中调节皮肤的机能；半胱氨酸及其衍生物可作为冷烫发中的还原剂，同时也是[ ]头屑洗发液的重要成分；在化妆品中添加天门冬氨酸及其衍生物，可防止皮肤[ ]老化。

氨基酸带有氨基和羟基两种不同性质的官能团，若将亲油性基团[ ]入氨基上，则可得具有阴离子表面活性作用的化合物；若将亲油性基团导入羟[ ]，则可得具有阳离子表面活性作用的化合物。酰基谷氨酸钠是优良的阴离子表[ ]活性，具有极好的洗净力、起泡力及乳化力，可直接用于制造固体洗涤剂，也[ ]以作为洗发剂、洗涤剂、化妆品等的原料。月桂酰－L－精氨酸乙酯盐酸盐是[ ]种具有极强抗菌性且毒性很低的阳离子表面活性剂，可作为优良食品或化[ ]品的防腐剂。

聚合氨基酸具有抗腐蚀性、耐热性、抗逆性，可作为固体皮膜以及[ ]乳性材料，水蒸气透过性能良好。利用聚合氨基酸的生物可降解性，可制造[ ]绿色塑料"，广泛应用于食品包装、一次性餐具等。利用聚谷氨酸极强的保湿[ ]可制取已开发了对肌肤具有极佳滋润效果的化妆液。聚合氨基酸衍生物具有[ ]显的压电效应，可作为带电防止剂添加到高分子材料中，降低制品的易带电性[ ]

第二节　氨基酸发酵的发展

一、发酵法生产氨基酸的起源

氨基酸的制造是从 1820 年水解蛋白质开始的。1850 年在实验室内用[ ]学法也合成了氨基酸。1866 年德国的 H. Ritthausen 博士利用硫酸水解小麦面[ ]分离到一种酸性氨基酸，依据原料的取材，将此氨基酸命名为谷氨酸。1872[ ]Hlasi-witz 和 Habermaan 用酪蛋白也制取了谷氨酸。1908 年，日本味之素公司的[ ]始人池田菊苗博士从海带浸泡液中提取出一种白色针状结晶物，发现该物质具[ ]强烈鲜味，化学分析表明鲜味是谷氨酸一钠所致，池田菊苗将其命名为"味[ ]素"，以此为契机开始了工业上生产谷氨酸的研究。1910 年日本味之素公司以[ ]物蛋白（小麦面筋、豆粕）为原料用盐酸水解生产谷氨酸，这是世界上最早[ ]功地进行氨基酸工业生产的方法。

第二次世界大战后不久，美国农业部研究所的 L. B. Lockwood 在葡萄[ ]培养基中好气性培养荧光杆菌时，发现培养基能够积累 α－酮戊二酸，并发表[ ]酶法或化学法将 α－酮戊二酸转化为 L－谷氨酸的研究报告。1948 年起，日本[ ]研究人员对 α－酮戊二酸发酵积极开展研究，获得了对糖的转化率达到 50%～[ ]%的α－酮戊二酸生产菌。1956 年，日本协和发酵公司开始选育由碳水化合物[ ]化为 L－谷氨酸的菌株，木下视郎博士等人分离选育出谷氨酸棒状杆菌，经过[ ]理学试验，发现该菌株为生物素缺陷型菌株，通过对生物素用量的研究以及发[ ]罐扩大试验，1957 年日本协和发酵公司正式工业化发酵生产味精。随后，日[ ]味之素、三乐、旭化成工业公司等也进行了味精的发酵法生产。

日本协和发酵公司选育谷氨酸生产菌的成功，促进了日本各国立大学对谷氨酸以及其他氨基酸生产菌的选育，并推动了各种氨基酸发酵的研究和生产。木下视郎博士等人引入遗传生化学的知识与技术，选育了许多人工诱发突变菌株，从而使赖氨酸、鸟氨酸、缬氨酸、丙氨酸、高丝氨酸、苯丙氨酸、酪氨酸、异亮氨酸、甘氨酸、瓜氨酸、脯氨酸、苏氨酸、色氨酸等发酵研究成果被相继报道，一部分氨基酸发酵生产也相继被实现。

二、氨基酸发酵技术的进展

氨基酸发酵技术的发展与微生物技术的发展的关系十分密切。

微生物技术的源流可追溯到 4000 多年前的酿造技术，如酒、醋、酱油、泡菜等发酵，当时人们只是凭借经验进行酿造，并不知道酿造与微生物的关系，谈不上发酵过程的控制，因此这一时期称为自然发酵时期。

1667 年荷兰人安东尼·列文虎克发明了显微镜并揭示微生物的存在，1857年法国著名微生物学家巴斯德揭示了发酵产物是由微生物所产生，1905 年德国人柯赫首次发明固体培养基并获得细菌的纯培养物，从此建立了微生物的纯培养技术，这是微生物发酵技术发展进程的第一个转折点。随着杀菌技术的运用和简单密闭式发酵罐的发明，发酵技术逐渐进入近代化学工业的行列，可通过人工控制环境条件进行乙醇、丁醇、丙酮等厌氧发酵。

1928 年英国细菌学家弗莱明发现了青霉素，由于在第二次世界大战中对抗菌药物的大量需求，促使人们对青霉素生产深入研究，于 1945 年以深层培养方式进行大规模发酵生产青霉素，从此建立了深层培养技术，这是微生物发酵技术发展进程的第二个转折点。由于空气除菌技术和机械搅拌通气技术的运用，推动了抗生素发酵工业的快速发展，链霉素、氯霉素、土霉素、四环素等好氧发酵的次级产物相继投产。

1956 年日本采用发酵法成功地制造了谷氨酸。随着微生物遗传学和生物化学的发展，氨基酸发酵工业引进了人工诱变育种和代谢控制发酵的新技术，极大地推动了氨基酸发酵工业的发展，至今大部分氨基酸可通过发酵法进行生产。代谢控制发酵技术以动态生物化学和微生物遗传学为基础，通过人工诱变获取适合生产某种产物的突变株，此突变株在人工控制的条件下培养，能够选择性地大量生产人们所需的产品。代谢控制发酵技术也被用于核苷酸类物质、有机酸以及抗生素的发酵生产，其建立是微生物发酵技术发展进程的第三个转折点，使近代发酵工业进入一个鼎盛时代。

在发酵法工业化生产氨基酸的进程中，新理论、新技术、新工艺、新设备不断出现，原料范围和产品种类日益扩大，产率也日益提高。发酵动力学的建立以及计算机自动控制的应用，使发酵过程控制趋于优化。生物反应器的不断改进，使发酵过程中的传质、传热更加高效。新材料不断被研制成功及其技术的应用，如膜技术在空气除菌、产物提取中的应用，新型离子交换剂在产物提取中的应用，不断提高了生产效率和产品质量。1973 年第一个目的基因重组成功，奠定了基因工程理论及其实际应用的基础，成为微生物发酵技术发展进程的第四个转折点。科研人员在大肠杆菌载体－受体系统的基础上，对棒状杆菌载体－受体系统深入研究，利用可检测识别的杂交质粒进行基因重组，利用 PCR 技术扩增目标基因的重组，在构建氨基酸基因工程菌方面取得了可喜的成绩，大幅地提高了氨基酸发酵产率。同时，在调控研究中，运用定点突变、插入失活及计算机分子空间构象模型等手段，揭开了许多关键酶受反馈抑制的机制，为代谢调控注入新的活力，为获得高产、优质且易于自动化生产的菌株打下基础。

三、氨基酸发酵行业的现状与趋势

许多种氨基酸均可利用微生物发酵法进行生产，使氨基酸产量大幅度增加，其生产成本大为降低。据统计，至 2010 年全球氨基酸产量已超过 400 万吨，其中应用于食品工业的氨基酸占总量的 60% 左右，主要用于增加食品营养、提高食品风味、防止食品变质以及消除食品异味等方面。在氨基酸产品中，谷氨酸单钠（味精）、赖氨酸、苏氨酸、蛋氨酸、苯丙氨酸等的产量较大，其中味精年产量占氨基酸总量的 70% 以上。

氨基酸的主要生产国家有日本、中国、美国、德国、法国、印尼、泰国、韩国及越南等。从氨基酸研究开发的角度来看，日本仍是氨基酸的重要开发基地之一，其氨基酸生产品种较齐全，在世界市场的占有率为 35%。近年来，由于日本国内原料价格高，三废处理费用大，较多的日本企业向外发展，如日本味之素公司先后在美国、意大利、泰国、巴西、中国合资生产赖氨酸，目前该公司赖氨酸居世界首位。美国利用基因重组技术，在氨基酸高产菌选育方面居于世界前列，美国 ADM 公司在天冬氨酸、L－苯丙氨酸、赖氨酸、苏氨酸、色氨酸生产上具有较强竞争优势，世界市场的占有率较高。虽然我国氨基酸生产起步较晚，但在生产规模和技术水平方面的起点都比较高，至 2010 年国内氨基酸总产量已超过 300 万吨，其中谷氨酸及味精的产量达 220 万吨，占世界产量的 70% 以上，居世界第一。2010 年，我国赖氨酸及赖氨酸盐产量达 70 多万吨，居世界第二；苏氨酸产量达 10 万吨，居世界前列。同时，苯丙氨酸、脯氨酸、异亮氨酸、缬氨酸等小品种氨基酸也得到较好的发展。

我国氨基酸产业现拥有近百家企业，已成为氨基酸产品的"世界工厂"，在国际上占有举足轻重的地位。但是，与国外先进水平相比，我国氨基酸产业仍存在产品结构不合理、主要生产技术指标低于日本等先进国家、生产成本较高等问题，主要表现如下。

（1）创新品种少，产品研发能力弱　我国拥有自主知识产权的新型氨基酸产品相对较少，新产品产业化能力较弱。

（2）资源能源消耗大，环境污染问题比较突出 我国氨基酸产业对资源和环境依赖性较大，主要原因在于原料利用率不高，废弃物排放量较大，资源综合利用深度不够和副产品附加值较低，节能和环保的形势严峻。

（3）生产水平相对落后 我国部分氨基酸企业的生产规模较小，装备相对落后，工艺技术与国际先进水平仍有一定差距，关键技术仍需要突破。

目前，氨基酸主要用于食品补充剂、饲料添加剂、临床营养制剂以及氨基酸药物等，国内外氨基酸产业除了积极发展已产业化氨基酸的新技术，还积极进行氨基酸深层次加工及新产品开发。利用现代生物技术构建工程菌，已成为当今的育种趋势，据统计，包括谷氨酸在内的 6 种氨基酸生产已应用重组 DNA 技术改造过的菌种。随着世界人口的增长和生活水平的不断提高，世界各国对肉类食品的需求量极大，因而除了作为调味剂的味精，作为饲料添加剂所用的 L－赖氨酸盐、L－苏氨酸、L－蛋氨酸、L－色氨酸等，仍将保持很大的市场需求。近年来，世界药用氨基酸的年增长率在 10% 以上，且药用氨基酸中热点品种很多，发展药用氨基酸已成为氨基酸工业的一个热点。氨基酸及其衍生物是合成手性药物的重要原料，如 D－苯甘氨酸和 D－对羟基苯甘氨酸是制备羟氨苄青霉素、头孢羟氨苄等 β－内酰胺类半合成抗生素的主要原料，市场对手性药物的需求促进了药用氨基酸的增长。例如，20 世纪 90 年代以前，氨基酸主要被作为营养性输液原料，占药用氨基酸的 80% 左右；1998 年作为合成药物中间体的氨基酸原料用量首次超过营养性输液所用的氨基酸原料。另外，氨基酸的应用领域正在向化工、化妆品方面拓展，例如，聚合氨基酸系列产品是具有生物降解性的生物材料，在绿色化学产品中已崭露头角，已应用于缝合线、人工皮肤、药物与基因治疗的载体等方面。聚合氨基酸系列产品的研究是生物化学、药物化学、高分子材料学等多个学科交叉的热点，其生产将成为 21 世纪氨基酸工业的重要发展方向。

同步练习

1. 列举氨基酸具体应用的 10 个实例。
2. 简述氨基酸发酵技术的起源与进展。
3. 简述国内外氨基酸发酵行业的现状与趋势。

第一章　培养基制备技术

知识目标

- 了解培养基的营养成分与来源；
- 熟悉淀粉制备葡萄糖、糖蜜预处理等工艺流程及控制要素，熟悉　氨酸生产培养基配制的控制要素；
- 理解双酶法制备葡萄糖的工艺原理及影响因素，理解工业培养基　择与配制原则。

能力目标

- 能够制定双酶法制备葡萄糖的工艺流程及技术参数，能够操作双　法制备葡萄糖岗位的生产设备及控制技术参数；
- 能够制定培养基配制的技术参数，能够操作培养基配制岗位的生　设备及控制技术参数；
- 能够分析与处理双酶法制备葡萄糖过程、培养基配制过程的常见　题。

第一节　培养基的营养成分与来源

培养基的营养成分对微生物的生长、繁殖及代谢的影响极大。微生　生长、繁殖以及代谢对培养基成分和含量的要求有一定差别，因而培养基的种　很多。无论哪种培养基，都应满足微生物生长、繁殖和代谢方面所需要的各种　养物质。微生物生长所需要的营养物质应该包括所有组成细胞的各种化学元素　以及参与细胞组成、构成酶的活性成分与物质运输系统、提供机体进行各种生　活动所需的能量，同时，也只有提供必须的和充足的养分，才能有效地积　代谢产物。

一、微生物细胞的化学组成与胞外代谢产物

1. 微生物细胞的化学组成

分析微生物细胞的化学组成是了解微生物营养的基础。通过对各类微　物细胞物质成分的分析，发现微生物细胞的化学组成和其他生物没有本质上的　差别。从元素水平上看，微生物细胞都含有碳、氢、氧、氮和各种元素，其中碳　氢、氧、氮、磷、硫六种元素占细胞干重的90% ~97%。从化合物水平上看，　生物细胞中都含有水分、糖类、蛋白质、核酸、脂质、维生素和无机盐等物　表

8

表1-1和表1-2分别列举细菌细胞的主要元素和几种微生物细胞的化学组成。

表1-1　　　　　　　　　细菌细胞的主要元素成分

元素	占总干物质比例/%	元素	占总干物质比例/%
碳	50	钾	1
氧	20	钠	1
氮	14	钙	0.5
氢	8	镁	0.5
磷	3	氯	0.5
硫	1	铁	0.2

表1-2　　　　　　　　　微生物细胞中主要物质的含量

微生物	水分/%	干物质总量/%	干物质所占比例/%				
			蛋白质	核酸	糖类	脂质	无机盐类
细菌	75~85	15~25	50~80	10~20	12~28	5~20	2~30
酵母	70~80	20~30	72~75	6~8	27~63	2~15	3.8~7
霉菌	85~95	5~15	14~15	1	7~40	4~40	6~12

细胞内的有机质、无机质和水等物质共同赋予细胞的遗传连续性、通透性和生化活性。组成细胞的化学物质分别来自不同的营养物质，微生物在适宜条件下从环境中获得绝大多数的小分子营养物质，而大分子物质则由细胞自身合成。微生物细胞的化学组成不是绝对不变的，往往与微生物的菌龄、培养条件、环境及生理特性相关。

微生物的胞外代谢产物

微生物在生长过程中，除了利用外源营养物质合成新细胞外，还会产生一些有机化合物并将其分泌到微生物细胞外，这些胞外代谢产物种类繁多，因微生物种类而异。了解胞外代谢产物的化学组成，有助于选择培养微生物的营养物质。一般来说，微生物的胞外代谢产物主要包括以下四个部分。

（1）代谢副产物　主要是指伴随微生物正常代谢作用所产生的一些小分子化合物，一般是嫌气培养过程的产物，包括 CO_2、H_2、CH_4 等气体和乙醇、丙酮、丁醇、丙酸、乳酸等低分子质量的醇类、酮类和脂肪酸类。

（2）中间代谢产物　是细胞在代谢途径中产生的一些小分子物质，如氨基酸、核苷酸、有机酸和单糖的衍生物，主要用于合成蛋白质、核酸、类脂和多糖等胞物质，一般不分泌到微生物细胞外，只有在微生物细胞生物合成受阻或外源浓度较高的情况下，才会大量积累和分泌于细胞外。

（3）次级代谢产物　由微生物细胞合成，既不参与细胞的组成，又不是酶的活性基团，也不是细胞的贮存物质，通常有抗生素、毒素、激素和色素等几类，大多数分泌于微生物细胞外。

（4）胞外水解酶类　如淀粉酶、蛋白酶、脂肪酶、果胶酶、纤维素酶、葡萄糖氧化酶、葡萄糖异构酶等。

对于氨基酸生产菌而言，其胞外产物主要是氨基酸、CO_2 以及一些代谢副产物，因此，氨基酸生产菌的代谢对外源提供的 C、N 等营养物质的需求量很大。

二、培养基的营养物质分类及来源

培养基是提供微生物生长繁殖和生物合成各种代谢产物所需要的，按一定比例配制的多种营养物质的混合物。在氨基酸发酵生产和科研中，由于菌种、菌种的生长阶段及发酵工艺条件等方面的差异，所使用的培养基也不同。归纳起来，组成培养基的原材料有水分、碳源、氮源、无机盐、微量元素以及生长因子等。

1. 水分

水既是微生物细胞的重要组成成分（占细胞总量80%～90%），又是细胞进行生物化学反应的介质。微生物细胞对营养物质的吸收和代谢产品的分泌都必须借助水的溶解才能通过细胞膜，同时一定量的水分是维持细胞渗透压的必要条件。水的比热高，是热的良好导体，能够有效地调节细胞的温度。

2. 碳源

凡可以构成微生物细胞和代谢产物中碳素来源的营养物质称为碳源。微生物细胞成分（如蛋白质、糖类、脂类、核酸）的碳素来自于培养基的碳源，碳素在微生物细胞内含量相当高，占细胞干物质的 50% 左右。另外，微生物代谢产物的碳素和生命活动所需的能源物质均来自于培养基的碳源。糖类、脂类、有机酸、低碳醇等可作为培养基的碳源，而淀粉制备的葡萄糖、甘蔗糖蜜以及甜菜糖蜜是氨基酸发酵生产的常用碳源。

3. 氮源

凡是能被微生物利用以构成细胞物质中或代谢产物中氮素来源的营养物质通常称为氮源。在氨基酸发酵生产中，由于微生物细胞物质和代谢产物的合成对氮素的需求量较大，故培养基要为微生物提供较大量的氮源。在氨基酸发酵工业中，常用的有机氮源包括花生饼粉、黄豆饼粉、棉籽饼粉、麸皮、废菌丝体、毛发、玉米等物质的水解液、糖蜜、尿素、蛋白胨等，常用的无机氮源有氨水、液氨、硫酸铵等。

4. 无机盐和微量元素

无机元素是微生物生长和代谢不可缺少的营养物质。氨基酸发酵生产上，无机盐的主要作用是构成细胞的组织成分、作为酶的组成成分或维持酶的活性、调节细胞的渗透压、氢离子浓度、氧化还原电位等。根据微生物对无机元素的需要量大小，可以分成主要无机元素和微量无机元素。主要无机元素包括磷、硫、钾、钠、镁、铁等，其中磷、钾、镁、硫的需要量较大。微量无机元素包括锌、钴、铜、硼、碘、溴、锰、钼等，虽然微生物体内含量极微，但能够强烈刺激微生物的生长发育和代谢。

5. 生长因子

从广义来说，凡是微生物生长不可缺少的微量的有机物质，如氨基酸、嘌呤、嘧啶、维生素等，均称为生长因子。不是所有的生长因子都是每一种微生物必需的，只是对于某些自身不能合成这些成分的微生物才是必不可少的营养物。通常，动、植物细胞的浸出物含有丰富的微生物所需生长因子。在氨基酸发酵工业中，一般采用动、植物细胞浸出物添加到培养基以提供生长因子，这些物质有玉米浆、豆粕水解液、毛发水解液、糖蜜等；或在培养基中直接添加经过提炼、纯化的生长因子物质，如纯生物素、维生素等。

第二节 淀粉制备葡萄糖

淀粉是我国氨基酸生产的主要原料，由其制备所得的葡萄糖是氨基酸发酵生产的主要碳源，因而淀粉制备葡萄糖也是氨基酸工业生产的重要工序。下面重点介绍淀粉制备葡萄糖的生产技术。

一、淀粉的组成及其特性

淀粉中的化学元素有碳、氢、氧，是一种碳水化合物，各元素的质量比分别为：碳 44.4%，氢 6.2%，氧 49.4%。淀粉的分子单位是葡萄糖，由许多葡萄糖脱水缩聚而成，其分子式可用 $(C_6H_{10}O_5)_n$ 来表示。淀粉为白色无定形的结晶粉末，存在于各种植物组织中，植物来源不同，淀粉的结构、所含的葡萄糖数目差异较大。

淀粉一般有直链淀粉和支链淀粉两部分，如图 1-1 所示。直链淀粉由非分支的葡萄糖链构成，葡萄糖分子间以 $\alpha-1,4$ 糖苷键聚合而成，聚合度（组成淀粉分子链的葡萄糖单位数目）一般为 100~6000。支链淀粉的直链由葡萄糖分子以 $\alpha-1,4$ 糖苷键相连接，而支链与直链葡萄糖分子以 $\alpha-1,6$ 糖苷键相连接，它的分子呈树枝状，形成分枝结构。支链淀粉分子较大，聚合度在 1000~3000000，一般在 6000 以上。普通谷类和薯类淀粉含直链淀粉 17%~27%，其余为支链淀粉；而黏高粱和糯米等则不含直链淀粉，全部为支链淀粉。

淀粉不溶于冷水、酒精、醚等有机溶剂，在热水中能吸收水分而膨胀，致使淀粉颗粒破裂，淀粉分子溶解于水中形成带有黏性的淀粉糊，这个过程称为糊化。糊化过程一般经历三个阶段：①可逆性地吸收水分，淀粉颗粒稍微膨胀，此时将淀粉冷却、干燥，淀粉颗粒可恢复原状；②当温度升至 65℃ 左右，淀粉颗

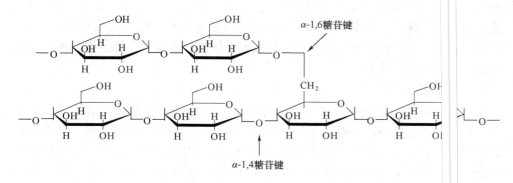

图 1-1 直链淀粉和支链淀粉的结构示意图

粒不可逆性地吸收大量水分，体积膨胀数十倍至百倍，并扩散到水中，□度增加很大；③当温度继续升高，大部分的可溶性淀粉浸出，形成半透明的□质胶体，即糊化液。

淀粉与碘作用，反应强烈，生成鲜明蓝色的淀粉-碘复合物。若□行加热，呈现的蓝色消失，冷却后又重复出现。如果加热温度太高，冷却后蓝色□可能不再出现，这是加热使碘逸出所致。

二、淀粉水解糖的制备方法

制备淀粉的农产品主要有薯类、玉米、小麦、大米等。根据原料淀□的性质及采用的催化剂不同，淀粉制备葡萄糖的方法主要有酸解法和酶解法两□。

1. 酸解法

酸解法是利用酸为催化剂，在高温高压下将淀粉水解转化为葡萄□的方法。淀粉乳在加酸、加热的条件下，淀粉可发生水解反应转变为葡萄糖。水□反应的同时，一部分葡萄糖发生复合反应和分解反应。其化学反应的关系□图 1-2所示。

```
                        复合反应
                  ┌──────────► 复合二糖 ⇌ 复合低聚糖
           水解反应 │
淀粉 ──────────► 葡萄糖
                  │
                  └──────────► 5′-羟甲基糠醛 ──────► 有色酸、有色物质
                        分解反应
```

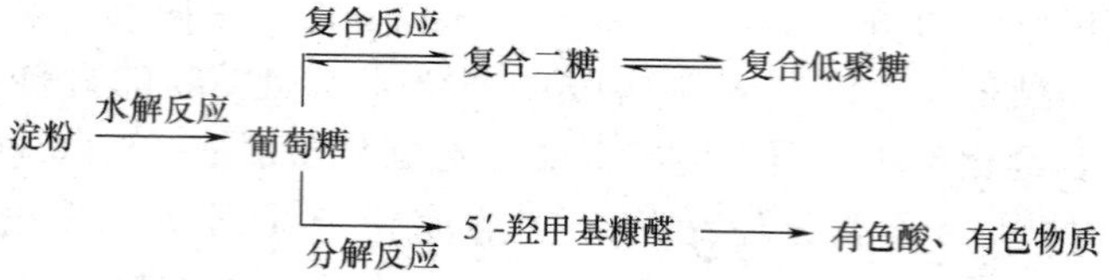

图 1-2 淀粉酸解化学反应的关系

（1）水解反应 酸催化作用下，$\alpha-1,4$ 糖苷键与 $\alpha-1,6$ 糖苷键□步被无序地切断，淀粉颗粒结构被破坏，同时有糊精、低聚糖、麦芽糖和葡□糖的生成。但随着水解作用的进行，中间产物逐渐减少，生成物质的分子质□逐渐变

小，最后生成葡萄糖。其反应式如下：

$$(C_6H_{10}O_5)_n \rightarrow (C_6H_{10}O_5)_x \rightarrow C_{12}H_{22}O_{11} \rightarrow C_6H_{12}O_6 \qquad (1-1)$$
$$\quad 淀粉 \qquad\quad 糊精 \qquad 麦芽糖 \qquad 葡萄糖$$

糊精是若干种分子大于低聚糖的、含有不同数量的脱水葡萄糖单位的碳水化合物的总称。糊精具有还原性、旋光性、溶于水，不溶于乙醇。若将糊精滴入无水乙醇中，有白色沉淀析出。由于水解程度不同，所生成糊精分子大小不同，遇碘呈色也不同，随着水解进行所生成的糊精分别为蓝色糊精、紫色糊精、红褐色糊精、红色糊精、浅红色糊精、无色糊精等。在工业生产中，根据糊精的这些性质，用无水乙醇或碘溶液检验淀粉糖化过程的水解情况。

淀粉水解产生葡萄糖的总化学反应可用下式表示：

$$(C_6H_{10}O_5)_n + nH_2O \rightarrow nC_6H_{12}O_6 \qquad (1-2)$$
$$相对分子质量：162 \qquad\quad 18 \qquad\quad 180$$

从化学反应式可知，淀粉水解过程中，水参与了反应，发生了化学增重。从反应式可以计算淀粉水解产生葡萄糖的理论收率为：

$$\frac{180}{162} \times 100\% = 111\%$$

（2）复合反应 在淀粉酸水解过程中，一部分生成的葡萄糖在酸和热的催化作用下，能通过糖苷键聚合，失掉水分子，生成二糖、三糖和其他低聚糖等，这种反应称为复合反应。其化学反应式可表示为：

$$2C_6H_{12}O_6 \rightarrow C_{12}H_{22}O_{11} + H_2O \qquad (1-3)$$
$$\quad 葡萄糖 \qquad 复合二糖 \quad 水$$

复合反应中，两个葡萄糖分子并不是再经过 $\alpha-1,4$ 糖苷键聚合成麦芽糖，而主要是经过 $\alpha-1,6$ 糖苷键聚合成异麦芽糖和经过 $\beta-1,6$ 糖苷键聚合成龙胆二糖。复合反应是可逆的，复合糖可以再经水解转变为葡萄糖。

葡萄糖复合反应的程度与所生成复合糖的种类和数量，取决于水解条件。一般而言，在较高的淀粉乳浓度、较高的酸浓度、较高的温度和较长的水解时间时，复合反应进行的程度高，复合二糖的生成量多，聚合的程度也高。

对于氨基酸发酵来说，复合反应是极其有害的，水解糖液中多数复合糖并不能被氨基酸生产菌所利用，反而抑制氨基酸生产菌的生长繁殖。氨基酸发酵结束时表现为残糖高，使发酵糖酸转化率降低。因此，在酸解法制备葡萄糖工艺操作中，应注意尽量控制复合反应的发生程度。

（3）分解反应 在淀粉的酸水解过程中，由于反应温度过高和时间过长，使部分葡萄糖脱水，发生分解反应，生成 5′-羟甲基糠醛。5′-羟甲基糠醛的性质不稳定，又可进一步分解成乙酰丙酸、甲酸等物质。这些物质有的自身相互聚合，有的与淀粉中所含的有机物质相结合，产生色素。葡萄糖的分解反应与葡萄糖的浓度、酸度、温度、时间有关。一般来说，加热时间越长、酸浓度越大、葡萄糖的浓度越高，葡萄糖的分解反应越容易发生，生成的 5′-羟甲基糠醛、有色物质越多。实验证明，葡萄糖因分解反应所损失的量并不多，但有色物质的存在将影响葡萄糖液的质量。

2. 酶解法

酶解法是用专一性很强的淀粉酶和糖化酶作为催化剂，将淀粉水解成为葡萄糖的方法。酶解法制备葡萄糖可分为两步：第一步是液化过程，即利用 α-淀粉酶将淀粉液化，转化为糊精及低聚糖；第二步是糖化过程，即利用糖化酶将糊精或低聚糖进一步水解为葡萄糖。淀粉的液化和糖化都在酶的作用下进行，故酶解法又称为双酶法。

（1）液化　淀粉的液化是在 α-淀粉酶的作用下完成的。但淀粉颗粒的结晶性结构对酶作用的抵抗力非常强，α-淀粉酶不能直接作用于淀粉，在作用之前，需要加热淀粉乳，使淀粉颗粒吸水膨胀、糊化，破坏其结晶性的结构。α-淀粉酶是内切型淀粉酶，可从淀粉分子的内部任意切开 α-1，4糖苷键，使直链淀粉迅速水解生成麦芽糖、麦芽三糖和较大分子的寡糖，然后缓慢地将麦芽三糖、寡糖水解为麦芽糖和葡萄糖。当 α-淀粉酶作用于支链淀粉时，不能水解 α-1，6糖苷键，但能越过 α-1，6糖苷键继续水解 α-1，4糖苷键。因此，液化产物除了麦芽糖和葡萄糖外，还含有一系列带有 α-1，6糖苷键的寡糖。在 α-淀粉酶作用完全时，淀粉失去黏性，同时无碘的呈色反应。

（2）糖化　糖化过程是在淀粉葡萄糖苷酶（俗称糖化酶）的作用下完成的。糖化酶是一种外切型淀粉酶，能从淀粉分子非还原端依次水解 α-1，4糖苷键和 α-1，6糖苷键，不过 α-1，6糖苷键的水解速度仅为 α-1，4糖苷键的水解速度的1/10。在糖化酶的作用下，可将液化产物进一步水解为葡萄糖。

3. 酸解法与酶解法的优缺点

（1）酸解法的优缺点　酸解法具有工艺简单，水解时间短，生产效率高，设备周转快的优点。但是，酸解法是在高温、高压以及在一定酸浓度条件下进行的，要求设备耐腐蚀、耐高温和耐压；淀粉在酸水解过程中存在一些副反应，所生成的副产物多，影响糖液纯度，糖液的 DE 值一般只有90%左右，淀粉的实际收率较低；酸解法对淀粉原料要求较严格，要求淀粉颗粒度均匀，颗粒过大会使水解不完全；酸解法的淀粉乳浓度不宜过高，淀粉乳浓度一般为 180~200g/L，过高的淀粉乳浓度会使淀粉转化率下降。

工业上用 DE 值（也称葡萄糖值）表示淀粉糖的糖组成。糖化液中的还原糖含量（以葡萄糖计算）占干物质的百分率称为 DE 值。可用下式计算

$$DE \ 值 = \frac{还原糖含量}{干物质含量} \times 100\% \tag{1-4}$$

（2）酶解法的优缺点　随着酶制剂生产及应用技术的提高，在氨基酸发酵工业上，酶解法制葡萄糖将逐渐取代酸解法制葡萄糖。与酸解法制葡萄糖对比，酶解法制葡萄糖具有很多优点：由于酶具有较高专一性，淀粉水解的副产物少，因而水解糖液纯度高，DE 值可达98%以上，淀粉转化率高；酶解法是在酶的作

用下进行的，不需要耐高温、高压、耐酸腐蚀的设备；可以使用粗原料在较高的淀粉浓度下水解，淀粉乳浓度可达 320～400g/L，所制水解糖液的还原糖含量能够达到 30% 以上；制得的糖液颜色浅，较纯净，无苦味，质量高，有利于糖液的充分利用。

但是，酶解法也有一定的局限性，表现为：酶解法反应时间长，要求设备较多，酶是蛋白质，易引起糖液过滤困难。

三、双酶法生产工艺

采用双酶法将淀粉制成葡萄糖液，一般工艺流程为：淀粉→配制淀粉乳→调节 pH→液化→淀粉酶灭活→冷却→调节 pH→糖化→糖化酶灭活→脱色→过滤→葡萄糖液。

1. 液化工艺

采用 α-淀粉酶对淀粉乳进行液化的方法有很多：按 α-淀粉酶制剂的耐温性不同，可分为中温酶法、高温酶法、中温酶与高温酶混合法；按加酶方式不同，可分为一次加酶法、二次加酶法、三次加酶法等；按操作不同，可分为间歇式、半连续式和连续式；按设备不同，可分为管式、罐式和喷射式等。目前，工业中最常见的液化工艺主要有一次或二次加酶的连续喷射式高温酶法。

例如，一次加酶连续喷射式高温酶法的工艺流程如图 1-3 所示，工艺条件见表 1-3。将淀粉和水加入调浆罐，经搅拌调成淀粉乳，调节 pH 后加入 α-淀粉酶，然后泵送至喷射液化器与蒸汽充分混合，使物料瞬时升温达到糊化目的，喷射后的物料经高温维持，然后进入闪蒸罐，由于压力降低，物料经闪蒸后温度降低至液化温度，最后泵送至维持罐保温一定时间，即可达到液化目的。

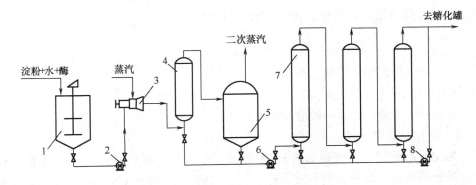

图 1-3 一次加酶喷射式工艺流程

1—调浆罐 2、6、8—泵 3—喷射器 4—高温维持罐
5—闪蒸罐 6—泵 7—立式层流罐 8—泵

表1-3 液化工艺条件

项目	工艺参数	项目	工艺参数
淀粉乳浓度	300～360g/L	高温维持时间	5min
高温淀粉酶用量	5～10U/g 淀粉	闪蒸后温度	95℃
pH	6.0～6.2	液化维持时间	60～120min
喷射温度	110～115℃		

具体操作的实例如下：①按玉米淀粉：水＝1:2.75的比例，将玉米淀粉与水加入调浆罐，经搅拌，使之成为18°Bé左右的淀粉乳，调节pH至6.0～6.2，然后加入耐高温α-淀粉酶（20000U/mL），加酶量为10U/g淀粉；②将淀粉乳泵送至喷射器，调节阀门开度控制料液流量与蒸汽流量，利用喷射器将料液加热至110～115℃，然后进入高温维持罐，经过高温维持5min，淀粉颗粒充分膨胀，达到糊化目的，再进入闪蒸罐进行闪蒸降温，使糊化液的温度迅速降至95℃左右；③将闪蒸后的料液泵送入液化层流罐，在层流罐中保温液化90～120min，出来的料液的DE值可达15%左右，需定期取样进行碘显色检验，发现异常时应及时调整料液流量；④液化结束后，料液进入换热器，利用冷却水作为降温介质，使料液温度降至60℃左右，然后进入糖化罐。

喷射液化器有高压蒸汽喷射液化器和低压蒸汽喷射液化器两种类型，可根据蒸汽压力情况进行选择。高压蒸汽喷射液化器的推动力为高压蒸汽，采用以蒸汽携带物料的方式进行喷射；低压蒸汽喷射液化器的推动力为料液，采用以物料携带蒸汽的方式进行喷射。

在液化工艺中，可通过调节淀粉酶的用量、喷射温度、维持温度、液化时间等条件来控制液化程度。液化作用时间通过维持管或维持罐来保证，取决于料液的流量以及维持设备的容积，由下式进行计算：

$$t = \frac{60\varphi V_w}{q_v}$$

(1-5)

式中　q_v——料液体积流量，m³/h

　　　V_w——维持容积，m³

　　　φ——充满系数，一般取0.85～0.90

2. 糖化及后续处理工艺

糖化及后处理工艺流程如图1-4所示，有关工艺条件见表1-4。液化物料进行淀粉酶灭活操作后，在输送至糖化罐的过程中通过换热器迅速降温，或进入糖化罐后通过盘管、列管、夹套等装置进行降温，然后调节pH，定量加入糖化酶，定期搅拌，糖化至DE值达到最大值。糖化结束后，用蒸汽加热灭酶，泵送至脱色罐，加入粉末活性炭进行脱色，然后过滤，即可获得澄清的葡萄糖液。

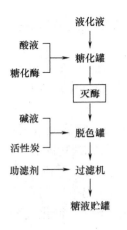

图1-4　糖化及后处理工艺流程

表1-4　糖化及后续处理工艺条件

项目	工艺参数
糖化温度	55~60℃
糖化 pH	4.4~4.6
糖化酶用量	80~100U/g 淀粉
糖化终点	达到最大 DE 值
灭酶	85℃、20min
活性炭用量	0.5~1.5g/L
脱色时间	≥30min
脱色与过滤 pH	视物料性质而定

具体操作的实例如下：①液化物料进入糖化罐后，启动搅拌，调节温度至 55~60℃，加酸调节 pH 至 4.4~4.6，然后加入糖化酶（100000U/mL），加酶量按 100U/g 干淀粉计算，定期取样检测 DE 值，当 DE 值达到 98%以上，且已达到最大值时，可结束糖化；②糖化结束后，利用蒸汽将糖化液加热至 85~90℃，保温 20min，达到糖化酶灭活的目的；③将糖化液泵送至换热器，降温至 65~70℃，进入脱色罐，然后用稀碱液调节 pH 至 4.8~5.0，投入粉末活性炭 0.5~1.5g/L（具体用量根据实际情况而定），搅拌脱色 30min 以上，即可达到脱色目的；④过滤前，先将助滤剂和适量水混合，泵送至板框压滤机进行预涂，然后将糖化液泵送至压滤机进行过滤，过滤前期的浑浊滤液需收集返回过滤，直至滤液澄清时收集到贮罐备用；⑤过滤结束后，用 70℃以上的热水洗涤压滤机，回收洗涤水为工艺用水。

为了减少发酵液的泡沫，在过滤时应尽量去除糖化液中的蛋白质等杂质。因此，在过滤前要用碱液来调节糖化液 pH，使 pH 接近糖化液中大部分蛋白质的等电点，从而使大部分蛋白质凝聚沉淀，便于过滤。由于淀粉原料来源不同，糖化液中各种蛋白质的含量也不相同，故最佳 pH 往往需要通过实验来确定。可分别取各种 pH 下的脱色液进行过滤，然后检测滤液的透光率，透光率最高即表示脱色的 pH 为最佳 pH。根据生产经验，以大米为原料时，其脱色和过滤的 pH 一般为 5.4~5.8；以玉米淀粉为原料时，其脱色和过滤的 pH 一般为 4.8~5.0。

3. 双酶法工艺的影响因素

（1）温度的影响　为了便于 α-淀粉酶的作用，首先将淀粉乳加热至较高温度，以加速淀粉的糊化。温度升高对糊化有利，但酶活力损失加快，因而淀粉液化温度必须根据所用淀粉酶的热稳定性进行选择。不同来源的淀粉酶对热的稳定性不同，例如，来源于地衣芽孢杆菌的 α-淀粉酶，热稳定性为 95~110℃（15min），最适作用温度为 90℃左右。在液化生产中，通常采用较高的喷射温度，促使淀粉的糊化，然后闪蒸降温至较低温度，使之达到淀粉酶的最适作用温度范围。

淀粉、糊精能提高 α – 淀粉酶的最适作用温度，而某些金属离子，如 Ca^{2+} 也能提高酶对热的稳定性。因此，在生产中，通常在淀粉乳中加入 0.01mol/L 左右的 Ca^{2+}，使酶活力稳定性有所提高。

不同来源的糖化酶（淀粉葡萄糖苷酶）在糖化的适宜温度方面也存在差别，例如，来源于曲霉的糖化酶为 55 ~ 60℃，来源于根霉的糖化酶为 50 ~ 55℃，来源于拟内孢霉的糖化酶为 50℃。当糖化温度高于适宜温度范围，糖化酶活力降低很快，80℃以上活力全部消失。在生产中，应将糖化温度控制在糖化酶的适宜作用温度范围，由于糖化时间较长，料液温度会自然下降，糖化过程中需采用热水循环保温。

（2）pH 的影响　除了黑曲霉生产的耐酸性 α – 淀粉酶（耐 pH2 ~ 4）外，一般微生物生产的 α – 淀粉酶都是不耐酸的，当 pH 低于 4.5 时迅速失活。不同来源的 α – 淀粉酶，其最适 pH 各有不同，但通常在 pH5.5 ~ 8.0 范围内稳定，最适作用 pH 为 5.5 ~ 6.5。

不同来源的糖化酶，其适宜 pH 也有区别，例如，来源于曲霉的糖化酶为 pH3.5 ~ 5.0，来源于根霉的糖化酶为 pH4.5 ~ 5.5。

因此，在液化生产与糖化生产时，都应根据酶的最适作用 pH 范围来控制料液的 pH。

（3）淀粉乳浓度的影响　不同品种的淀粉在酶液化过程中黏度变化不同，且黏度随淀粉乳浓度增大而增大，黏度过大会导致液化不彻底。薯类淀粉的黏度较低，液化较容易，淀粉乳浓度可达 400 g/L；而豆类淀粉、谷类淀粉的黏度较高，液化较难，玉米淀粉乳浓度一般以 300g/L 为宜。同时，如果采用连续喷射液化工艺，淀粉乳的适宜浓度又与喷射器性能、喷射工艺等有关。喷射器结构设计很关键，如果蒸汽喷射产生的湍流能使淀粉受热快而均匀，蛋白质类凝聚效果好，淀粉与蛋白质分离效果也好，料液黏度降低也快，选择淀粉乳的浓度可适当提高。如果采用分段液化工艺，可以提高首次喷射温度，促进淀粉糊化效果，也可以选择较高的淀粉乳浓度。事实上，当今通过应用耐高温淀粉酶、改进喷射器以及应用分段液化工艺等，已经在生产中较大幅度地提高了淀粉乳浓度。

（4）液化程度的影响　糖化酶（淀粉葡萄糖苷酶）属于外切酶，只能从底物分子的非还原端逐个切断糖苷键，底物分子越多，酶作用的机会越多。但是，糖化酶是先与底物分子生成结构，而后发生水解催化作用，这需要底物分子的大小具有一定的范围，才有利于生成这种络合结构。因此，液化程度应控制在一个适合的水平，否则会影响糖化酶的催化效率。若液化程度太低，液化产物数量少，糖化酶与底物接触的机会也少，影响糖化的速度；在液化程度低的情况下，液化物料容易出现老化现象（分子间氢键已断裂的糊化淀粉又重新排列形成新氢键的复结晶过程），糖化酶很难进入老化产物的结晶区作用，影响糖化的程度，最终糖化液黏度大，过滤困难。如果液化程度过高，液化产物分子较小，不利于糖化酶与液化产物分子生成络合结构，从而影响糖化酶的催化效率，导致糖化液的最终 DE 值低。研究表明，在碘液试剂显示本色的前提下，液化液 DE 值越低，糖化最终 DE 值越高。生产实践中，通常将液化程度控制为 DE 值在 10% ~ 20%。

（5）酶制剂用量的影响　α - 淀粉酶制剂用量根据酶活力的高低而定，通常控制在 5 ~ 10 U/g 干淀粉。另外，α - 淀粉酶制剂用量也与液化温度、时间等液化条件有关，液化温度较高时，或作用时间较短时，可适当增加酶制剂用量。有些液化工艺采用多次喷射、多次加酶的方法，由于工艺设计巧妙地利用热力以及酶活力的催化作用，可节约酶制剂的用量，且液化效果较佳。

糖化酶（淀粉葡萄糖苷酶）制剂用量与糖化时间有关，提高酶制剂用量，可加快糖化速度。但是，糖化酶制剂用量过大，会使复合反应严重，导致 DE 值降低。由于淀粉葡萄糖苷酶水解 α - 1,6 葡萄糖苷键的速度很慢，为了加快糖化速度，现用的糖化酶制剂多数是复合糖化酶制剂，即在淀粉葡萄糖苷酶制剂中添加了能水解 α - 1,6 葡萄糖苷键的异淀粉酶或普鲁兰酶，以提高糖化速度，降低复合反应程度。同时，在实际生产中，应充分利用糖化罐的容量，尽量延长糖化时间，以减少糖化酶制剂用量，可降低酶的成本和糖化液中的酶蛋白。

第三节　培养基的选择与配制

一、工业培养基的选择

不同的微生物和代谢产物对培养基的要求不同。培养基种类繁多，选择培养基时应从微生物的营养需求与生产工艺的要求出发，使之能满足微生物生长、代谢的要求，达到高产、高质、低成本的目的，其选择的一般原则如下。

（1）能够满足菌种生长、代谢的需要　各种生产菌对营养物质的要求不尽相同，有共性，也有各自的特性。每种生产菌对营养物质的要求在生长、繁殖阶段与产物代谢阶段有可能不同。实际生产中，应根据生产菌的营养特性、生产目的来考虑培养基的组成。

（2）目的代谢产物的产量最高　在微生物发酵生产中，目的产物与培养基有较大关系。在满足菌种生长、代谢需求的前提下，应尽量选择能够大量积累代谢产物的培养基，以达到高产目的。

（3）产物得率最高　产物得率高低与菌种的性能、培养基的组成以及发酵条件有关，但对于某一菌种在某种发酵条件下，培养基的选择显得十分重要。如果培养基选择适当，底物能够最大程度地转化为代谢产物，有利于降低培养基成本。

（4）菌种生长及代谢迅速　保证菌种在所选的培养基上生长、代谢迅速，能够在较短时间内达到发酵工艺要求的菌体浓度，并能在较短时间内大量积累代谢产物，可有效地缩短发酵周期，提高设备的周转率，从而提高产量。

（5）减少代谢副产物生成　培养基选择适当，有利于减少代谢副产物的生成。代谢副产物生成最小，可以最大程度地避免培养基营养成分的浪费，并使发酵液中代谢产物的纯度相对提高，对产物的提取操作和产品的纯度有利，同时可降低发酵成本和提取成本。

（6）价廉并具有稳定的质量　选择价格低廉的培养基原料，有利于降低发酵生产的培养基成本。同时，也应要求培养基的原料质量稳定。因为，工业规模发酵生产中，培养基原料质量的稳定性是影响生产技术指标稳定性的重要因素之一。特别是对于一些营养缺陷型菌株，培养基原料的组分、含量直接影响到菌体的生长，当原料质量经常波动时，发酵条件较难确定。

（7）来源广泛且供应充足　培养基原料一般采用来源广泛的物质，并且根据工厂所在地理位置，选择当地或者附近地域资源丰富的原料，最好是一年四季都有供应的原料。一方面可保证生产原料的正常供应，另一方面可降低采购、运输成本。

（8）有利于发酵过程的溶氧与搅拌　对于好氧发酵，主要采用液深层培养方式，在发酵过程中需要不断通气和搅拌，以供给菌种生长、代谢所需的溶氧。培养基的黏度等直接影响到氧在培养基中的传递以及微生物细胞对氧的利用，从而会影响发酵产率，因此，培养基选择还应考虑这方面的因素。

（9）有利于产物的提取和纯化　培养基杂质过多或存在某些对产物提取具有干扰的成分，不利于提取操作，使提取步骤复杂，导致提取率低，提取成本高，产物纯度低等。因此，选择发酵培养基时，也要考虑发酵后是否有利于产物的提取。

（10）废物的综合利用性强且处理容易　提取产物后的废液是否可以综合利用、综合利用程度如何直接影响到环境保护。考虑到环保因素，选择适合的培养基，使提取废液的综合利用容易，不但可以减轻废物处理的负荷，降低废物处理的运行费用，而且副产品可以产生经济效益，对降低整个生产成本十分有益。

二、培养基的配制

1. 配制的原则

培养基配制时，一般需考虑微生物的营养需求、营养成分的配比、培养基的渗透压、培养基 pH 及氧化还原电位。一般配制原则如下。

（1）微生物的营养需求　首先要了解生产菌种的生理生化特性和对营养的需求，还要考虑目的产物的合成途径和目的产物的化学性质等方面，设计一种既有利于菌体生长又有利于代谢产物生成的培养基。

（2）营养成分的配比　无论对菌体生长还是代谢产物生成，营养物质之间应有适当的比例，其中培养基的碳氮比（C/N）对氨基酸发酵尤其关键。不同菌种、不同代谢产物的营养需求比例不一样，例如，赖氨酸发酵对氮素的需求比谷氨酸发酵要高。即使同一菌种，菌体生长阶段和产物生成阶段的营养需求往往不同，例如，氨基酸生成阶段对氮素的需求比菌体生长阶段要高。因此，应针对不同菌种、不同时期的营养需求对培养基的营养物质进行配比。

（3）培养基的渗透压　对生产菌来说，培养基中任何营养物质都有一个适合的浓度。从提高发酵罐单位容积的产量来说，应尽可能提高底物浓度，但底物浓度太高，会造成培养基的渗透压太大，从而抑制微生物的生长，反而对产物代谢不利。例如，赖氨酸基础发酵培养基中，硫酸铵浓度超过 $40g/L$ 时，对菌体生长产生抑制；在谷氨酸发酵培养基中，葡萄糖浓度超过 $200g/L$ 时，菌体生长明显缓慢。但营养物质浓度太低，有可能不能满足菌体生长、代谢的需求，发酵设备的利用率也不高。为了避免培养基初始渗透压过高，又要获得发酵罐单位容积内的高产量，目前倾向于采用补料发酵工艺，即培养基底物的初始浓度适中，然后在发酵过程中通过流加高浓度营养物质进行补充。因此，培养基中各种离子的比例需要平衡。

（4）培养基的 pH　各生产菌有其生长最适 pH 和产物生成最适 pH 范围，一般，霉菌和酵母菌比较适于微酸性环境，放线菌和细菌适于中性或微碱性环境。为了满足微生物的生长和代谢的需要，培养基配制和发酵过程中应及时调节 pH，使之处于适宜的 pH 范围。

（5）培养基的氧化还原电位　对大多数微生物来说，培养基的氧化还原电位一般对其生长的影响不大，即适合它们生长的氧化还原电位范围较广。但对于专性厌气细菌，由于自由氧的存在对其有毒害作用，往往需要在培养基中加入还原剂以降低氧化还原电位。

除了以上几条原则外，还应注意各营养成分的加入次序以及操作步骤。尤其是一些微量营养物质，如生物素、维生素等，更加要注意避免沉淀生成或破坏而造成损失。

2. 谷氨酸生产培养基的配制

以谷氨酸生产培养基的配制为例。国内所用的谷氨酸生产菌均为生物素缺陷型，生物素是谷氨酸生产菌必不可少的营养物质。生物素是 B 族维生素的一种，又称为维生素 H 或辅酶 R。生物素存在于动植物的组织中，多与蛋白质结合状态存在，用酸水解可以分开。谷氨酸生产上可作为生物素来源的原料有玉米浆、麸皮水解液、糖蜜及酵母水解液等，通常选取其中几种混合使用。许多工厂选择纯生物素、玉米浆、糖蜜这三种物质作为培养基的外源生物素物质。各种原料来源以及加工工艺不同，所含生物素的量不同，部分原料中生物素的一般含量见表 1-5。

表 1-5　　　　　　　　　　　某些原料中生物素的一般含量

原料	生物素含量/（μg/kg）	原料	生物素含量/（μg/kg）
米糠	300	甘蔗糖蜜	1500
麸皮	250	甜菜糖蜜	50~60
玉米浆	500		

生物素作为催化脂肪酸生物合成最初反应的关键酶乙酰 CoA 羧化酶的辅酶，参与脂肪酸的合成，在谷氨酸发酵中，主要影响谷氨酸生产菌细胞膜的谷氨酸通透性，同时也影响菌体的代谢途径。若培养基中生物素不足，谷氨酸生产菌生长缓慢，发酵液中菌体量不足，导致耗糖缓慢，发酵周期延长，谷氨酸合成量少；若生物素过量，谷氨酸生产菌生长迅速，菌体量过多，细胞膜的通透性差，谷氨酸合成量也少。当生物素过量时，而供氧不足，发酵向乳酸发酵转换。如果供氧充足，生物素过量会促使糖代谢倾向于完全氧化。

在培养基中，大量合成谷氨酸所需要的生物素浓度比菌体生长的需要量低，即为菌体生长需要的亚适量。因此，为了满足菌种的生长需要，种子培养基的生物素必须是过量的；但为了使菌种大量合成谷氨酸，发酵培养基的生物素量只能是亚适量。谷氨酸发酵的最适生物素浓度随菌种、碳源种类及浓度、供氧条件、发酵周期等不同而异。传统工艺受到发酵设备的溶氧条件等因素的限制，其生物素浓度一般为 5μg/L 左右，但随着溶氧效率、流加糖浓度等条件的改善，改良工艺的生物素浓度可达 10μg/L 以上，远高于传统工艺。

在谷氨酸发酵生产中，每批原料的生物素含量都有差别，应对原料的生物素含量进行检测，并对每批培养基的生物素浓度进行计算，通过跟踪发酵情况，才能对生物素浓度是否适宜而做出初步判断，以作为调整下一批培养基生物素用量的依据。

由于种子培养基的生物素都是相对过量的，种子培养基中残留生物素将随种子液进入发酵培养基，因此，考察谷氨酸发酵的生物素浓度时，应将种子培养基和发酵培养基联合起来进行计算。

生物素浓度可计算如下：

$$生物素浓度 = \frac{总生物素量}{发酵初始体积}（μg/L）$$

其中，当采用二级种子扩大培养流程进行谷氨酸菌种培养时：

总生物素量 = 摇瓶种子培养基的生物素量 + 种子罐培养基的生物素量 + 发酵培养基的生物素量

在生产实践中，摇瓶种子培养基的生物素量可忽略不计。

发酵初始体积 = 二级种子培养基配制体积 + 种子培养基灭菌带入的蒸汽冷凝水体积 +
发酵培养基配制体积 + 发酵培养基灭菌带入的蒸汽冷凝水体积

谷氨酸生产的种子培养基和发酵培养基配制操作如下。

（1）种子培养基的配制　以 $20m^3$ 种子罐为例，二级种子的基础培养基可以配制为：葡萄糖 600kg，糖蜜 180kg，玉米浆 300kg，纯生物素 250mg，KH_2PO_4 24kg，$MgSO_4 \cdot 7H_2O$ 12kg，消泡剂 2.0kg，配料定容 $14m^3$。

先将 $2m^3$ 浓度为 300g/L 的葡萄糖液投入配料罐，然后称取其他物料投入配料罐，加水定容至 $14m^3$，启动搅拌，使各种物料充分溶解，最后泵送至种子罐，经实罐灭菌、降温后，用液氨调节 pH 至 7.0，用无菌空气保压，备用。在培养过程中，采用液氨进行流加，补充氮源。

（2）发酵培养基的配制　以 $200m^3$ 种子罐为例，基础发酵培养基为：葡萄糖 19200kg，糖蜜 120kg，玉米浆 400kg，纯生物素 150mg，85% 的磷酸 120kg，KCl 200kg，$MgSO_4 \cdot 7H_2O$ 140kg，消泡剂 10kg，配料定容 $95m^3$。

先将 $64m^3$ 浓度为 300g/L 的葡萄糖液投入配料罐，然后称取其他物料投入配料罐，加水定容至 $75m^3$，启动搅拌，使各种物料充分溶解，并调节 pH 至 7.0。另外，准备 $20m^3$ 清水。分别将 $75m^3$ 培养基和 $20m^3$ 清水泵送至连续灭菌系统进行灭菌，经降温，进入发酵罐，用无菌空气保压，备用。在发酵过程中，采用流加糖液、液氨进行补充碳源、氮源。

由于种子培养基的配料体积为 $14m^3$，种子培养基灭菌带入的冷凝水为 $1.2m^3$，发酵培养基的配料体积为 $95m^3$，发酵培养基灭菌带入的冷凝水为 $9.8m^3$，发酵初始体积可计算为：

$$发酵初始体积 = 14 + 1.2 + 95 + 9.8 = 120（m^3）$$

由于种子培养基与发酵培养基的糖蜜用量为 300kg，玉米浆用量为 700kg，纯生物素用量为 400mg，总生物素量可计算为：

$$总生物素量 = 1500 \times 300 + 500 \times 700 + 1000 \times 400 = 1.2 \times 10^6（\mu g）$$

因此，生物素浓度计算如下：

$$生物素浓度 = \frac{总生物素量}{发酵初始体积} = \frac{1.2 \times 10^6}{120 \times 1000} = 10（\mu g/L）$$

实训项目

淀粉双酶法制葡萄糖的控制

1. 实训准备

设备：30L 自动控制发酵罐及相关配置设备（蒸汽系统、pH 和温度在线检测装置等），真空抽滤装置，分光光度计。

材料与试剂：淀粉，淀粉酶，糖化酶，盐酸，烧碱，还原糖测定的相关试剂。

2. 实训步骤

（1）准确称取6kg淀粉，加水配制成悬液，定容20L，调节pH至6.2，加入6×10^4U的高温淀粉酶，放入发酵罐中，启动搅拌，控制搅拌转速为100r/min。

（2）用蒸汽将罐内的淀粉悬液加热至110℃，保温5min；然后，迅速将温度降低至95℃，维持此温度进行搅拌液化，定时取样进行碘液检测，当碘液显色检验合格时，即完成液化，此时取样测定液化结束的DE值。

（3）液化结束后，将物料温度降低至55～60℃，调节pH至4.6，加入6×10^5U的糖化酶，维持55～60℃进行搅拌糖化，定时取样测定糖化过程的DE值，当DE值不再上升时，即完成糖化。

（4）糖化结束后，用蒸汽加热物料，使温度升至85℃，维持20min进行灭酶，然后降温至60℃左右，加入300g粉末活性炭，脱色45min。

（5）脱色后，将物料放出，利用真空抽滤装置进行过滤，收集澄清的糖液，测定糖液的透光率，量取糖液的体积，测定糖液的还原糖含量，计算淀粉的糖化得率。

拓展知识

一、糖蜜的来源与特点

在制糖工业中，甘蔗或甜菜的压榨汁经过澄清、蒸发浓缩、结晶、分离等工序，可得结晶砂糖和母液。由于压榨汁的澄清液始终会存在杂质，这些杂质影响到结晶过程。虽然分离出来的母液经过反复结晶和分离，但始终有一部分糖分残留在母液中，末次母液的残糖在目前制糖工业技术或经济核算上已不能或不宜用结晶方法加以回收。于是，甘蔗或甜菜糖厂的末次母液就成为一种副产物，这种副产物就是糖蜜，俗称废蜜。糖蜜含有相当数量的可发酵性糖，是发酵工业的良好原料。

糖蜜可分为甘蔗糖蜜和甜菜糖蜜。我国南方各省位于亚热带，盛产甘蔗，甘蔗糖厂较多，甘蔗糖蜜的产量也较大。甘蔗糖蜜的产量为原料甘蔗的2.5%～3%。我国甜菜的生产主要在东北、西北、华北等地区，甜菜糖蜜来源于这些地区的甜菜糖厂，其产量为甜菜的3%～4%。

甘蔗糖蜜呈微酸性，pH6.2左右，转化糖含量较多；甜菜糖蜜则呈微碱性，pH7.4左右，转化糖含量极少，而蔗糖含量较多；总糖量则两者较接近。甜菜糖蜜中总氮量较甘蔗糖蜜丰富。典型的成分分析见表1-6。

表 1-6　　　　　　　　　　　甘蔗糖蜜与甜菜糖蜜的成分

糖蜜名称\成分	甘蔗糖蜜		甜菜糖蜜
	亚硫酸法	碳酸法	
锤度/°Bx	83.83	82.00	79.6
全糖分/%	49.77	54.80	49.4
蔗糖含量/%	29.77	35.80	49.27
转化糖含量/%	20.00	19.00	0.13
纯度/%	59.38	59.00	62.0
pH	6.0	6.2	7.4
胶体含量/%	5.87	7.5	10.00
硫酸灰分/%	10.45	11.1	10.00
总氮量/%	0.465	0.54	2.16
磷酸（P_2O_5）含量/%	0.595	0.12	0.035

从表 1-6 可知，糖蜜中干物质的浓度很大，在 80～90°Bx，含 50% 以上的糖分，5%～12% 的胶体物质，10%～12% 的灰分。如果糖蜜不经过处理直接作为发酵原料，微生物的生长和发酵将难以有效进行。

二、糖蜜预处理的方法

由于糖蜜干物质浓度很大，糖分高，胶体物质与灰分多，产酸细菌多，不但影响菌体生长和发酵，特别是胶体的存在，致使发酵中产生大量泡沫，而且影响到产品的提炼及产品的纯度，因此，糖蜜在投入发酵生产之前，要进行适当预处理。

1. 糖蜜的澄清处理

糖蜜澄清处理通常运用加酸酸化、加热灭菌和静置沉淀等多种手段来完成。

加酸酸化可使部分蔗糖转化为微生物可直接利用的单糖，并可抑制杂菌的繁殖。如果加入硫酸，可使一些可溶性的灰分变为不溶性的硫酸钙盐沉淀，并吸附部分胶体，达到除去杂质的目的。

糖蜜中杂菌较多，可通过加热进行灭菌处理。一般采用蒸汽加热至 80～90℃，维持 60min 可达到灭菌的目的。若不采用蒸汽加热灭菌的方式，也可用化学制剂进行化学灭菌处理。不过，化学制剂用量较难把握，残留的灭菌剂对生产菌的生长和发酵易产生不良的影响。

糖蜜中的胶体物质、灰分以及其他悬浮物质经过加酸、加热处理后，大部分可凝聚或生成不溶性的沉淀，再经过静置沉降若干小时，出现明显的分层，便于分离除去对发酵不利的杂质。此外，还有使用离心机沉降加速澄清的工艺。

常用的澄清方法如下。

（1）加酸通风沉淀法　将糖蜜加水稀释至 50°Bx 左右，加入稀糖液量 0.2%～0.3% 的浓硫酸，酸化的同时可加入稀糖液量 0.01% 的高锰酸钾，并通入无菌压缩空气 1～2h，静止沉淀 8h 以上，取上清液作为备用。加入高锰酸钾，可促使糖蜜中的亚硫酸盐、亚硝酸盐等物质氧化，减轻这些物质对微生物的毒害。通风可驱除糖蜜中的 SO_2、NO_2 等有害气体。

（2）加酸加热通风沉淀法　先加水将糖蜜稀释到 50°Bx 左右，然后加入浓硫酸调节至 pH3.0～4.0 进行酸化，放入澄清槽加热至 80～90℃，通风 30min，然后保温 70～80℃，静止澄清 8～12h，取出表面清液冷却备用。所得沉淀物可再加 4～5 倍水搅拌，然后静止澄清 4～5h，所得澄清液可用作下次稀释糖蜜用水，残渣则弃去。加酸加热通风沉淀法处理效果比冷酸通风沉淀法好，但澄清时间较长，需要的澄清设备较多，占地面积较大，且设备易受腐蚀。

（3）添加絮凝剂澄清处理法　聚丙烯酰胺（PAM）是无色无臭的黏性液体，可以作为絮凝剂加速糖蜜中胶体物质、灰分和悬浮物的絮凝，从而使澄清糖液的纯度提高。先加水将糖蜜稀释到 40～50°Bx，然后加入浓硫酸调节至 pH3.0～4.0，加热至 90℃ 后，添加 8mg/L PAM 并搅拌均匀，静止澄清 1h，取清液即可用。

2. 糖蜜的脱钙处理

糖蜜中含有较多的钙盐，有可能影响产品的结晶提取，故需进行脱钙处理。作为钙质的沉淀剂，通常有 Na_2SO_4、Na_2CO_3、Na_2SiO_3、Na_3PO_4、草酸和草酸钾等。目前常用 Na_2CO_3（纯碱）作为钙盐沉淀剂进行处理。用纯碱对糖蜜进行脱钙处理时，可先向糖蜜加纯碱，然后将糖蜜稀释到 40～50°Bx，搅拌并加热到 80～90℃，30min 以后即可过滤，能使糖蜜中的钙盐降至 0.02%～0.06%。

3. 糖蜜的除生物素处理

糖蜜的生物素含量丰富，其生物素含量为 40～2000μg/kg，一般甘蔗糖蜜的生物素含量是甜菜糖蜜的 30～40 倍。对于生物素缺陷型菌株来说，当采用糖蜜作为培养基碳源时，将严重影响菌株细胞膜的渗透性，代谢产物不能积累。因此，可以向糖蜜培养基添加一些对生物素产生拮抗作用的化学药剂（例如，表面活性剂），或添加一些能够抑制细胞壁合成的化学药剂（例如，青霉素）来改善细胞膜的渗透性。为了控制方便，通常是在发酵过程中实施这种方法，而不需在发酵前进行预处理。在第七章中我们将讨论到这点。

在发酵前，也可以通过活性炭吸附、树脂吸附或亚硝酸破坏等方法降低糖蜜中生物素的含量。不过，处理成本相对较高，处理效果较差，大规模生产中使用比较少。下面简单介绍亚硝酸处理法。

亚硝酸处理法：先加水将糖蜜稀释到 40～50°Bx，再加入亚硝酸盐和矿酸，放置一段时间（1～24h）后，用碱液调节 pH 至 5.5～6.0 即可。亚硝酸盐的用量根据糖蜜中氨基态氮、氨基态氮以及生物素浓度而定，这些物质浓度高，其用量大。一般，亚硝酸盐用量为糖分的 0.5% ~ 1.0%；以能使亚硝酸从亚硝酸盐游离出来为准；矿酸的用量一般为 0.03 ~ 0.5mol/L，使 pH 在 1.5 ~ 3.0。放置的时间根据生物素被破坏程度、变化规律而定。

同步练习

1. 淀粉制备葡萄糖的方法有哪些？酸解法和酶解法各有哪些优缺点？

2. 写出淀粉水解葡萄糖的总反应式，并计算葡萄糖对淀粉的理论收率。

3. 用示意图表示双酶法制备葡萄糖的一般工艺流程，并简要说明各步骤的工艺条件。

4. 双酶法制备葡萄糖的影响因素有哪些？

5. 为什么要控制液化程度？应如何控制液化程度？

6. 糖蜜用于发酵培养基的碳源，为什么要进行预处理？预处理通常包括哪几方面？

7. 糖的澄清处理中加酸、加热、静置的作用是什么？

8. 分别简述工业发酵培养基的选择原则和配制原则。

9. 在谷氨酸生产培养基配制时，为什么要控制生物素用量？怎样控制谷氨酸生产培养基的生物素用量？

第二章　培养基灭菌技术

知识目标
- 了解培养基及设备的灭菌目的；
- 熟悉培养基灭菌工艺流程、培养基及设备灭菌过程的控制要素；
- 理解湿热灭菌的原理及其影响因素。

能力目标
- 能够制定培养基灭菌的工艺流程及技术参数；
- 能够对培养基及设备进行灭菌操作；
- 能够分析与处理培养基及设备灭菌等过程中的常见问题。

第一节　灭菌的方法

自从纯种培养技术建立以后，大多数发酵工业都利用纯种微生物进行发酵生产，产物的产量和质量都得到很大的提高。为了实现纯种培养，需要排除一切杂菌污染的可能，对培养基、消泡剂、补加的物料、空气系统、发酵设备、管道、阀门以及整个生产环境必须进行严格灭菌。灭菌是指利用物理和化学的方法杀灭或除去物料及设备中一切生命物质的过程。灭菌的方法可分为物理法和化学法，物理法包括加热灭菌（干热灭菌和湿热灭菌）、过滤除菌、辐射灭菌等，化学法包括无机化学药剂灭菌和有机化学药剂灭菌等。

1. 加热灭菌法

加热灭菌法是利用高温使菌体蛋白质变性或凝固，使酶失活而杀灭微生物的方法。根据加热方法不同，可分为干热灭菌和湿热灭菌两种，干热灭菌主要有灼烧灭菌法和干空气灭菌法。

灼烧灭菌法是利用火焰直接将微生物灼烧致死的方法。这种方法灭菌迅速、彻底，但是要直接灼烧灭菌对象，使其使用范围受到限制，主要用于金属接种工具、试管口、锥形瓶口、接种移液管等。对金属小镊子、小刀、玻璃涂棒、载玻片、盖玻片灭菌时，应先将其浸泡在75%的酒精溶液中，使用时从酒精溶液中取出来，通过火焰灼烧以达到灭菌目的。

干热空气灭菌法是指采用热空气使微生物细胞发生氧化、体内蛋白质变性和电解质浓缩引起中毒等作用，来达到灭菌的目的。微生物对干热的耐受力比对湿热的耐受力强得多，故干热灭菌所需的温度要高，时间要长，一般为 160~170℃

维持 1~1.5h。在实际应用中，对一些要求保持干燥的实验器具和材料可采用干热灭菌法。

利用饱和热蒸汽进行灭菌的方法称为湿热灭菌法。其原理是借助蒸汽释放的热能使微生物细胞中的蛋白质、酶和核酸分子内部的化学键特别是氢键受到破坏，引起不可逆变性，使微生物死亡。实际生产中，蒸汽易得，价格便宜，蒸汽的热穿透力强，灭菌可靠。湿法灭菌常用于大量培养基、设备、管路及阀门的灭菌。

2. 辐射灭菌法

辐射灭菌法是利用电磁波、紫外线、x-射线、γ-射线或放射性物质产生的高能粒子进行灭菌的方法。在发酵实践中，以紫外线灭菌较为常见。紫外线对芽孢和营养细胞都能起作用，但其穿透能力低，只能用于表面以及有限空间的灭菌，例如，无菌室、培养间等空间可采用紫外线灭菌。

3. 过滤除菌法

过滤除菌法是采用介质过滤的方法阻截微生物达到除菌的目的。该法适用于澄清液体和气体的除菌，发酵工业上常用此法大量制备无菌空气，供好氧微生物培养使用。

4. 化学药剂灭菌法

化学药剂灭菌法是利用某些化学药剂渗透到微生物细胞内进行氧化、还原、水解等化学作用，引起细胞内蛋白质变性、酶类失活或细胞溶解而杀灭微生物的方法。主要适用于生产环境中的灭菌和小型器具等的灭菌，使用方法有浸泡、擦拭、喷洒、气态熏蒸等。常用的化学药剂有高锰酸钾、漂白粉、75%酒精溶液、新洁尔灭、甲醛、过氧乙酸等。

第二节　湿热灭菌的原理及影响因素

在发酵工业上，由于蒸汽容易获得，且价格比较低廉，故培养基和发酵设备广泛使用湿热灭菌法进行灭菌。培养基的湿热灭菌过程中，微生物被杀灭的同时伴随着培养基成分被破坏，其灭菌程度和营养成分被破坏程度取决于灭菌温度和灭菌时间。了解灭菌原理，可正确控制灭菌温度与灭菌时间，既能达到灭菌目的，又可尽量降低营养成分的破坏程度。

一、湿热灭菌的原理

1. 微生物热阻

各种微生物都有一定的适宜生长温度范围，例如，一些嗜冷微生物的适宜生长温度为 5~10℃（最低限温度为 0℃、最高限温度为 20~30℃），大多数常温微生物的适宜生长温度为 25~37℃（最低限温度为 5℃、最高限温度为 45~

50℃），一些嗜热微生物的适宜生长温度为 50 ~ 60℃（最低限温度为 30℃，最高限温度为 70 ~ 80℃），甚至更高。当微生物处于最低限温度以下时，代谢作用几乎停止而处于休眠状态；当温度超过最高限温度时，微生物细胞中的原生质体和酶的基本成分——蛋白质容易发生不可逆变化，即凝固变性，微生物会在很短时间内死亡。

湿热灭菌就是根据微生物的这种特性而进行的。一般无芽孢细菌在 60℃ 下经过 10min 即可全部杀灭，而芽孢细菌则能够经受较高的温度，在 100℃ 下要经过数分钟至数小时才能杀死。某些嗜热菌能在 120℃ 下，耐受 20 ~ 30min，但这种菌在培养基中出现的机会不多。一般灭菌的彻底与否以能否杀死芽孢细菌为标准。

杀死微生物的极限温度称为致死温度。在致死温度下，杀死全部微生物所需要的时间称为致死时间。在致死温度以上，温度越高，致死时间越短。细菌营养体、细菌芽孢和微生物孢子等对热的抵抗力不同，因此，它们的致死温度和致死时间也有差别。微生物对热的抵抗能力常用热阻表示。热阻是指微生物在某一特定条件下（主要是温度和加热方式）的致死时间。相对热阻是指在相同条件下某一微生物在某条件下的致死时间与另一微生物的致死时间的比值，表2-1是几种微生物对湿热的相对抵抗力。

表 2 - 1　　　　　　　　　　　　微生物对湿热的相对抵抗力

微生物名称	大肠杆菌	细菌芽孢	霉菌孢子	病毒
相对抵抗力	1	3000000	2 ~ 10	1 ~ 5

2. 微生物的热死速率——对数残留定律

微生物受热死亡主要是由于微生物细胞内酶蛋白受热凝固，丧失活力所致。在一定温度下，微生物受热后，活菌数不断减少，其减少速度随残留活菌数的减少而降低，且在任何瞬间，菌的死亡速率（ $-\mathrm{d}N/\mathrm{d}t$ ）与残存的活菌数 N 成正比，这一规律称为对数残留定律，可表示为：

$$-\frac{\mathrm{d}N}{\mathrm{d}t} = kN \tag{2-1}$$

式中　　N——培养基中残留的活菌数，个

　　　　t——所需灭菌的时间，min

　　　　k——灭菌速度常数，也称比死亡速率常数，min^{-1}

式（2-1）中的灭菌速度常数 k 是微生物的一种耐热性特征，它随微生物的种类和灭菌温度而异。在相同的温度下，k 值越小，则此微生物越耐热。例如，细菌芽孢的 k 值比营养细胞的 k 值小得多，表明细菌芽孢耐热性比营养细胞大。表 2 - 2 为不同细菌芽孢在 121℃ 时的 k 值。

表 2 – 2　　　　　　　　　　　　**121℃某些芽孢细菌的 *k* 值**

细菌名称	*k* 值/min⁻¹	细菌名称	*k* 值/min⁻¹
枯草芽孢杆菌	3.8 ~ 2.6	硬脂嗜热芽孢杆菌 FS617	2.9
硬脂嗜热芽孢杆菌 FS1518	0.77	产气梭状芽孢杆菌 PA3679	1.8

对于同一种微生物，灭菌温度不同，其 k 值也不同。图 2 – 1 和图 2 – 2 分别是大肠杆菌营养细胞、嗜热脂肪芽孢杆菌在不同温度下的残留曲线。从两个图可以看出，灭菌温度越低，微生物越难死亡，k 值越小；温度越高，微生物越容易死亡，k 值越大。

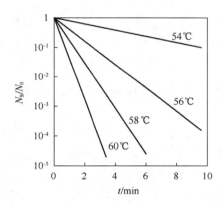

图 2 – 1　大肠杆菌在不同温度下的
残留曲线

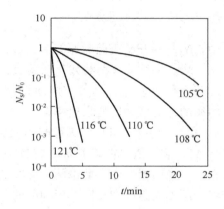

图 2 – 2　嗜热脂肪芽孢杆菌在
不同温度下的残留曲线

对于某一微生物，死亡速度常数 k 与灭菌温度的关系可用阿累尼乌斯方程式表示：

$$\frac{\mathrm{d}\ln k}{\mathrm{d}T} = \frac{E}{RT^2} \qquad (2-2)$$

式（2 – 2）积分可得：

$$k = Ae^{-\frac{E}{RT}} \qquad (2-3)$$

式中　k——死亡速度常数，min⁻¹

　　　A——阿累尼乌斯常数，min⁻¹

　　　e——2.71

　　　E——杀死微生物细胞所需的活化能，J/mol

　　　T——热力学温度，K

　　　R——气体常数，8.314J/（mol·K）

式（2 – 3）可写为：

$$\ln k = \frac{-E}{RT} + \ln A$$

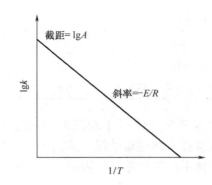

图 2-3 死亡速度常数与
温度的关系

或 $$\lg k = \frac{-E}{2.303RT} + \lg A \qquad (2-4)$$

以 $\lg k$ 对 $1/T$ 绘图可得一条直线（图 2-3），其斜率为 $-E/R$，截距为 $\lg A$，从斜率和截距可求出 E 和 A 的值。

从 $0 \to \tau$，$N_0 \to N_\tau$，将式（2-1）积分，可得：

$$\int_{N_0}^{N_\tau} \frac{\mathrm{d}N}{N} = -k \int_0^\tau \mathrm{d}\tau \qquad (2-5)$$

$$N_\tau = N_0 e^{-k\tau} \qquad (2-6)$$

$$\tau = \frac{1}{k} \ln \frac{N_0}{N_\tau} \text{ 或 } \tau = \frac{2.303}{k} \lg \frac{N_0}{N_\tau} \qquad (2-7)$$

式中　N_0——开始灭菌时原有活菌数，个

　　　N_τ——结束灭菌时残存活菌数，个

若将存活率（N_τ/N_0）对时间 τ 在半对数坐标上绘图，可以得到一条直线，其斜率的绝对值为比死亡速率 k。

由式（2-7）可见，灭菌时间取决于污染的程度（N_0）、灭菌的程度（残留菌数 N_τ）和 k 值。在培养基中有各种各样的微生物，不可能逐一加以考虑。一般来说，细菌营养体、酵母菌、放线菌、病毒对热的抵抗能力较弱，而细菌芽孢较强，所以灭菌程度要以杀死细菌的芽孢为准，需要更高的温度并维持更长的时间。另外，如果要达到彻底灭菌，即 $N_\tau = 0$，τ 则为 ∞，这在实际操作中是不可能实现的。因此，在设计时通常取 $N_\tau = 10^{-3}$，也就是说 1000 次灭菌中有一次失败的机会。

3. 培养基灭菌温度的选择

在培养基灭菌的过程中，除微生物被杀死外，还伴随着营养成分的破坏。实验证明，在高压加热情况下，氨基酸和维生素极易被破坏，仅 20min，就有 50% 的赖氨酸、精氨酸及其他碱性氨基酸被破坏，蛋氨酸和色氨酸也有相当数量被破坏。因此，必须选择一个既能达到灭菌目的，又能使培养基中营养成分破坏至最小的灭菌工艺条件。由于大部分培养基的破坏为一级分解反应，其反应动力学方程式如下：

$$-\frac{\mathrm{d}c}{\mathrm{d}t} = k'c \qquad (2-8)$$

式中　k'——营养成分破坏（分解）速度常数，min^{-1}

　　　c——热敏性物质的浓度，$\mathrm{mol/L}$

在化学反应中，其他条件不变，其反应速率常数［此处即为营养成分破坏（分解）速度常数］和温度的关系也可用阿伦尼乌斯方程表示：

$$k' = A' e^{-\frac{E'}{RT}} \qquad (2-9)$$

式中　k'——营养成分破坏（分解）速度常数，min^{-1}

A'——阿累尼乌斯常数，min^{-1}

E'——营养成分分解反应的活化能，J/mol

T——热力学温度，K

R——气体常数，8.314J/（mol·K）

e——2.71

式（2-9）也可以写成：

$$\lg k' = \frac{-E'}{2.303RT} + \lg A' \tag{2-10}$$

在灭菌时，温度由 T_1 升高到 T_2，灭菌速率常数 k 和培养基成分破坏的速率常数 k' 的值分别如下：

$$k_1 = Ae^{\frac{-E}{RT_1}} \tag{2-11}$$

$$k_2 = Ae^{\frac{-E}{RT_2}} \tag{2-12}$$

两式相除得：

$$\ln \frac{k_2}{k_1} = \frac{E}{R}\left(\frac{1}{T_1} - \frac{1}{T_2}\right) \tag{2-13}$$

同样，培养基成分的破坏也可得类似的关系：

$$\ln \frac{k'_2}{k'_1} = \frac{E'}{R}\left(\frac{1}{T_1} - \frac{1}{T_2}\right) \tag{2-14}$$

将式（2-13）和式（2-14）相除得：

$$\frac{\ln \frac{k_2}{k_1}}{\ln \frac{k'_2}{k'_1}} = \frac{E}{E'} \tag{2-15}$$

通过实际测定，一般杀灭微生物营养细胞的 E 值为 $(2.09 \sim 2.71) \times 10^5$ J/mol，杀死微生物芽孢的 E 值约为 4.48×10^5 J/mol，酶及维生素等营养成分分解的 E 值为 $8.36 \times (10^3 \sim 10^4)$ J/mol。灭菌时的活化能 E 值大于培养基营养成分破坏的活化能 E'，因此，随着温度升高，灭菌速率常数增加倍数远远大于培养基中营养成分分解的速率常数的增加倍数。当灭菌温度升高时，微生物死亡速度提高，超过了培养基营养成分破坏的速度。每升高 10℃，速率常数的增加倍数为 Q_{10}。据测定，一般的化学反应 Q_{10} 为 $1.5 \sim 2.0$，杀灭芽孢的反应 Q_{10} 为 $5 \sim 10$，杀灭微生物营养细胞的反应 Q_{10} 为 35 左右。

从上述情况可以看出，在热灭菌过程中，同时发生微生物被杀灭和培养基成分被破坏两个过程。温度能加快这两个过程，当温度升高时，微生物死亡的速度更快。因此，灭菌操作可以采用较高的温度维持较短的时间，以减少培养基营养成分的破坏，这就是通常所说的高温瞬时灭菌法。

生产实际表明：灭菌温度较高而时间较短，要比温度较低时间较长的灭菌效果好。例如，对于同样的培养基，若采用 126 ~ 132℃ 维持 5 ~ 7min 进行连续灭菌，其灭菌后的质量要比采用在 120℃ 保温 30min 的实罐灭菌好。在不同灭菌条件下，培养基营养成分的破坏情况见表 2 - 3。

表 2 - 3　　　　　　　　不同灭菌条件下培养基成分的破坏情况

温度/℃	灭菌时间/min	营养成分的破坏/%	温度/℃	灭菌时间/min	营养成分的破坏/%
100	400	99.3	130	0.5	8
110	30	67	140	0.08	2
115	15	50	150	0.01	<1
120	4	27			

二、湿热灭菌的影响因素

灭菌是一个非常复杂的过程，它包括热量传递和微生物细胞内的一系列生化、生理变化过程，并受到多种因素的影响。根据生产经验，影响灭菌效果的主要因素通常有以下几个方面。

1. 温度的影响

在采用干热或湿热灭菌时，温度过高可引起细胞蛋白质凝固而变性，使细胞失去生命力，加热灭菌就是利用这个原理来杀灭生产中的各种杂菌。一般说来，杀灭细菌的芽孢必须在 121℃ 以上保温 30min 左右，才能全部被杀死；对于含水较少的某些嗜热芽孢杆菌，其灭菌温度要在 130℃ 以上。另外，在采用干热灭菌时，由于干热灭菌放热较少，穿透力较差，故其要求灭菌温度比湿热灭菌温度高，灭菌时间比湿热灭菌时间长。灭菌过程中，当灭菌温度达不到致死温度时，灭菌就会不彻底。因此，灭菌温度是决定灭菌效果的关键因素之一。

2. 灭菌物中 pH 的影响

培养液的 pH 对微生物的耐热性影响很大。一般来说，多数微生物在 pH 接近中性时，其耐热性较强；当 pH 偏酸性时，氢离子较易渗入微生物细胞内，促使微生物细胞死亡，故 pH 越低时，灭菌所需要的时间就越短。培养基的 pH 与灭菌时间的关系见表 2 - 4。

表 2 - 4　　　　　　　　培养基的 pH 与灭菌时间的关系

温度/℃	孢子个数/（个/mL）	灭菌时间/min				
		pH4.5	pH4.7	pH5.0	pH5.3	pH6.1
100	10000	150	150	180	720	340
110	10000	24	30	35	65	70
115	10000	13	13	12	25	25
120	10000	5	3	5	7	8

3. 灭菌时间的影响

无论是采用化学药物或加热方法进行灭菌，其作用时间对灭菌效果具有决定性作用，也就是说，灭菌作用需要维持一定时间才能达到灭菌目的。例如，无芽孢细菌温度在 55~65℃ 作用 30min 才能死亡，酵母菌和曲霉菌的营养细胞在 60~80℃ 作用 10min 才能致死。一般来说，作用时间越长，灭菌效果越好。生产中采用蒸汽加热灭菌时，视其灭菌温度高低而控制灭菌时间，通常作用时间为 5~30min；当采用化学药物灭菌时，视其药物种类和浓度而控制灭菌时间。

4. 培养基成分的影响

培养基中脂肪、糖分和蛋白质等含量越高，微生物的热死亡速率就越慢，这是因为脂肪、糖分和蛋白质等有机物在微生物细胞外面形成一层薄膜，能够有效保护微生物细胞抵抗不良环境，所以灭菌温度相应要高些。例如，大肠杆菌在水中加热到 60~65℃ 即死亡；在 10% 糖液中，加热到 70℃ 需 4~6min 死亡；在 30% 糖液中，加热到 70℃ 需 30min 死亡。相反，培养基中高浓度的盐类、色素等的存在，会削弱微生物细胞的耐热性，故较易灭菌。

5. 培养基中微生物数量的影响

培养基中微生物数量越多，达到要求灭菌效果所需要的时间就越长。培养基中不同数量的微生物孢子在 105℃ 所需要的灭菌时间不同，见表 2-5。因此，在生产实际中，不宜采用严重发霉、腐败的原料配制培养基，其不但含有较少有效营养成分，而且含有较多微生物及其代谢产物，彻底灭菌比较困难。

表 2-5　　　　　　　　培养基中微生物孢子数目对灭菌时间的影响

培养基中微生物的孢子数/（个/mL）	9	9×10^2	9×10^4	9×10^6	9×10^8
105℃时灭菌所需要的时间/min	2	14	20	36	48

6. 培养基中水分含量的影响

当培养基营养物质丰富时，由于干物质含量多、水分含量少，灭菌热穿透力不强，且培养基中蛋白质等物质易形成菌体的保护膜，同时，在水分含量少的培养基中，蛋白质不易凝固，灭菌时细胞不易死亡，故灭菌温度需要高些，作用时间也要适当延长。培养基水分含量越多，加热后其潜热越大。因此，对浓度低的培养基进行灭菌比对浓度高的培养基进行灭菌更容易。

7. 培养基中颗粒的影响

培养基中的颗粒容易潜藏微生物，使微生物不易受热被杀灭。颗粒小，灭菌容易；颗粒大，灭菌困难。如果培养基内存在过多颗粒，可适当提高灭菌温度；若颗粒影响灭菌效果，在不影响培养基质量的情况下，可适当滤除这些颗粒后再进行灭菌。

8. 泡沫的影响

培养基中的泡沫对灭菌极为不利，因为泡沫中的空气形成隔热层，使热量传递困难，热量难以穿透空气层，泡沫内部不易达到微生物的致死温度，容易导致灭菌不彻底。对易产生泡沫的培养基进行灭菌时，可加入适量消泡剂防止泡沫产生。

第三节　培养基灭菌工艺与灭菌时间计算

一、培养基灭菌工艺

1. 培养基的灭菌方式

目前，工业生产上的培养基灭菌方式主要有间歇灭菌和连续灭菌两种形式。

（1）间歇灭菌　培养基的间歇灭菌是将配制好的培养基放在发酵罐或其他贮存容器内，通入蒸汽，将培养基和设备一起进行加热灭菌，然后再冷却至发酵

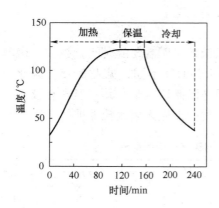

图 2-4　培养基间歇灭菌过程中的温度变化情况

所要求的温度的灭菌过程。在生产实践上，间歇灭菌是相对于连续灭菌方式而得名的，如果相对于空罐灭菌方式，间歇灭菌又称为实罐灭菌。间歇灭菌过程包括升温、保温和冷却三个阶段，图2-4为培养基间歇灭菌过程中的温度变化情况。实罐灭菌不需另外配置灭菌设备，但灭菌时间较长且营养成分损失较大，灭菌过程占用发酵设备的操作时间较长，不利于发酵设备的周转。一般适用于小批量培养基（如种子培养基）以及少量只适宜单独灭菌的特殊物料（如尿素等）。

（2）连续灭菌　培养基的连续灭菌是一种瞬时高温灭菌的方式，即在一套专门灭菌设备中，培养基连续进料、瞬时升温、短时保温、尽快降温，完成灭菌操作后才进入发酵罐或其他贮存容器的过程。连续灭菌方式对培养基营养成分的破坏较少，有利于提高发酵产率，整个过程占用发酵设备的操作时间较少，发酵罐利用率高，整个过程使用蒸汽均衡，可采用自动控制，减轻劳动强度。工业生产中，大批量的培养基普遍采用连续灭菌工艺。培养基的连续灭菌系统如图2-5所示。

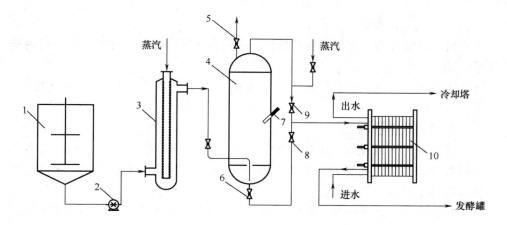

图2-5　连续灭菌的一般流程

1—定容罐　2—泵　3—连消器　4—维持罐　5—排汽阀

6—底阀　7—温度计　8—下出料阀　9—上出料阀　10—换热器

2. 发酵罐的灭菌操作

图2-6是发酵罐及其连接管道的简单示意图。

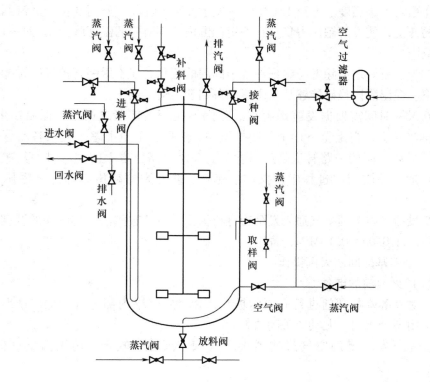

图2-6　通用式发酵罐及连接管路示意图

（1）灭菌前的准备

①对发酵罐各阀门进行必要的拆检，并对发酵罐内部进行淋洗，排出罐内洗涤水，关闭各个阀门。

②先对发酵罐的空气过滤器进行灭菌，灭菌后吹干，用无菌空气保压，备用。

（2）空罐灭菌步骤

①开启列管（或盘管、夹套）的蒸汽阀以及蒸汽冷凝水的排水阀，通入蒸汽将列管（或盘管、夹套）内残留的冷却水排出，然后关闭蒸汽阀，保持冷凝水排出的排水阀处于开启状态。

②从三路管道将蒸汽通入发酵罐内，一般依照由远至近（指某一管路上的阀门离罐体的远近）的次序开启主要阀门，即依次打开放料管道上的蒸汽阀、放料阀进蒸汽，依次打开通风管道上的蒸汽阀、空气阀进蒸汽，依次打开取样管上的蒸汽阀、取样阀进蒸汽。如果管道上装设小边阀，还需打开这些小边阀进行排汽。

③开启发酵罐顶部的排汽阀进行排汽；同时，开启发酵罐顶部所有阀门上的小边阀排汽。

④当发酵罐温度上升至121℃时，即进入保温阶段，需调节各个蒸汽阀、排汽阀的开度，使发酵罐压力稳定在一定范围内，其对应的温度维持在121～125℃温度范围。

⑤为了更好地消除发酵罐顶部各个阀门的死角，在不影响其他发酵罐操作的前提下，保温阶段最好能够从发酵罐顶各路管道通入蒸汽。

⑥保温时间需根据发酵罐容积、罐内结构等具体情况而定，保温结束后，除了排汽管道，自上至下逐个关闭排汽阀，然后自上至下逐个关闭各路管道的蒸汽，最后关闭的一路管道是放料管道。关闭每路管道上的阀门时，其次序是由近至远。关闭阀门过程中，操作应迅速，防止发酵罐压力降低至零压（表压）。

⑦最后，将无菌空气通入发酵罐进行保压，调节进汽法、排汽阀的开度，使压力稳定在0.05～0.10MPa，备用。

3. 培养基的间歇灭菌操作

（1）灭菌前的准备

①对发酵罐各阀门进行必要的拆检，并对发酵罐内部进行淋洗，排出洗罐水，关闭各个阀门，尤其要关闭放料阀门。

②先对发酵罐的空气过滤器进行灭菌，灭菌后吹干，用无菌空气保压，备用。

（2）实罐灭菌的步骤

①用泵将配制好的培养基送至发酵罐，然后开启搅拌。

②开启列管（或盘管、夹套）的蒸汽阀以及蒸汽冷凝水的排水阀，通入蒸汽间接加热培养基至80℃左右。加热过程中，开启发酵罐顶部的排汽阀、接种阀、进料阀、补料阀等阀门或这些阀门上的小边阀进行排汽。此过程必须掌握好预热温度，若预热温度过高，意味着随后直接通入蒸汽的时间过短，导致发酵罐顶部空间、某些管道及阀门灭菌不彻底；若预热温度过低，意味着后面直接通入蒸汽的时间过长，导致过多的蒸汽冷凝水进入培养基，使培养基体积增大，营养基质浓度降低。

③完成预热后，关闭列管（或盘管、夹套）的蒸汽阀，保持排水阀处于开启状态。

④从三路管道将蒸汽通入发酵罐内加热培养基，一般依照由远至近（指某一管路上的阀门离罐体的远近）的次序开启主要阀门，防止培养基倒流，即依次打开放料管道上的蒸汽阀、放料阀进蒸汽，依次打开通风管道上的蒸汽阀、空气阀进蒸汽，依次打开取样管上的蒸汽阀、取样阀进蒸汽。如果管道上装设小边阀，还需打开这些小边阀进行排汽。此过程需保持所有排汽阀处于充分排汽状态，以便消除死角；同时，罐外通风管也需灭菌，将蒸汽通至空气过滤器后的阀门，并打开该阀门上的小边阀进行排汽。

⑤如果发酵罐容积较大，升温速度较慢，当温度升至100℃左右时，可按照进蒸汽次序打开发酵罐顶部各路管道上的阀门进蒸汽入罐内。一方面，为了更好地消除发酵罐顶部各个阀门的死角；另一方面，为了补充蒸汽，使升温加速。

⑥当发酵罐温度上升至121℃时，即进入保温阶段，需调节各个蒸汽阀、排汽阀的开度，使发酵罐压力稳定在一定范围内，其对应的温度维持在121～125℃温度范围。

⑦保温时间需根据发酵罐容积、罐内结构等具体情况而定，保温结束后，除了排汽管道，自上至下逐个关闭排汽阀，然后自上至下逐个关闭各路管道的蒸汽，最后关闭的一路管道是放料管道。关闭每路管道上的阀门时，其次序是由近至远，防止培养基倒流。关闭阀门过程中，操作应迅速，防止发酵罐压力降低至零压（表压）。

⑧将无菌空气通入发酵罐进行保压，调节进汽法、排汽阀的开度，使压力稳定在0.05～0.10MPa。

⑨开启列管（或盘管、夹套）的进水阀，通入冷却水进行降温，热交换后的水经回水阀输送至冷却塔进行降温，并收集到贮水箱，循环使用。降温过程中，需密切关注发酵罐压力变化，并及时调整罐压，使其维持在0.05～0.10MPa。

⑩当培养基温度降至工艺所要求的温度（一般比培养温度略高0.5～1℃）时，关闭冷却水，然后停止搅拌，保持无菌空气保压状态，等待接种。

4. 培养基的连续灭菌操作

（1）灭菌前的准备　培养基连续灭菌前，需先对连续灭菌系统进行灭菌。开启连消器上的蒸汽阀，使蒸汽依次通入连消器、维持罐、换热器及相关管道，一直到达发酵罐顶部的进料阀或进料分布管上的进料阀，开启整个系统中所有排汽阀进行充分排汽，以消除灭菌死角。灭菌过程中，调节进汽阀和各排汽阀的开度，使维持罐压力维持在 0.1~0.15MPa（表压），一般保温 30min 可结束，然后关闭各排汽阀，用蒸汽保压，等待进培养基进行连续灭菌。

（2）培养基连续灭菌步骤

①培养基经配料定容后，泵送至连消器，调节培养基流量和蒸汽流量，使培养基与蒸汽在连消器内瞬时混合，加热至灭菌要求的温度，然后进入维持罐。

②加热后的培养基由底部进入维持罐，经保温一定时间，由维持罐顶部流出，经上出料阀进入换热器。

③以冷却水为换热介质，通入换热器与培养基进行热交换，使培养基温度降至工艺要求的温度，然后进入发酵罐。将热交换后的水送至冷却塔进行冷却处理，以便循环使用。

④当泵抽空一个定容罐后，可立即泵送另一个罐的培养基。

⑤若有多批培养基连续灭菌进入不同发酵罐，在每批培养基灭菌完毕时，通过转换连续灭菌系统各个发酵罐的阀门来控制培养基的去向。在批次不同的培养基交接时，培养基容易在维持罐内混淆而造成各批培养基营养成分的浓度发生改变。为了避免营养成分混淆现象，通常在培养基配制时，至少保留维持罐体积的 4~6 倍清水不与培养基混合，连续灭菌前期先泵送维持罐体积的 2~3 倍清水，中期泵送培养基主体部分，后期再泵送维持罐体积的 2~3 倍清水。

⑥所有培养基都泵送完毕，需停泵，关闭连消器的蒸汽阀以及维持罐的进料阀、上出料阀，开启维持罐顶部的蒸汽阀、底阀以及下出料阀，用蒸汽进行压料，使残留培养基经底阀、下出料阀进入发酵罐。

二、培养基灭菌时间计算

1. 间歇灭菌时间的计算

在升温阶段的后期、保温阶段和冷却阶段的前期，培养基的温度较高，具有灭菌作用。

（1）升温阶段　在升温阶段，由于培养基温度逐渐升高，比死亡速率常数不断增大，有部分微生物被杀死，特别是温度加热至 100℃ 以后较为显著（因 100℃ 以下，灭菌速率常数很小，可忽略不计），此时不能采用一级反应动力学来计算升温阶段结束后残留的活微生物数，而采用下式：

$$\ln \frac{N}{N_0} = -\int_0^\tau k\mathrm{d}\tau \tag{2-16}$$

若设升温结束时的活微生物数为 N_1，则：

$$\ln \frac{N_1}{N_0} = -\int_0^\tau k\mathrm{d}\tau = -\int_0^\tau Ae^{\frac{-E}{RT}}\mathrm{d}\tau \qquad (2-17)$$

式中　N_1——加热阶段结束时活微生物总数，个

N_0——加热前活微生物总数，个

实际生产中求得（N_1/N_0）值的过程比较复杂，为简化计算，Richards 认为，在升温阶段，可将培养基温度看作随加热时间而线性上升，当温度超过 100℃ 后，才能起到杀灭微生物的作用，且杀死微生物作用随温度升高而增大。据此，计算出在每分钟升温 1℃ 的条件下，达到不同温度时嗜热脂肪芽孢杆菌的芽孢的 $\ln(N_1/N_0)$ 值，见表 2-6。该表中的数据适用于温度为 101~130℃ 的范围，并且是根据每分钟变化 1℃ 时获得的。因此，如果温度变化符合这一温度范围和条件，那么从表便可直接查得 $\ln(N_1/N_0)_{加热或冷却}$。例如，若培养基在 15min 内从 100℃ 加热到 115℃，则该阶段的灭菌效果 $\ln(N_1/N_0)_{加热}$ 为 3.154；又如在 20min 内从 120℃ 冷却至 100℃，则该冷却阶段的灭菌效果 $\ln(N_1/N_0)_{冷却}$ 为 10.010，依次类推。

表 2-6　　　　100~130℃加热时的嗜热芽孢杆菌的芽孢的 $\ln(N_0/N_1)$

温度/℃	死亡速率/min^{-1}	$\ln(N_1/N_0)$	温度/℃	死亡速率/min^{-1}	$\ln(N_1/N_0)$
100	0.019	—	116	0.835	3.989
101	0.025	0.044	117	1.045	5.034
102	0.032	0.076	118	1.307	6.341
103	0.040	0.116	119	1.633	7.973
104	0.051	0.168	120	2.037	10.010
105	0.065	0.233	121	2.538	12.549
106	0.083	0.316	122	3.160	15.708
107	0.105	0.420	123	3.929	19.638
108	0.133	0.553	124	4.881	24.518
109	0.168	0.720	125	6.056	30.574
110	0.212	0.932	126	7.506	38.080
111	0.267	1.199	127	9.293	47.373
112	0.336	1.535	128	11.494	58.867
113	0.423	1.957	129	14.200	73.067
114	0.531	2.488	130	17.524	90.591
115	0.666	3.154			

（2）保温阶段　在保温阶段，培养基的温度恒定，比死亡速率常数保持不变，所以保温时间 τ_2 可由下式决定：

$$\tau_2 = \frac{1}{k}\ln\frac{N_1}{N_2} \qquad (2-18)$$

式中　N_1——加热阶段结束时活微生物总数，个

N_2——保温阶段结束时活微生物总数，个

（3）降温阶段　由于降温前期培养基的温度较高，仍有一定的灭菌作用。设开始降温时培养基中的活微生物数（也即保温阶段结束时活微生物总数）为 N_2，而冷却结束时为 N_f，即：

$$\ln\frac{N_f}{N_2} = \int_0^\tau e^{\frac{-E}{RT}}\mathrm{d}\tau \qquad (2-19)$$

将上式积分后，就可以确定 N_2。冷却阶段积分项的计算与加热阶段是一样的。

因为间歇灭菌操作过程是由加热、保温和冷却三个不同的阶段组成，根据以上积分分段计算的结果可得灭菌操作全过程所需时间为 τ：

$$\tau = \tau_1 + \tau_2 + \tau_3 \qquad (2-20)$$

灭菌的总效果则为：

$$\ln\frac{N_0}{N_f} = \ln\frac{N_0}{N_1} + \ln\frac{N_1}{N_2} + \ln\frac{N_2}{N_f} \qquad (2-21)$$

在灭菌过程中，加热和保温阶段的灭菌作用是主要的，而冷却阶段的灭菌作用是次要的，一般很小，在实际生产中计算时可以忽略不计。另外，应避免加热时间过长，减少营养物质的破坏程度与有害物质的生成。

[例题 2-1]　有一个 100m³ 发酵罐内装 60m³ 培养基，升温至 121℃ 时保温一段时间进行灭菌。每 1mL 培养基中有 1.5×10^7 个耐热细菌芽孢。灭菌过程中只考虑升温阶段 100℃ 以后以及保温阶段的灭菌作用，已知温度从 100℃ 上升至 121℃ 需要 21min，求保温阶段的时间。

解：已知：$A = 1.34 \times 10^{36}\mathrm{s}^{-1}$，$E = 283460\mathrm{J/mol}$，根据式（2-4），可得

$$\lg k = \frac{-E}{2.303RT} + \lg A = \frac{-14819}{T} + 36.13 \qquad (2-22)$$

根据式（2-22）可计算出 T_1（373K）至 T_2（394K）之间的若干个 k 值，见表 2-7。

表 2-7　　　　　　　　　　　　　　$k - T$ 的关系

T/K	373	376	379	382	385	388	391	394
k/s^{-1}	0.000251	0.000522	0.00107	0.00217	0.00436	0.00864	0.0170	0.0330

以表 2 - 7 计算的 k 值对 T 作图，如图 2 - 7 所示，可得 k - T 曲线。

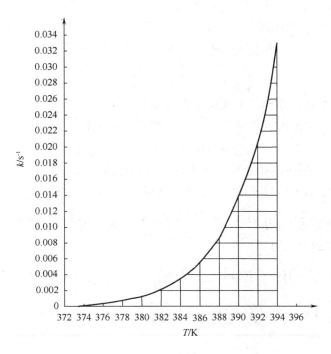

图 2 - 7　k - T 的关系图

图中，横坐标在 T_1 ~ T_2 以 2K 为单位进行分解，纵坐标在 0 ~ 0.0287 以 0.002s^{-1} 为单位进行分解，单位面积（小方格）为 $2 \times 0.002 = 0.004$K · s^{-1}，373 ~ 394K 的 k - T 曲线以下的面积范围内包含 36 个单位面积，则有：

$$总面积 \int_{373}^{394} k dT = 36 \times 0.004 = 0.144 （K · s^{-1}）$$

那么，升温阶段从 373 ~ 394K 的平均死亡速度常数可计算如下：

$$k_m = \frac{\int_{T_1}^{T_2} k dT}{T_2 - T_1} = \frac{0.144}{394 - 373} = 0.0069 （s^{-1}）$$

根据式 (2 - 7)，可计算升温阶段结束时培养基残留的芽孢数为：

$$N'_\tau = \frac{N_0}{e^{k_m \cdot t}} = \frac{1.5 \times 10^7 \times 60 \times 10^6}{e^{0.0069 \times 21 \times 60}} = 1.51 \times 10^{11} （个）$$

根据式 (2 - 7)，可计算保温阶段所需的时间：

$$\tau = \frac{2.303}{k} \lg \frac{N'_\tau}{N_\tau} = \frac{2.303}{0.033} \lg \frac{1.51 \times 10^{11}}{0.001} = 989.5 （s） = 16.5 （min）$$

2. 连续灭菌时间的计算

连续灭菌是采用瞬时高温灭菌的方式，由于升温时间和降温时间很短，灭菌作用主要发生在保温阶段。保温时间长短往往取决于进料流量和维持罐或管道的容积，如果根据产量要求确定进料流量，为了设计维持罐或管道的容积，必须对灭菌时间进行计算。

连续灭菌时间可用式（2-7）计算，将式（2-7）中培养基的含菌量改为菌体浓度（每1mL培养基的含菌数），则式（2-7）可变化为：

$$t = \frac{2.303}{k} \lg \frac{c_0}{c_\tau} \qquad (2-23)$$

式中　c_0——单位体积培养基灭菌前的含菌数，个/mL

　　　　c_τ——单位体积培养基灭菌后的含菌数，个/mL

［例题2-2］60m³培养基采用连续灭菌，灭菌温度为130℃。每1mL培养基中有1.5×10^7个耐热细菌芽孢。求灭菌所需的维持时间。

解：已知：$A = 1.34 \times 10^{36} s^{-1}$，$E = 283460 J/mol$，根据式（2-22），可得：

$$\lg k = \frac{-E}{2.303RT} + \lg A = \frac{-14819}{T} + 36.13 = \frac{-14819}{403} + 36.13 = -0.64$$

即 $k = 0.229$（s^{-1}）

由于$c_0 = 1.5 \times 10^7$（个/mL）和 $c_\tau = \frac{1}{60 \times 10^6 \times 10^3} = 1.67 \times 10^{-11}$（个/mL）

$$\tau = \frac{2.303}{k} \lg \frac{c_0}{c_\tau} = \frac{2.303}{0.229} \lg \frac{1.5 \times 10^7}{1.67 \times 10^{-11}} = 181（s）= 3（min）$$

实训项目

一、发酵罐及管道的灭菌

1. 实训准备

设备：30L自动控制发酵罐及相关配置设备（空气系统、蒸汽系统等）。

2. 实训步骤

（1）对发酵罐进行清洗，然后对空气过滤器进行灭菌、吹干，保压，备用。

（2）按照本章所述的空罐灭菌方法，对30L发酵罐及相关管道进行灭菌，121℃保温20min。

（3）灭菌结束后，用无菌空气对发酵罐进行保压，调节罐压为0.1MPa左右。

二、培养基的实罐灭菌

1. 实训准备

设备：30L自动控制发酵罐及相关配置设备（空气系统、蒸汽系统及在线检测装置等）。

材料与试剂：培养基配制的各种材料。

2. 实训步骤

（1）30L 发酵罐使用前，对发酵罐进行清洗，校准 pH 电极、溶氧电极，并将它们安装在发酵罐上。然后，对空气过滤器进行灭菌、吹干以及保压，备用。

（2）配制培养基：葡萄糖 500g，尿素 100g，$MgSO_4 \cdot 7H_2O$ 10g，磷酸二氢钾 24g，玉米浆 600g，定容 20L，调节 pH 为 7.0。

（3）将培养基放入 30L 发酵罐，启动搅拌，按本章介绍的实罐灭菌方法，对培养基进行灭菌，121℃保温 20min。

（4）灭菌结束后，用无菌空气对发酵罐进行保压，调节罐压为 0.1MPa 左右；同时，利用发酵罐的夹层通入冷却水进行降温，降温过程中密切注意发酵罐压力的变化，并及时进行调节罐压，当温度降至 32℃时停止降温。

拓展知识

连续灭菌的节能流程

为了节省加热蒸汽用量，可采用预热方式，节能的工艺流程如图 2-8 所示。灭菌前的培养基（生料）与灭菌后的培养基（熟料）在换热器 A 中进行热交换，生料经预热，温度可提高 40~60℃，从而可减少连消器的蒸汽用量，达到节能目的。同时，灭菌后的熟料经换热器 A 的第一次冷却后，温度可下降 40~60℃，从而可减小换热器 B 中冷却水的循环量，达到降低循环水的电耗。

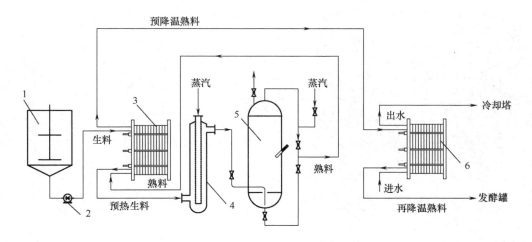

图 2-8　连续灭菌的节能流程

1—定容罐　2—泵　3—换热器 A　4—连消器　5—维持罐　6—换热器 B

同步练习

1. 常用的灭菌方法有哪些？
2. 什么是致死温度、致死时间、热阻、相对热阻？
3. 什么是对数残留定律？对数残留定律中的死亡速度常数受哪些因素影响？
4. 为什么培养基灭菌选择"高温短时"方式的效果较好？
5. 影响培养基灭菌的因素有哪些？
6. 简述连续灭菌的一般工艺流程，绘出工艺流程的示意图。
7. 在连续灭菌中，可采取哪些节能措施？绘出节能的工艺流程简图。
8. 比较培养基的间歇灭菌与连续灭菌两种方式的优缺点。
9. 简述空罐灭菌、实罐灭菌和连续灭菌的操作步骤。
10. 在间歇灭菌操作过程中，为什么要预热培养基？如何掌握预热温度？
11. 多批培养基连续灭菌时，如何防止批次不同培养基在交接时混淆？
12. 怎样计算培养基灭菌时间？

第三章 空气除菌技术

知识目标

- 了解空气除菌目的及相关生产设施；
- 熟悉空气除菌工艺流程、空气过滤器的拆装和灭菌；
- 理解空气除菌工艺原理及其影响因素。

能力目标

- 能够制定空气过滤除菌的工艺流程及技术参数；
- 能够进行空气过滤器的拆装、灭菌等操作，并使用空气过滤器进行除菌操作；
- 能够分析与处理空气过滤除菌过程中的常见问题。

第一节 空气除菌的方法

在发酵工业中，绝大多数微生物培养是好氧培养，而大多数产物的生物合成也需消耗氧气，空气是提供大量氧气最直接、最廉价的来源。但是，空气中含有悬浮灰尘颗粒和各种微生物，为了保证纯种培养，在利用空气之前，必须除去其中含有的微生物等悬浮颗粒。

空气除菌就是除去或杀灭空气中的微生物。空气除菌的方法很多，如辐射灭菌、加热灭菌、化学药物灭菌，都是使微生物有机体蛋白质变性而破坏其活力的方法；而静电除菌和过滤除菌则是利用分离原理除去微生物等粒子的方法。

1. 辐射灭菌

从理论上来说，声能、高能阴极射线、α-射线、β-射线、γ-射线、x-射线、紫外线等都能破坏蛋白质等生物活性物质，从而达到杀菌作用。许多射线的具体杀菌机理还有待进一步研究，目前了解较多的是紫外线杀菌。紫外线波长为253.7~265.0nm 时杀菌效力最强，其杀菌力与紫外线的强度成正比，与距离的平方成反比。紫外线通常用于无菌室、医院手术室等空气对流不大的环境杀菌，但杀菌效率较低，且杀菌时间较长，一般要结合甲醛熏蒸或苯酚喷雾等化学灭菌方法，以确保无菌室较高的无菌程度。

2. 加热灭菌

将空气加热至一定温度，并维持一定时间，以杀灭空气中的微生物。加热灭菌可用蒸汽、电能、空气压缩过程中产生的热量进行灭菌。前两种方法不经济也不安全，不适宜用于工业化生产；后一种方法比较经济，适宜用于发酵生产中空气的预处理。在空气压缩过程中，空气进口温度为 20℃ 左右，空气的出口温度可达到 187～198℃，压力为 0.7MPa，从压缩机出口到空气贮罐的一段管道增加保温层进行保温，使空气在高温维持一段时间，以杀灭空气中的微生物。

3. 静电除菌

静电除菌是利用静电引力吸附带电粒子而达到除尘和除菌的目的。悬浮于空气中的微生物大多带有不同的电荷，一些没有带电荷的微粒在进入高压静电场时会被电离变成带电微粒。因此，当含有灰尘和微生物的空气通过高压电场时，带电粒子就会在电场的作用下，靠静电引力而向带相反电荷的电极移动，最终被捕集于电极上，从而实现净化空气的目的。但对于一些直径很小的微粒，由于所带电荷很小，产生的静电引力等于或小于气流对微粒的拖带力或微粒布朗扩散作用力时，则不能被吸附而沉降，所以静电除尘对很小的微粒效率较低。

4. 过滤除菌

过滤除菌是让含菌空气通过过滤介质，阻截空气中的微生物和灰尘颗粒，制得无菌空气的方法。常用的过滤介质有棉花、活性炭、玻璃纤维、合成纤维、烧结材料、膜材料等。通过过滤介质除菌，可使空气达到洁净度要求，并有足够的压力和适宜的温度，以供耗氧培养过程使用。目前，该法已被广泛应用于发酵工业大量制备无菌空气。

第二节　空气过滤除菌的原理

按过滤除菌机制不同，可分为介质深层过滤除菌和绝对过滤除菌两大类。在介质深层过滤除菌中，介质间的孔隙（一般大于 50μm）远大于微生物（一般细菌为 1μm），具有一定厚度的介质层靠静电吸引、重力沉降、布朗扩散截留、惯性撞击滞留、拦截滞留等作用将微生物截留在滤层中。而在绝对过滤除菌中，其过滤介质是微孔滤膜，孔隙可以小于 0.1μm，由于介质孔隙小于微生物，故空气中的微生物不能穿过介质（滤膜），而被截留在介质表面。

1. 介质深层过滤除菌

过滤介质直接影响到过滤效率、压缩空气的动力消耗、维护费用以及过滤器的结构等。一般要求过滤介质具有吸附性强、耐高温、阻力小等特点，深层过滤常用的介质有棉花、玻璃纤维、烧结材料、活性炭等。其中，深层过滤介质的纤维丝直径一般为 16～20μm，当充填系数为 8% 时，纤维丝所形成的网格孔隙为 20～50μm，而悬浮于空气中的微生物粒子大小一般为 0.5～2μm。显然，空气过滤所用介质的间隙一般大于微生物细胞颗粒，当气流通过滤层时，由于滤层纤维所形成的网格阻碍气流直线前进，迫使气流无数次改变运动速度和运动方向，绕过纤维前进，这些改变引起微粒对滤层纤维产生惯性冲击、阻拦、重力沉降、布朗扩散、静电吸附等作用，从而把微粒滞留在纤维表面上。

图 3-1 是过滤介质除菌时各种除菌机理的示意图，图中：ω_g 为气流速度，d_f 为纤维直径，d_p 为微粒直径，$d_{p/2}$ 为微粒半径，E 表示电场。

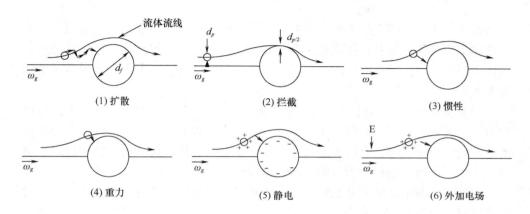

图 3-1　过滤除菌机理示意图

（1）惯性冲击滞留作用机理　过滤器的滤层中交织着无数纤维，并形成层层网格，随着纤维直径的减小和填充密度的增大，网格的层次就越多，所形成的网格也就越细致、紧密，纤维间的间隙就越小。当带有微生物的空气通过滤层时，由于纤维纵横交错、层层叠叠，空气流要不断改变运动方向和运动速度才能通过滤层。当微粒随气流以一定的速度垂直向纤维方向运动时，空气受阻即改变方向，绕过纤维前进，而微粒由于它的运动惯性大于空气，未能及时改变运动方向，于是微粒直冲到纤维的表面，由于摩擦黏附，微粒就滞留在纤维表面上，这称为惯性冲击滞留作用。

惯性冲击滞留作用的大小取决于颗粒的动能和纤维的阻力，其中气流速度是影响纤维捕集效率的重要参数。当气流速度较大时，惯性冲击滞留作用起主导作用；随着气流速度下降，微粒的动量减少，惯性力也减弱，当气流速度下降至临界速度时，纤维的惯性冲击滞留效率为零。

（2）拦截滞留作用机理　气流速度降到临界速度以下，微粒不能因惯性碰撞而滞留于纤维上，捕集效率显著下降。但实践证明，随着气流速度的继续下降，纤维对微粒的捕集效率又有回升，说明有另一种机理在起作用，这就是拦截滞留作用机理。

微生物微粒直径很细，质量很轻，它随低速气流流动慢慢靠近纤维时，微粒所在的主导气流受纤维所阻而改变流动方向，绕过纤维前进，并在纤维的周边形成一层边界滞留区。滞留区的气流速度更慢，前进到滞留区的微粒慢慢靠近和接触纤维而被粘附截留，称为截留作用。

（3）布朗扩散机理　直径很小的微粒在气流速度很小的气流中能产生一种

不规则的直线运动，称为布朗扩散。布朗扩散的运动距离很短，在较大的气速、较大的纤维间隙中是不起作用的，但在很小的气流速度和较小的纤维间隙中，布朗扩散作用大大增加了微粒与纤维的接触滞留机会。

（4）重力沉降作用机理　重力沉降是一个稳定的分离作用，当微粒所受的重力大于气流对它的拖带力时，微粒就容易沉降。在单一的重力沉降情况下，大颗粒比小颗粒作用明显，小颗粒只有在气流速度很小时才起作用。一般它是与拦截作用相配合的，即在纤维的边界滞留区内，微粒的沉降作用提高了拦截滞留的捕集效率。

（5）静电吸附作用机理　一方面，部分微生物等微粒带有与介质表面相反的电荷，或者由于感应而带上相反电荷，从而被介质吸附；另一方面，夹带微粒的干空气流过介质时，介质表面由于摩擦产生很强的静电荷，使气流中的微粒被吸附。由于静电作用而使微生物等微粒被吸附，称为静电吸附作用。

在过滤除菌中，随着参数的变化，各种机理所起作用的大小也在变化，有时很难分辨各种机理对除菌作用贡献的大小。在工业应用中，一般认为，惯性冲击滞留、拦截滞留、布朗扩散的作用较大，而重力沉降、静电吸附的作用较小。

通常以过滤效率来衡量过滤效果，过滤效率是指介质层所滤去的微粒数与空气中原有微粒数之比，即：

$$\eta = \frac{N_1 - N_2}{N_1} = 1 - \frac{N_2}{N_1} = 1 - P \tag{3-1}$$

式中　N_1——过滤前空气中的微粒数，个

　　　N_2——过滤后空气中的微粒数，个

　　　P——穿透率，即过滤后空气中的微粒数与过滤前空气中的微粒数之比

　　　η——过滤效率，%

过滤效率主要与微粒大小、过滤介质的种类和规格（纤维直径）、介质的填充密度、介质层厚度以及气流速度等因素有关。在一定条件下，过滤效率随滤层厚度增加而提高，而对于单位厚度滤层来说，微粒浓度的下降量与进入此滤层的微粒数成正比，即：

$$\frac{dN}{d\delta} = -KN \tag{3-2}$$

式中　N——空气中微粒数，个

　　　δ——滤层厚度，cm

　　　K——过滤常数，cm^{-1}

　　$dN/d\delta$——单位厚度滤层除去的微粒数，cm/个

将式（3-2）整理并积分：

$$-\frac{dN}{N} = Kd\delta \tag{3-3}$$

$$-\int_{N_0}^{N_S} \frac{dN}{N} = K \int_0^L d\delta \tag{3-4}$$

$$\ln \frac{N_s}{N_0} = -K\delta \qquad\qquad (3-5)$$

$$L = \frac{1}{K}\ln \frac{N_0}{N_s} \qquad\qquad (3-6)$$

式中　N_0——过滤前进口空气的微粒数，个

　　　N_s——过滤后出口空气的微粒数，个

式（3-6）称为对数穿透定律。过滤常数 K 与微粒大小、过滤介质的种类和规格（纤维直径）、介质的填充密度以及气流速度等因素有关，可通过实验测定。

2. 绝对过滤除菌

绝对过滤是介质之间的孔隙小于被滤除的微生物，当空气流过介质层后，空气中的微生物被滤除。随着科学技术的发展，近年来出现许多新的过滤介质，如聚偏氟乙烯（PVDF）、聚四氟乙烯（PTFE）、直径 $0.5\mu m$ 的超细玻璃纤维制成的 Bio-x 滤材等。这些新型过滤介质的微孔直径可达到 $0.5\mu m$ 以下，比细菌直径小，能滤除比细菌大的菌体粒子；甚至有的新过滤介质的微孔直径小至 $0.01\mu m$，可滤除全部噬菌体。

目前，制造厂家通常采用这些新型滤材制造成筒状的折叠式滤芯，如图 3-2 所示，目的在于增加过滤面积，减小阻力，提高空气流量。在国内外，这种微孔滤膜制成的折叠式滤芯已被广泛应用于发酵工业。

图 3-2　折叠式滤芯

1—端盖（热稳定 P.P）　2—滤芯的烙印编号

3—外筒（热稳定 P.P）　4—防止背压的锁扣

5—226 O 型密封胶圈　6—316 不锈钢内衬

第三节　空气过滤除菌的工艺流程

空气过滤除菌流程是根据发酵生产对无菌空气要求的参数，如无菌程度、空气压力、温度和湿度等，并结合采气环境的空气条件、所用除菌设备的特性而设计的。空气过滤除菌流程有多种，下面分别介绍几种比较典型的流程。

1. 空气压缩冷却过滤流程

图 3-3 是一个设备简单的空气流程图，它由压缩机、贮罐、空气冷却器和过滤器组成。它只能适用于气候寒冷、相对湿度较低的地区。由于空气的温度低、经压缩后它的温度也不会升高很多，特别是空气的相对湿度低，空气中的绝

对湿含量很小，虽然空气经压缩并冷却到培养要求的温度，但最后空气的相对湿度还能保持在60%以下，这就能保证过滤设备的过滤除菌效率，满足微生物培养的无菌空气要求。但是室外温度低到什么程度和空气的相对湿度低到多少才能采用这个流程，需通过设计计算来确定。

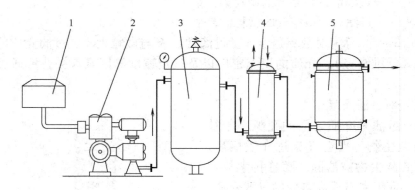

图 3-3　空气冷却过滤流程
1—粗过滤器　2—压缩机　3—贮罐　4—冷却器　5—总过滤器

在使用涡轮式空气压缩机或无油润滑空气压缩机时，这种流程可满足要求；但如果采用普通空气压缩机时，可能会引起油雾污染过滤器，这时应加装丝网分离器先将油雾除去。

2. 两级冷却、分离、加热的空气除菌流程

图 3-4 是一个比较完善的空气除菌流程。它可以适应各种气候条件，尤其适应于空气湿含量较大的地区，能充分地分离空气中含有的水分，使空气的相对湿度达到较低进入过滤器，从而提高过滤除菌效率。

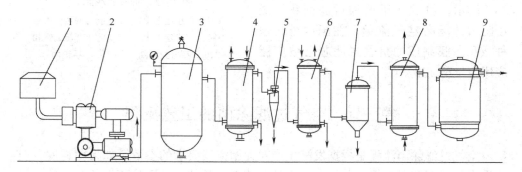

图 3-4　两级冷却、分离、加热除菌流程
1—粗过滤器　2—空压机　3—贮罐　4、6—冷却器
5—旋风分离器　7—丝网分离器　8—加热器　9—过滤器

这种流程的特点是：二次冷却、二次分离、适当加热。二次冷却、二次分离油水的处理可以节约冷却用水，且除去油雾、水分比较完全。在流程中，经第一

级冷却至 30~35℃，大部分的水、油都已经结成较大的雾粒，由于雾粒浓度较大，故适宜用旋风分离器分离；再经二级冷却至 20~25℃，使空气进一步析出较小雾滴，采用丝网分离器分离；最后利用加热器加热，把空气的相对湿度降至 50% 左右，保证过滤介质在干燥条件下过滤。

3. 冷热空气直接混合式空气除菌流程

图 3-5 是冷热空气直接混合式空气除菌流程。从流程图中可以看出，压缩空气从贮罐出来后分成两部分，一部分进入冷却器，冷却到较低温度，经分离器分离水分、油雾后，与另一部分未处理过的高温压缩空气混合。此时混合空气的温度为 30~35℃，相对湿度为 50%~60%，达到要求，然后进入过滤器过滤。该流程的特点是可省去第二级冷却后的分离设备和空气加热设备，流程比较简单，冷却水用量少。该流程适用于中等湿含量地区，但不适合于空气湿含量高的地区。

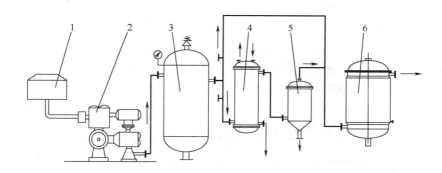

图 3-5　冷热空气直接混合式空气除菌流程

1—粗过滤器　2—压缩机　3—贮罐　4—冷却器　5—丝网分离器　6—过滤器

4. 前置高效过滤除菌流程

高效前置过滤除菌流程如图 3-6 所示，它是利用压缩机的抽吸作用，使空气先经中效、高效过滤后，再进入空气压缩机。经高效前置过滤器后，空气的无菌程度可达 99.99%，再经冷却、分离和主过滤后，空气的无菌程度就更高。

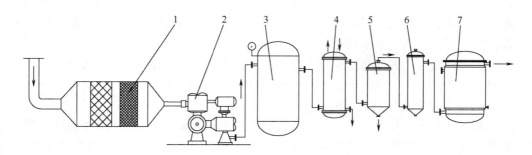

图 3-6　高效前置过滤空气除菌流程

1—高效过滤器　2—空压机　3—贮罐　4—冷却器　5—丝网分离器　6—加热器　7—过滤器

5. 利用热空气加热冷空气的流程

图 3 - 7 是利用热空气加热冷空气的流程。它利用压缩后的热空气和冷却后的冷空气进行热交换，使冷空气的温度升高，降低相对湿度。此流程对热能的利用比较合理，热交换器还可兼作贮气罐，但由于气 - 气换热的传热系数很小，加热面积要足够大才能满足要求。

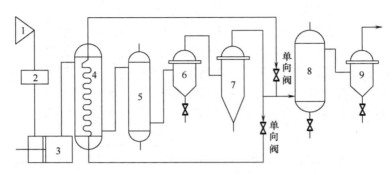

图 3 - 7　利用热空气加热冷空气的流程
1—高空采风　2—粗过滤器　3—压缩机　4—热交换器
5—冷却器　6、7—析水器　8—空气总过滤器　9—空气分过滤器

第四节　空气过滤器拆装与灭菌操作

一、深层介质空气过滤器

1. 深层介质空气过滤器的拆装

深层介质过滤器如图 3 - 8 所示。装填介质时，先在下孔板上铺一层棉布，然后按顺序进行安装：装填棉花→铺上一层棉布→装填颗粒活性炭→铺上一层棉布→装填棉花→铺上一层棉布，上下层棉花层厚度各为总过滤层（压紧后）的 1/4 ~ 1/3，中间活性炭层厚度占 1/3 ~ 1/2，要求逐渐将适量介质均匀地填入过滤器；经踩实后，再继续装填介质，做到总体紧密均匀，以防空气短路；介质装填后，依次盖上上孔板、压紧架、过滤器上封头，在过滤器外壳法兰上装上密封圈，拴上螺栓，通过拧紧螺栓将介质压紧。

更换介质时，将过滤器压力卸为零压，拧开螺栓，依次将过滤器上封头、压紧架、上孔板掀开，取出各层介质，重新装填新介质即可。

2. 深层介质空气过滤器的灭菌

对深层介质空气过滤器灭菌时，一般自上而下通入 0.2 ~ 0.4MPa（表压）的蒸汽，并打开进汽管上的排汽阀、底部的排汽阀、出气管上的排汽阀充分排汽，调节灭菌压力，使过滤器在 0.1 ~ 0.15MPa（表压）下维持 45 ~ 60min，然后用压缩空气吹干，备用。

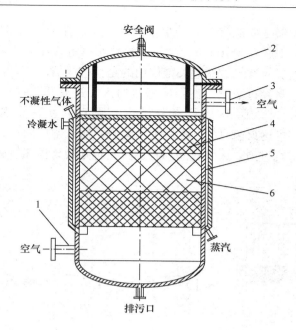

图 3 - 8　深层介质空气过滤器
1—进气口　2—压紧架　3—出气口
4—纤维介质　5—换热夹套　6—活性炭

二、折叠式膜芯空气过滤器

1. 折叠式膜芯空气过滤器的拆装

折叠式膜芯过滤器如图 3 - 9 所示。安装时，先用硅油（或凡士林）润滑折叠式膜芯上的 O 型密封胶圈，再将折叠式膜芯插进支撑孔板，使 O 型密封胶圈固定在支撑孔板的浅槽位置，旋转膜芯，使膜芯上的锁扣卡住支撑板的锁扣；然后，盖上孔板，在固定杆上拧上螺母，压紧固定孔板，在端盖顶部的翼板上套上套筒，通过套筒，使固定孔板牢固地卡住膜芯顶端；最后，将外壳的密封胶圈放在底壳法兰的浅槽上，盖上顶壳，用螺栓紧密连接。

更换膜芯时，揭开顶壳，取出套筒，松开固定孔板，旋出膜芯，即可进行更换。

2. 折叠式膜芯空气过滤器的灭菌

折叠式膜芯空气过滤器的过滤流程如

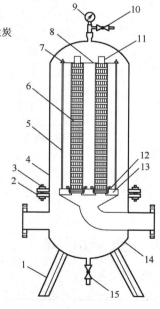

图 3 - 9　折叠式膜芯空气过滤器
1—支座　2—外壳法兰　3—螺栓　4—顶壳
5—固定杆　6—折叠式膜芯　7—螺母
8—固定孔板　9—温度表　10—排汽阀
11—套筒　12—锁扣　13—支撑孔板
14—底壳　15—排汽阀

图 3-10 所示。总过滤器主要滤除较大的尘埃颗粒，起着保护预过滤器的作用。预过滤器的微孔直径一般在 0.45μm 以上，不能滤除细菌等较小微生物，主要起着保护精过滤器的作用。对空气过滤起关键作用的是精过滤器，一般只需精过滤器进行灭菌。灭菌时，将经过蒸汽过滤器的蒸汽通入主过滤器，打开排汽阀 A、排汽阀 B、排汽阀 C、排汽阀 D 进行充分排汽，调节主过滤器内的压力为 0.1MPa，保温 10min，可达灭菌目的，然后关闭蒸汽，通入空气吹干，备用。灭菌过程中，灭菌温度不宜过高，灭菌时间不宜过长，否则极易损坏折叠式膜芯。

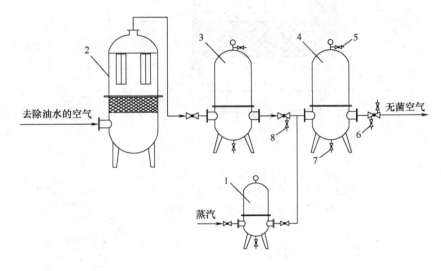

图 3-10　折叠式膜芯过滤器的过滤流程
1—蒸汽过滤器　2—总过滤器　3—预过滤器　4—精过滤器
5—排汽阀 A　6—排汽阀 B　7—排汽阀 C　8—排汽阀 D

实训项目

空气过滤器的灭菌

1. 实训准备
设备：实验室的小型发酵罐及相关配置设备（空气系统、蒸汽系统）。

2. 实训步骤
（1）将折叠式膜芯安装在空气过滤器中。
（2）按本章所述的灭菌方法，对空气过滤器进行灭菌。
（3）空气过滤器灭菌结束后，用空气吹干过滤芯。
（4）最后，用空气对过滤器进行保压，调节过滤器的压力为 0.2~0.25MPa。

拓展知识

空气过滤器使用与维护

1. 空气过滤器的使用

压缩空气应进行除水、除油等处理，使其相对湿度在 60% 以下，否则易使过滤介质受潮而影响过滤效果。经过除水、除油处理后，空气相对湿度仍较高，可在分过滤器前加设空气加热器，适当提高空气温度，以降低相对湿度，再进入空气过滤器。

2. 空气过滤器的维护

一般情况下，总过滤器需每月灭菌 1 次，而分过滤器则需每批发酵前进行灭菌 1 次。视生产实际情况，各工厂也可各自制定总过滤器、分过滤器定期灭菌的间隔时间。各工厂需定期对过滤后空气进行无菌检查，以便及时拆检过滤器、更换过滤介质或膜芯。经过多次灭菌，过滤介质或膜芯会逐渐焦化受损而丧失过滤效能，各工厂也可根据灭菌频率摸索出更换过滤介质或膜芯的周期。过滤器的压力降也是拆检过滤器、更换过滤介质或膜芯的依据之一，随着使用时间延长，压力降会逐渐增大，例如，使用折叠式膜芯过滤器时，当预过滤器压力降增至 0.025MPa，精过滤器压力降增至 0.02MPa 时，可考虑更换膜芯。

同步练习

1. 空气除菌的方法有哪些？
2. 过滤除菌可分为哪两类？分别简述它们的机理。
3. 常见的典型空气除菌流程有哪些？试简述各流程的特点。
4. 怎样对空气过滤器进行拆装、灭菌？

第四章　菌种选育、保藏与扩大培养技术

知识目标
- 了解菌种选育、保藏与扩大培养的目的；
- 熟悉菌种选育、保藏与菌种扩大培养等过程的控制要素；
- 理解菌种选育、保藏与菌种扩大培养等工艺原理。

能力目标
- 能够制定菌种选育技术方案、保藏技术方案、菌种扩大培养流程及技术参数；
- 能够进行菌种选育、保藏、扩大培养等岗位操作；
- 能够处理与分析菌种选育、保藏、菌种扩大培养、移接等过程的常见问题。

第一节　菌种的选育技术

平衡生长、正常代谢的微生物不会有某种代谢产物的积累，为了使微生物合成的代谢途径朝人们所希望的方向进行，提高发酵单位，改进产品质量，去除多余的代谢产物和合成新品种，就需要进行优良生产菌种的选育，为发酵工业提供各种类型的菌株。

一、发酵工业对菌种的要求

发酵工业使用的微生物菌种是多种多样的，但不是所有的微生物都可作为菌种，即使同属于一个种（species）的不同株的微生物，其生产能力也不同。因此，无论是野生菌株，还是突变菌株或基因工程菌株，都必须经过精心选育，达到生产菌种的要求才可用于发酵工业。

一般来说，优良的生产菌种应该具备以下基本特性。

（1）菌种在有限的发酵过程中生长繁殖快和代谢能力强。生长迅速可提高发酵设备的周转率；代谢能力强包括高产能力和高转化能力，高产能力有利于提高生产能力，高转化能力有利于降低底物的消耗。

（2）菌种遗传特性稳定，不易变异退化，且菌种所要求的工艺控制比较粗放，易于控制，有利于发酵生产运行和产品质量的稳定。

（3）发酵过程中产生的副产物少，不但有利于提高底物的有效转化率，而

且目的产物分离容易，有利于降低提取成本和提高产品质量。

（4）抗噬菌体感染的能力强。

（5）菌种不是病源菌，对人、动物、植物和环境都不具有潜在的危害性。

（6）菌种具备利用广泛来源原料的能力，并对发酵原料成分波动的敏感性尽可能小。

具备以上条件的菌种，才能应用发酵工业生产，保证发酵产品的产量和质量，而这些要求也是菌种选育工作需要解决的问题。

二、氨基酸生产菌的选育方法

目前，菌种选育中采用的技术包括自然选育、诱变选育、杂交育种、原生质体融合育种、基因工程育种等。其中，自然选育和诱变选育是经典的育种方法，带有一定的盲目性；而杂交育种、原生质体融合育种和基因工程育种则是较为定向的育种方法。

1. 自然选育

不经过人工处理，而是根据微生物的自然突变进行筛选菌种的过程，称为自然选育。自然突变是指某些微生物在没有人工参与下发生的突变。引起自然突变的原因一般有多因素低剂量的诱变效应和互变异构效应。所谓多因素低剂量的诱变效应，是指在自然环境中存在着低剂量的宇宙射线、各种短波辐射、环境中的诱变物质和微生物自身代谢产生的诱变物质等的作用下而引起的突变。所谓互变异构效应，是指四种碱基的第六位上的酮基和氨基的瞬间变构会引起碱基的错配。在 DNA 复制过程中，发生碱基错误配对就会引起自然突变，据统计，这样的几率为 $10^{-9} \sim 10^{-8}$。

野生菌株、诱变菌株或基因工程菌株都会发生自然突变，其结果有两种情况：一种为负突变，表现为菌种衰退和生产能力降低；另一种为正突变，对生产有利。因此，为了从自然界或从已使用了一定时期的菌种中选育出优良生产菌株，需进行菌株的自然分离。自然分离是一种简单易行的选育方法，它可以达到纯化菌种、防止菌种衰退、稳定生产、提高产量的目的。如果从自然界分离新菌种，一般要经过采样、增殖培养、纯种分离和性能测定等几个步骤，经反复筛选，以确定生产能力更高的菌株作为生产菌株。

2. 诱变选育

利用各种诱变剂处理微生物细胞，提高基因的随机突变频率，扩大变异幅度，通过一定的筛选方法，获取所需要优良菌株的过程，称为诱变选育。诱变选育包括诱变和筛选两个部分：首先，以合适的诱变剂处理大量而均匀分散的微生物细胞悬浮液，在引起绝大多数细胞致死的同时，使存活个体中 DNA 结构变异频率大幅度提高；其次，用适宜的方法淘汰负效应变异株，选出极少数性能优良的正变异株，以达到培育优良菌株的目的。诱变选育的基本流程如图 4 - 1 所示。

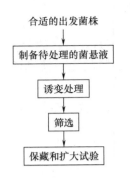

图 4-1 诱变选育的基本流程

诱变处理主要采用物理诱变剂和化学诱变剂。常用的诱变剂主要有紫外线（UV）、γ-射线、硫酸二乙酯、亚硝基胍（NTG）、亚硝基甲基脲（NMU）等。亚硝基胍和亚硝基甲基脲具有突出的诱变效果，被誉为"超诱变剂"。

不同诱变剂的诱变机理不一样，而且诱变剂引起生物体的变异机制是异常复杂的。诱变剂进入细胞，与 DNA 作用引起突变，但不一定都能形成突变体。由于微生物具有一套自我修复系统，不同菌株修复能力有差异，修复能力弱的菌株将已形成的突变进行复制而遗传下去，在表型上就成为突变体。而对于修复能力强的菌株，由于自身修复而回复到原养型状态，即回复突变，或新的负变。因此，诱变剂的诱变作用，不仅取决于诱变剂种类的选择，还取决于出发菌株的特性及其诱变史。在诱变育种实践中，为了获得协同效应，常常采取诱变剂进行复合处理，可以是两种或多种诱变剂的先后使用，或是同一种诱变剂的重复使用，或是两种或多种诱变剂的同时使用。

3. 杂交育种与原生质体融合育种

杂交育种是指将两个不同性状个体内的遗传基因通过接合、转化、转导等转移到一起，经过遗传分子间的重新组合，形成新遗传型个体的方式，又称基因重组或遗传重组。通过不同遗传性状菌株的杂交，可改变亲株的遗传物质基础，扩大变异范围，使两个亲株的优良性状集中于重组体内，获得新品种；同时，也可克服因长期诱变造成的生活力下降，代谢缓慢等缺陷，提高菌株对诱变剂的敏感性。杂交育种包括常规杂交、控制杂交和原生质体融合等方法，其基本流程如图 4-2 所示。

图 4-2 微生物杂交育种的基本流程

微生物杂交的本质是基因重组，细菌、放线菌、酵母和霉菌均可进行杂交育种，但是不同类群微生物导致基因重组的过程不完全相同。微生物常规的杂交育种主要包括接合、转化、转导、溶原转换和转染等技术，与动、植物不同，微生物中除了藻状菌纲、子囊菌纲具有明显有性生殖方式，可产生配子并进行结合外，大部分发酵工业中具有重要经济价值的微生物是以准性生殖方式杂交重组。原核微生物杂交仅转移部分基因，然后形成部分结合子，最终实现染色体交换和基因重组。丝状真核微生物通过接合、染色体交换，然后分离形成重组体。

原生质体融合是 20 世纪 70 年代发展起来的基因重组技术。所谓原生质体融合就是将两个亲本的细胞壁分别通过酶解作用加以瓦解，使之形成原生质体，然后在高渗条件下，并加予物理、化学或生物的助融条件，使两个亲本的原生质体相互凝集和发生融合的过程。通过细胞核融合，基因组由接触到交换，从而实现遗传重组，在适宜条件下再生出细胞壁，可获得重组子。原生质体融合基本过程如图 4-3 所示。

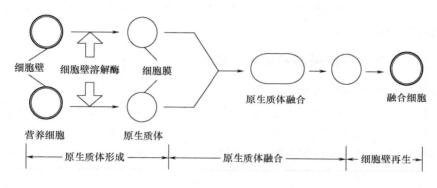

图 4-3 原生质体融合基本过程

与常规杂交相比，原生质体融合具有多方面的优势：

（1）去除了细胞壁的障碍，大幅度提高亲本之间的重组频率。

（2）扩大重组的亲本范围，实现常规杂交无法做到的种间、属间、门间等远缘杂交。

（3）原生质体融合时亲本整套染色体参与交换，遗传物质转移和重组性状较多，集中双亲本优良性状的机会更大。

4. 基因工程育种

基因工程是指将外源 DNA 通过体外重组后，导入受体细胞，使其在受体细胞中复制、转录、翻译表达的技术，又称为 DNA 体外重组技术。它是 20 世纪 70 年代初随着 DNA 重组技术的发展应运而生的一门新技术，为基因工程奠定基础的三门关键技术是 DNA 的特异切割、DNA 的分子克隆和 DNA 的快速测序。

生物的遗传性状是由基因（即一段 DNA 分子序列）所编码的遗传信息决定的。基因工程操作首先要获得基因，才能在体外用酶进行剪切和拼接，然后插入由病毒、质粒或染色体 DNA 片段构建成的载体，并将重组体 DNA 转入微生物或动、植物细胞，使其复制（无性繁殖），由此获得基因克隆。基因还可通过 DNA 聚合酶链式反应（PCR）在体外进行扩增，借助合成的寡核苷酸在体外对基因进行定位诱变和改造。克隆的基因需要进行鉴定或测序。控制适当的条件，使转入的基因在细胞内得到表达，即能产生人们所需要的产品，或使生物体获得新的性状。微生物基因工程育种是指以微生物本身为出发菌株，利用基因工程方法进行改造而获得的工程菌。

微生物基因工程育种的主要程序有：①目的基因（供体基因或外源基因）的获得；②载体 DNA 分子的选择；③目的基因与载体重组体的体外构建；④重组载体引入宿主细胞；⑤基因工程菌的筛选。在理想情况下，重组体进入受体细胞后，能通过自主复制而得到大量扩增，从而使受体细胞表达出供体基因所提供的部分遗传性状，受体细胞就成了工程菌。对发酵工业有重要意义的是基因的表达产量、表达产物的稳定性、产物的活性和产物的分离纯化。因此，必须选择最佳的基因表达系统。

三、氨基酸生产菌的定向育种策略

1. 切断支路代谢

要切断支路代谢，可通过选育营养缺陷突变株或渗漏缺陷突变株而达到目的。所谓营养缺陷型就是指原菌株由于发生基因突变，致使合成途径中某一步骤发生缺陷，从而丧失了合成某些物质的能力，必须在培养基中外源补加营养物质才能生长的突变型菌株。如果其在合成途径中某一步骤发生缺陷，致使终产物不能积累，可遗传性地解决终产物的反馈调节，使中间产物或另一分支途径的末端产物得以积累。渗漏缺陷型是指遗传性障碍不完全的缺陷型。选育渗漏缺陷型，可使某一种酶的活力下降而不是完全丧失，因而能够少量地合成某一种代谢最终产物，不会造成反馈抑制而影响中间代谢产物的积累。

如图 4-4 所示，在谷氨酸棒状杆菌合成赖氨酸、苏氨酸、蛋氨酸的途径中，关键酶天冬氨酸激酶受赖氨酸、苏氨酸的协同反馈抑制。如果选育高丝氨酸缺陷型，使菌株缺乏催化天冬氨酸 -β- 半醛为高丝氨酸的高丝氨酸脱氢酶，因而丧失了合成高丝氨酸的能力。一方面，切断了生物合成苏氨酸和蛋氨酸的支路代谢，使天冬氨酸半醛全部转入赖氨酸的合成；另一方面，通过限量添加高丝氨酸，可使蛋氨酸和苏氨酸生成有限，因而解除了苏氨酸、赖氨酸对天冬氨酸激酶的协同反馈抑制，使赖氨酸得以积累。

2. 解除菌体自身的反馈调节

在正常合成代谢中，最终产物对于有关酶的合成具有阻遏作用，对于合成途径的第一个酶具有反馈抑制作用。其原因是最终产物能与阻遏蛋白以及变构酶相结合，但这种结合是可逆的，如果最终产物是某一氨基酸，当细胞中的浓度降低时，它就不再与阻遏物以及变构酶相结合，于是有关酶的合成及其催化作用又可继续进行。

代谢拮抗物与代谢产物结构相似，同样能与阻遏物以及变构酶相结合，但它们往往不能代替正常的氨基酸合成为蛋白质，即它们在细胞中的浓度不会降低，

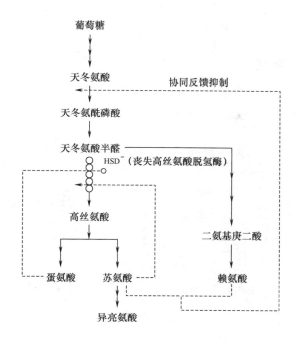

图4-4　高丝氨酸缺陷型菌株的赖氨酸代谢调节机制

○○○○○○───→切断或减弱的代谢流

因而与阻遏物的结合是不可逆的。这就使有关酶不可逆地停止合成，或者是酶的催化作用不可逆地被抑制。

抗类似物突变株也称为代谢拮抗物抗性突变株。选育代谢拮抗物抗性突变株，可使变构酶结构基因发生突变，使变构酶调节部位不再能与代谢拮抗物或代谢最终产物相结合；或者是使调节基因发生突变，使阻遏物不能再与代谢拮抗物或代谢最终产物相结合。因此，尽管细胞中已经有大量最终产物，但仍能继续不断地合成。

如图4-5所示，在黄色短杆菌的赖氨酸、苏氨酸和蛋氨酸的生物合成中，选育多重缺陷型菌株（Met⁻＋Lys⁻），可切断生物合成蛋氨酸和赖氨酸的支路代谢，使天冬氨酸半醛全部转入苏氨酸的合成；在选育多重缺陷型菌株的基础上，如果再选育出抗苏氨酸结构类似物突变株，如选育抗 α - 氨基 - β - 羟戊酸（AHV）突变株，即综合获得 Met⁻ ＋ Lys⁻ ＋ AHVʳ 突变株，可解除苏氨酸对关键酶天冬氨酸激酶和高丝氨酸脱氢酶的反馈调节，从而将大幅度增加苏氨酸的合成。

3. 增加前体物的合成

在分支合成途径中，除目的产物外，切断其他控制共用酶的终产物分支合成途径，增多目的产物的前体，可使目的产物的产量提高。例如，在赖氨酸发

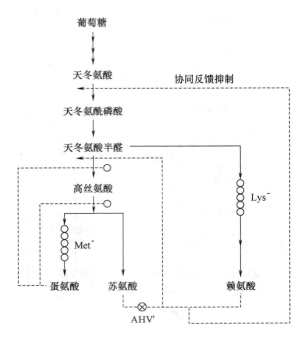

图 4 - 5　苏氨酸高产菌株的代谢调节机制

○○○○○○→切断或减弱的代谢流　⊗解除反馈调节

酵育种中，对已经解除赖氨酸反馈调节的突变株，可考虑增加丙氨酸营养缺陷型等遗传标记。乳糖发酵短杆菌中赖氨酸和丙氨酸的调节机制如图 4 - 6 所示，丙酮酸和天冬氨酸是赖氨酸和丙氨酸生物合成中共用的前体物，丙氨酸可由丙酮酸经 L - 氨基酸 - 丙氨酸转氨酶的催化作用而生成，也可由天冬氨酸脱羧形成。虽然丙氨酸并不抑制赖氨酸的生物合成，但丙氨酸的形成却意味着赖氨酸前体物丙酮酸和天冬氨酸的减少。如果在抗 S - （2 - 氨乙基）- L - 半胱氨酸（AEC）突变株的基础上，再选育丙氨酸缺陷型，切断丙氨酸的生物合成，使前体物丙酮酸和天冬氨酸的合成转向赖氨酸的合成，就会提高赖氨酸的产量。

　　当目的产物的生物合成从别的终产物开始时，除了设法解除目的产物自身合成的反馈调节外，还应设法解除对其前体物合成的调节。如图 4 - 7 所示，选育异亮氨酸生产菌时，苏氨酸是异亮氨酸的前体物，为了积累异亮氨酸，需解除对苏氨酸生物合成的反馈抑制，增强苏氨酸的生物合成，从而提高异亮氨酸的积累量。在苏氨酸和异亮氨酸生物合成途径中，关键酶高丝氨酸脱氢酶（HD）受苏氨酸的反馈抑制，选育抗 α - 氨基 - β - 羟戊酸（AHV）突变株，可解除苏氨酸对 HD 的反馈调节，从而使异亮氨酸大量生成。

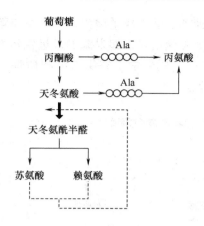

图4-6　乳糖发酵短杆菌中赖氨酸和
丙氨酸生物合成的代谢调节机制
○○○○○ ──→ 切断或减弱的代谢流

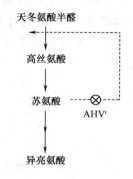

图4-7　异亮氨酸合成的
代谢调节机制
⊗解除反馈调节

4. 提高细胞膜的渗透性

改变细胞膜渗透性，使属于反馈控制因子的终产物能迅速地排出于细胞外，就可以预防反馈控制。如图4-8所示，在黄色短杆菌中，谷氨酸比天冬氨酸优先合成，当谷氨酸过剩时，就会反馈控制谷氨酸脱氢酶，使生物合成转向天冬氨酸；当天冬氨酸合成过量时，就会反馈控制磷酸烯醇式丙酮酸羧化酶，因此，在正常情况下，谷氨酸并不积累。

但是，生物素是作为催化脂肪酸生物合成初始酶乙酰CoA羧化酶的辅酶，参与了脂肪酸的生物合成，而脂肪酸又是形成细胞膜磷脂的主要成分，从而间接地起到干扰细胞膜磷脂合成的作用。选育生物素缺陷型，通过限量供给生物素，可改变细胞膜渗透性，使谷氨酸容易透过，就能在发酵培养基中积累谷氨酸。同理，选育丧失脂肪酸合成酶的油酸缺陷型或丧失 α-磷酸甘油脱氢酶的甘油缺陷型，对于谷氨酸的积累也是有效的。

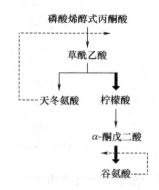

图4-8　黄色短杆菌中谷氨酸与
天冬氨酸生物合成的调节
──→优先合成　----→反馈阻遏

5. 代谢互锁的利用

所谓代谢互锁，就是从生物合成途径来看，似乎是受一种完全无关的终产物的控制，它只是在较高浓度时才发生，而且这种抑制（阻遏）作用是部分性的、不完全的。

如图4-9所示，选育黄色短杆菌的异亮氨酸缺陷型，即丧失了苏氨酸脱氢酶的突变株，在限量供给异亮氨酸时，可使苏氨酸合成量增大，苏氨酸与赖氨酸协同反馈抑制天冬氨酸激酶，就会致使天冬氨酸增多；如果添加过量生物素，谷氨酸不易渗透，导致细胞内谷氨酸浓度很高，就促使了谷氨酸激酶所催化的反应，最终会大量生成易于透过细胞膜的脯氨酸。

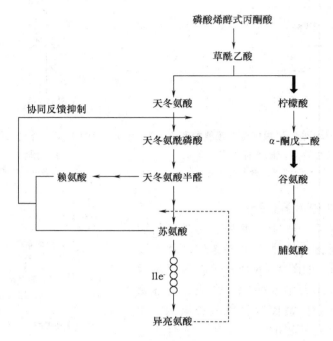

图 4-9　脯氨酸合成的代谢调节机制

○○○○○○──→切断或减弱的代谢流　➡优先合成　──→反馈抑制

6. 选育条件突变株

像温度敏感突变、抑制性突变、链霉素依赖性突变和低温敏感性突变，因环境条件的不同能显示野生型特性又能显示突变型特性的突变，称为条件致死突变。

适应微生物生长的温度范围较宽，很多微生物在 20~50℃ 温度范围内都能生长。通过诱变可以得到在低温下生长，而在高温下不能生长繁殖的突变株，此突变称为温度敏感性突变。对温度敏感的原因多是因为突变，使具有某种功能的酶蛋白质中的一部分氨基酸排列发生变化，导致酶的性质变化，使其容易受热而失去活性。如果培养过程中慢慢地改变温度，就会发现酶活性将在 0~100% 变化，但是由于酶组成蛋白已改变了一种氨基酸，很难恢复到 100% 的野生型活性。例如，使用典型的温度敏感突变株 TS-88 发酵生产谷氨酸时，在富有生物素的培养基中，在生长的适当阶段将发酵温度由 30℃ 提高至 40℃，不需任何像添加表面活性剂或抗生素那样的化学控制，就能高产谷氨酸。

第二节　谷氨酸发酵机制及代谢控制育种策略

一、谷氨酸发酵机制

生物体内合成谷氨酸的前体物质是 α – 酮戊二酸，是三羧酸循环（TCA 循环）的中间产物。由糖质原料生物合成谷氨酸的途径包括糖酵解途径（EMP 途径）、三羧酸循环、乙醛酸循环、CO_2 的固定反应（伍德 – 沃克曼反应）等。

1. 谷氨酸生物合成途径

由葡萄糖生物合成谷氨酸的代谢途径如图 4 – 10 所示。谷氨酸生成期的主要过程用黑体箭头来表示，至少有 16 步酶促反应。由于三羧酸循环中的缺陷（丧失 α – 酮戊二酸脱氢酶氧化能力或氧化能力微弱），糖质原料发酵生产谷氨酸时，谷氨酸生产菌采用图 4 – 10 中所示的乙醛酸循环途径进行代谢，提供四碳二羧酸及菌体合成所需的中间产物等。为了获得能量和生物合成反应所需的中间产物，

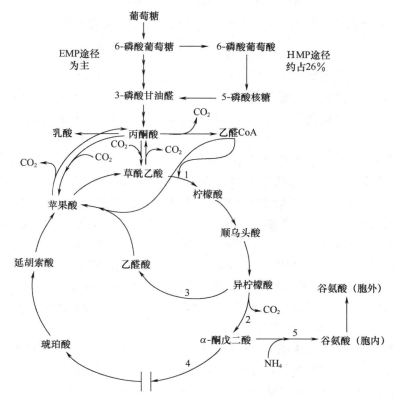

图 4 – 10　由葡萄糖生物合成谷氨酸的代谢途径

1—柠檬酸合成酶　2—异柠檬酸脱氢酶　3—异柠檬酸裂解酶

4—α – 酮戊二酸脱氢酶　5—谷氨酸脱氢酶

在谷氨酸发酵的菌体生长期，需要异柠檬酸裂解酶反应，走乙醛酸循环途径；在菌体生长期之后，进入谷氨酸生成期，为了大量生成、积累谷氨酸，需要封闭乙醛酸循环。这就说明在谷氨酸发酵中，菌体生长期的最适条件和谷氨酸生成积累期最适条件是不一样的。

在菌体生长之后，假如四碳二羧酸是100%通过CO_2固定反应供给，理想的发酵按如下反应进行：

$$C_6H_{12}O_6 + NH_3 + 1.5O_2 \rightarrow C_5H_9O_4N + CO_2 + 3H_2O$$

相对分子质量：180　　　　　　　　147

1mol 葡萄糖可以生成 1mol 谷氨酸，谷氨酸对葡萄糖的重量理论转化率为

$$\frac{147}{180} \times 100\% = 81.7\%$$

若 CO_2 固定反应完全不起作用，丙酮酸在丙酮酸脱氢酶的催化作用下，脱氢脱羧全部氧化成乙酰 CoA，通过乙醛酸循环供给四碳二羧酸。反应如下：

$$3C_6H_{12}O_6 \rightarrow 6 \text{ 丙酮酸} \rightarrow 6 \text{ 乙酸} + 6CO_2$$

$$6 \text{ 乙酸} + 2NH_3 + 3O_2 \rightarrow 2C_5H_9O_4N + 2CO_2 + 6H_2O$$

3mol 葡萄糖可以生成 2mol 谷氨酸，谷氨酸对葡萄糖的质量理论转化率为：

$$\frac{2 \times 147}{3 \times 180} \times 100\% = 54.4\%$$

目前，谷氨酸发酵的实际转化率处于中间值，这是因为菌体的形成、微量副产物的生物合成消耗了一部分糖。当以葡萄糖为碳源时，CO_2 固定反应与乙醛酸循环的比率，对谷氨酸产率有影响，乙醛酸循环活性越高，谷氨酸越不易生成与积累。

2. 谷氨酸生物合成的代谢调节机制

（1）能荷的调节　糖代谢中酵解主要受三个酶调节：磷酸果糖激酶、己糖激酶、丙酮酸激酶，其中磷酸果糖激酶是限速酶，己糖激酶控制酵解的入口，丙酮酸激酶控制出口。三羧酸循环的调控由三个酶调控，分别为：柠檬酸合成酶、异柠檬酸脱氢酶和 α - 酮戊二酸脱氢酶。两者都与能荷的控制调节相关。能荷调节是通过 ATP、ADP 和 AMP 分子对某些酶分子进行变构调节来实现的。

Atkinson 提出了能荷的概念。认为能荷是细胞中高能磷酸状态的一种数量上的衡量，能荷大小可以说明生物体中 ATP – ADP – AMP 系统的能量状态。能荷的大小决定于 ATP 和 ADP 的多少。

实验证明能荷逐渐升高，即细胞内能量水平逐渐升高，这一过程中 AMP、ADP 转变成 ATP。ATP 的增加会抑制糖分解代谢，抑制如柠檬酸合成酶、异柠檬酸脱氢酶等酶的活性，并激活糖类合成的酶，加速糖原的合成。当生物体内生物合成或其他需能反应加强时，细胞内 ATP 分解生成 ADP 或 AMP，ATP 减少，能荷降低，就会激活某些催化糖类分解的酶或解除 ATP 对这些酶的抑制（糖原磷酸化酶、磷酸果糖激酶、柠檬酸合成酶、异柠檬酸脱氢酶等），并抑制糖原合成

酶（糖原合成酶、果糖 – 1，6 – 二磷酸酯酶等），从而加速酵解、TCA 循环产生能量，通过氧化磷酸化作用生成 ATP。

（2）生物素对糖代谢速度的调节　生物素对糖代谢的调节与能荷的调节是不同的，能荷是对糖代谢流的调节，而生物素能够促进糖的 EMP、HMP 途径、TCA 循环。

谷氨酸生产菌大多为生物素缺陷型，生物素对谷氨酸生产菌的生长和糖代谢影响很大。许多研究表明，生物素对从糖开始到丙酮酸为止的糖降解途径的比例并没有显著的影响，主要作用是对糖降解速率的调节。

碳水化合物、脂肪和蛋白质代谢中的许多反应都需要生物素。生物素的主要功能是在脱羧 – 羧化反应和脱氨反应中起辅酶作用，并和碳水化合物与蛋白质的互变、碳水化合物以及蛋白质向脂肪的转化有关。在碳水化合物代谢中，生物素酶能催化脱羧和羧化反应。McDowell（1989）报道，三羧酸循环的进行依赖于生物素的存在。碳水化合物代谢中依赖生物素的特异反应有：丙酮酸脱羧生成草酰乙酸，苹果酸转化为丙酮酸，琥珀酸与丙酮酸的互变，草酰琥珀酸转化为 α – 酮戊二酸。

（3）三羧酸循环（TCA 循环）的调节　谷氨酸比天冬氨酸优先合成，谷氨酸合成过量后，谷氨酸抑制谷氨酸脱氢酶的活力和阻遏柠檬酸合成酶的合成，使代谢转向天冬氨酸的合成。在谷氨酸生产菌在代谢途径中，三羧酸循环（TCA 循环）的调节主要是通过五种酶的调节进行的。这五种酶是磷酸烯醇式丙酮酸羧化酶、柠檬酸合成酶、异柠檬酸脱氢酶、谷氨酸脱氢酶和 α – 酮戊二酸脱氢酶，它们的调节分别如下：

①磷酸烯醇式丙酮酸羧化酶受天冬氨酸的反馈抑制，受谷氨酸和天冬氨酸的反馈阻遏。

②柠檬酸合成酶是三羧酸循环的关键酶，除受能荷调节外，还受谷氨酸的反馈阻遏和乌头酸的反馈抑制。

③异柠檬酸脱氢酶活力强，而异柠檬酸裂解酶活力不能太强，这就有利于谷氨酸前体物 α – 酮戊二酸的生成，满足合成谷氨酸的需要。异柠檬酸脱氢酶催化的异柠檬酸脱氢脱羧生成 α – 酮戊二酸的反应和谷氨酸脱氢酶催化的 α – 酮戊二酸还原氨基化生成谷氨酸的反应是一对氧化还原共轭反应，细胞内 α – 酮戊二酸的量与异柠檬酸的量需维持平衡，当 α – 酮戊二酸过量时，对异柠檬脱氢酶发生反馈抑制作用，停止合成 α – 酮戊二酸。

④谷氨酸生产菌的谷氨酸脱氢酶活性都很强，这种酶以 NADP 为专一性酶，谷氨酸发酵的氨同化过程，是通过连接 NADP 的 L – 谷氨酸脱氢酶催化完成的。沿着由柠檬酸至 α – 酮戊二酸的氧化途径，谷氨酸生产菌有两种 NADP 专性脱氢酶，即异柠檬酸脱氢酶和 L – 谷氨酸脱氢酶。如图 4 – 11 所示，在谷氨酸的生物合成中，谷氨酸脱氢酶和异柠檬酸脱氢酶在铵离子存在下，两者非常密切地偶联

起来，形成强固的氧化还原共轭体系，不与 $NADPH_2$ 的末端氧化系相连接，使 α - 酮戊二酸还原氨基化生成谷氨酸。谷氨酸生产菌需要氧化型 NADP，以供异柠檬酸氧化作用。生成的还原型 $NADPH_2$ 又因 α - 酮戊二酸还原氨基化而再生成 NADP。由于谷氨酸生产菌的谷氨酸脱氢酶比其他微生物强大得多，所以由三羧酸循环所得的柠檬酸的氧化中间物，就不再往下氧化，而以谷氨酸的形式积累起来。谷氨酸对谷氨酸脱氢酶存在着反馈抑制和反馈阻遏。若铵离子进一步过剩供给，发酵液则偏酸性，pH 在 5.5 ~ 6.5，谷氨酸会进一步生成谷氨酰胺。

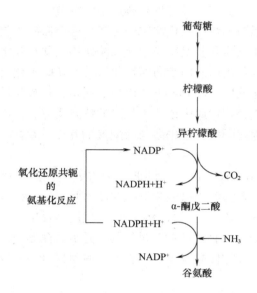

图 4 - 11　谷氨酸生物合成中的氧化还原共轭体系

⑤在谷氨酸生产菌中，α - 酮戊二酸脱氢酶先天性丧失或微弱，对导向谷氨酸形成具有重要意义，这是谷氨酸生产菌糖代谢的一个重要特征。谷氨酸生产菌的 α - 酮戊二酸氧化力微弱，尤其在生物素缺乏的条件下，当三羧酸循环到达 α - 酮戊二酸时，即受到阻挡，这有利于 α - 酮戊二酸的积累，在铵离子存在下，α - 酮戊二酸因谷氨酸脱氢酶的催化下生成谷氨酸。

（4）乙醛酸循环（DCA 循环）的调节　乙醛酸循环（图 4 - 10）中关键酶是异柠檬酸裂解酶和苹果酸酶。通过乙醛酸循环异柠檬酸裂解酶的催化作用，使琥珀酸、延胡索酸和苹果酸的量得到补足，其反应如下：

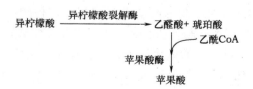

在乙醛酸循环中,葡萄糖和琥珀酸等对异柠檬酸裂解酶起着阻遏作用。

如果以糖质原料发酵谷氨酸,培养基中生物素用量对 DCA 循环有很大影响。在生物素亚适量条件下,琥珀酸氧化力降低,积累的琥珀酸会反馈抑制异柠檬酸裂解酶活性,并阻遏该酶的生成,乙醛酸循环基本处于封闭状态,异柠檬酸高效率的转化为 α-酮戊二酸,再生成谷氨酸;在生物素充足的条件下,异柠檬酸裂解酶活性增大,通过乙醛酸循环提供能量,进行蛋白质的合成,不仅异柠檬酸转化生成谷氨酸的反应减弱使得谷氨酸减少,而且生成的谷氨酸在转氨酶的催化作用下又转成其他氨基酸,也不利于谷氨酸积累。

如果以醋酸为原料发酵谷氨酸,醋酸浓度要低,高浓度的醋酸易被完全氧化。但菌体内的有机酸浓度低到一定程度时,乙醛酸循环启动,此时异柠檬酸裂解酶催化生成的乙醛酸与细胞内的草酰乙酸共同抑制异柠檬酸脱氢酶,TCA 循环转为 DCA 循环,不利于谷氨酸生成与积累;当 DCA 循环运转使得 TCA 循环包含的某些有机酸过剩时,异柠檬酸裂解酶被抑制,乙醛酸浓度下降,解除对异柠檬酸脱氢酶的抑制,TCA 循环运转。

(5)CO_2 固定反应的调节 通过 CO_2 的固定反应能起到补充草酰乙酸的作用,在谷氨酸合成过程中,糖的分解代谢途径与 CO_2 固定的适当比例是提高谷氨酸对糖收率的关键问题。

CO_2 固定反应主要通过以下途径完成:

①在草酰乙酸激酶(或称磷酸烯醇式丙酮酸羧化酶)作用下,磷酸烯醇式丙酮酸与 CO_2 发生固定反应。

$$磷酸烯醇式丙酮酸 + CO_2 + GDP(或 IDP)\xrightarrow{\text{草酰乙酸激酶}}草酰乙酸 + GTP(或 ITP)$$

②在苹果酸酶的作用下,丙酮酸与 CO_2 发生固定反应,并消耗 1 个 ATP。

$$丙酮酸 + CO_2 + ATP \xrightarrow{\text{苹果酸酶}}苹果酸 + ADP + Pi$$

③在苹果酸酶和 NAD(P)辅酶的作用下,发生还原羧化反应,丙酮酸生成苹果酸,再转化为草酰乙酸。

$$CO_2 + 丙酮酸 + NAD(P)H_2 \xrightarrow{\text{苹果酸酶}}苹果酸 + NAD(P)$$

$$苹果酸 \xrightarrow{\text{苹果酸脱氢酶}}草酰乙酸 + NAD(P)H_2$$

(6)NH_4^+ 对谷氨酸生物合成的调节 从谷氨酸生物合成途径可知,糖代谢中间体 α-酮戊二酸在谷氨酸脱氢酶催化下,还原氨基化生成谷氨酸,NH_4^+ 起到重要的作用。值得注意的是谷氨酸脱氢酶也能催化谷氨酸氧化脱氨反应,脱氨过程以 NAD^+ 作为辅酶,该酶催化的反应虽然偏向氨合成谷氨酸一边,但是脱氢过程产生的 NADH 被氧化成 NAD^+,同时产生的 NH_3 很容易被除去。脱氨反应被 NH_4^+ 和 α-酮戊二酸所抑制,这对于谷氨酸的积累也起到了很好的作用。

在谷氨酸发酵生产中,生物素缺乏菌在 NH_4^+ 存在时,葡萄糖消耗速度快而且谷氨酸收率高;NH_4^+ 不存在时,葡萄糖消耗速度很慢,生成物是 α-酮戊二酸、丙酮酸等物质，不产生谷氨酸。

（7）细胞膜通透性的调节　细胞膜的谷氨酸通透性对于谷氨酸发酵很重要，当细胞膜转变为有利于谷氨酸向膜外渗透的样式，谷氨酸才能不断地排出细胞外，这样既有利于细胞内谷氨酸合成反应的优先性、连续性，也有利于谷氨酸在胞外的积累。

细胞膜是细胞壁与细胞质之间的一层柔软而富有弹性的半渗透性膜，磷脂双分子层为其基本结构，在双分子层中镶嵌蛋白质。根据细胞膜的结构特性，控制细胞膜通透性的方法主要有两种：一种是通过控制脂肪酸和甘油的合成，实现对磷脂合成的控制，使得细胞不能形成完整的细胞膜；另一种是通过干扰细菌细胞壁的形成，使得细胞不能形成完整的细胞壁，丧失了对细胞膜的保护作用。在膜内外渗透压差等因素的影响下，细胞膜物理性损伤，增大了膜的通透性。

控制细胞膜形成的常用方法如下。

①利用生物素缺陷型菌株进行谷氨酸发酵时，限制发酵培养基中生物素的浓度。生物素参与了脂肪酸的生物合成，进而影响了磷脂的合成和细胞膜的形成。生物素是催化脂肪酸合成起始反应的关键酶乙酰 CoA 羧化酶的辅酶，对脂肪酸的形成起促进作用。为了形成有利于谷氨酸向外渗透的不完整的细胞膜，选育生物素缺陷型，阻断生物素合成，亚适量控制生物素添加，抑制不饱和脂肪酸的合成，使得细胞膜不完整，提高了细胞膜对谷氨酸的通透性。

②利用生物素过量的糖蜜原料进行谷氨酸发酵时，添加表面活性剂或饱和脂肪酸。在生物素过量的条件下，添加表面活性剂或饱和脂肪酸仍能进行谷氨酸发酵，其原因在于这些物质对生物素起拮抗作用，抑制不饱和脂肪酸的合成，导致油酸合成量减少，磷脂合成不足，使得细胞膜不完整，提高了细胞膜对谷氨酸的通透性。常用的表面活性剂有吐温 60、吐温 40 等，常用的饱和脂肪酸有十七烷酸、硬脂酸等。

③利用油酸缺陷型菌株进行谷氨酸发酵，限制发酵培养基油酸的浓度。油酸缺陷型菌株丧失了自身合成油酸的能力，直接影响磷脂的合成，不能形成完整细胞膜，必须添加油酸才能生长，所以可通过控制油酸的添加量，实现细胞膜对谷氨酸的通透性。当油酸过量时，该菌株只长菌或产酸少；当油酸亚适量时，随着油酸的耗尽，细胞膜结构与功能发生变化，使得谷氨酸的通透性提高。

④利用甘油缺陷型进行谷氨酸发酵，限制发酵培养基甘油的浓度。甘油缺陷型菌株不能自身合成 α - 磷酸甘油和磷脂，外界供给甘油才能使其生长，因此可以通过控制甘油添加量来控制细胞膜对谷氨酸的通透性。当甘油添加量过多时，磷脂正常合成，菌体正常生长，不产酸或产酸低；当甘油添加量过少时，菌体生长不好，产酸低，所以控制甘油亚适量是控制的关键。

⑤控制细胞壁的形成。细胞壁的骨架结构是肽聚糖，肽聚糖的合成及其调节控制就与细胞壁形成密切相关。控制细胞壁的形成是增大细胞膜通透性的另一种

方法，常用的方法有添加青霉素、头孢霉素 C 等 β – 内酰胺类抗生素。例如，青霉素是转肽酶的抑制剂，它与转肽酶活性部位上的 Ser 残基形成共价键，使转肽酶受到不可逆的抑制。青霉素作为糖肽末端结构（D – Ala – D – Ala）的类似物，竞争性地抑制合成糖肽的底物，而与转肽酶的活性中心结合，使糖肽合成不能完成，结果形成不完整的细胞壁，使细胞膜处于无保护状态，易于破损，从而可增大谷氨酸的通透性。

二、谷氨酸生产菌的代谢控制育种策略与诱变选育操作

1. 谷氨酸生产菌的代谢控制育种策略

（1）选育耐高渗透压菌种　谷氨酸高产菌种需在高糖、高谷氨酸的培养基上仍能正常地生长与代谢，具有耐高渗透性的特征。可选育在含 20% ~30% 葡萄糖的平板上生长良好的耐高糖突变株；在含 15% ~20% 味精的平板上生长良好的耐高谷氨酸突变株；在 20% 葡萄糖加 15% 味精的平板上生长良好的耐高糖、耐高谷氨酸的菌株。

（2）选育不分解利用谷氨酸的突变株　谷氨酸是谷氨酰胺、鸟氨酸、瓜氨酸、精氨酸等氨基酸生物合成的前体物。如果谷氨酸生产菌一边合成氨基酸，一边分解谷氨酸或利用谷氨酸合成其他氨基酸，就不能使谷氨酸有效积累。因此，必须选育不能分解利用谷氨酸的菌种，即它们在以谷氨酸为唯一碳源的培养基上不长或生长微弱的突变株。

（3）选育强化 CO_2 固定反应的突变株　强化 CO_2 固定反应能提高菌体的产酸率，在谷氨酸生物合成途径中，如果四碳二羧酸全部由二氧化碳固定反应提供，谷氨酸对糖的理论转化率高达 81.7%。这种突变株一般可采用以下几种方法进行。

①选育以琥珀酸或苹果酸为唯一碳源，生长良好的菌株。因为菌体在这种情况下生长，细胞内碳代谢必须走四碳二羧酸的脱羧反应，该反应与 CO_2 固定反应是相同酶所催化的，CO_2 固定反应相应地加强。

②选育氟丙酮酸敏感突变株，因为氟丙酮酸是丙酮酸脱氢酶的抑制剂，即抑制丙酮酸向乙酰 CoA 转化，相应地 CO_2 固定反应加强。突变株对氟丙酮酸越敏感，效果越理想。

③选育减弱乙醛酸循环的突变株，乙醛酸循环减弱不仅能使二氧化碳固定反应比例增大，而且异柠檬酸也能高效率地转化为 α – 酮戊二酸，再生成谷氨酸。常见的该突变株有琥珀酸敏感型突变株和不分解利用乙酸的突变株。

（4）选育减弱乙醛酸循环的突变株　四碳二羧酸是由 CO_2 固定反应和乙醛酸循环所提供，减弱乙醛酸循环，就可使 CO_2 固定反应所占比例增大，谷氨酸的产率就可增大。

①琥珀酸是乙醛酸循环关键酶异柠檬酸裂解酶的阻遏物，选育琥珀酸敏感型

突变株，异柠檬酸裂解酶的合成能力就减弱，使乙醛酸循环减弱。

②选育不利用乙酸的突变株，以乙酸为唯一碳源，如果菌种不能生长，说明乙醛酸循环受阻。

③利用基因工程技术，使异柠檬酸裂解酶活力降低。

（5）选育解除谷氨酸对谷氨酸脱氢酶反馈调节的突变株　谷氨酸对谷氨酸脱氢酶存在着反馈抑制和反馈阻遏，使谷氨酸生产菌代谢转向天冬氨酸合成。解除这种反馈调节，有利于谷氨酸生成的连续性和谷氨酸的积累。该类突变株有酮基丙二酸抗性突变株、谷氨酸结构类似物抗性突变株和谷氨酰胺抗性突变株。

（6）选育强化能量代谢的突变株　强化能量代谢可以使 TCA 循环前一段代谢加强，谷氨酸合成速度加快。该类突变株主要有呼吸抑制剂抗性突变株、ADP 磷酸化抑制剂抗性突变株和抑制能量代谢的抗生素的抗性突变株。

①选育呼吸抑制剂抗性突变株时，可选育丙二酸、氧化丙二酸、氰化钾、氰化钠抗性突变株。

②选育 ADP 磷酸化抑制剂抗性突变株时，可选育 2，4 – 二硝基酚、羟胺、砷、胍等抗性突变株。

③选育抑制能量代谢的抗生素的抗性突变株时，可选育缬氨霉素、寡霉素等抗性突变株。

（7）选育强化三羧酸循环中从柠檬酸到 α – 酮戊二酸代谢的突变株　在三羧酸循环中，从柠檬酸到 α – 酮戊二酸的代谢是谷氨酸生物合成途径的一部分，强化这段途径有利于谷氨酸的合成。

①柠檬酸合成酶是三羧酸循环的关键酶，选育柠檬酸合成酶强的突变株，可加强谷氨酸的合成。

②氟乙酸、氟化钠、氮丝氨酸和氟柠檬酸都是乌头酸酶的抑制剂，选育氟乙酸、氟化钠、氮丝氨酸和氟柠檬酸等的抗性突变株，可强化乌头酸酶的活力。

（8）选育减弱 HMP 途径后段酶活性的突变株　在谷氨酸生物合成途径中，从葡萄糖到丙酮酸的反应是由 EMP 途径和 HMP 途径组成的。但是，通过 HMP 途径可生成核糖、核苷酸、莽草酸、芳香族氨基算、辅酶 Q、维生素 K 和叶酸等物质，这些物质的生成会消耗葡萄糖，使谷氨酸的产率降低。如果弱化 HMP 途径，就会减弱或切断这些物质的合成，从而增加谷氨酸的产率。

①选育莽草酸缺陷型的突变株。

②选育抗嘌呤、嘧啶类似物的突变株。

③选育抗核苷酸类似物突变株，如德夸菌素、狭雷素 C 抗性突变株。

（9）选育能提高谷氨酸通透性的菌株　通过前面细胞膜通透性如何调节的阐述，可知谷氨酸通透性与细胞膜渗透性紧密相关。根据细胞膜的结构与组成特点，可以通过控制磷脂的合成使细胞膜损伤，加大谷氨酸通透性。而磷脂的合成又和油酸、甘油的合成关联，所以这类谷氨酸生产菌的选育可从以下几个方面进行。

①选育生物素或油酸或甘油的缺陷型菌株。

②选育温度敏感型突变株，谷氨酸温度敏感突变株的突变位置发生在决定与谷氨酸分泌有密切关系的细胞膜结构的基因上，发生碱基的转换或颠换，一个碱基为另一个碱基所置换，这样为基因所控制的酶，在高温下失活，导致细胞膜某些结构的改变。这种菌株另一个亮点就是在生物素丰富的培养基也能分泌出谷氨酸。

③选育维生素 P 类衍生物抗性、溶菌酶敏感型、二氨基庚二酸缺陷型等突变株，据报道，这些突变株能增强谷氨酸的通透性。

2. 谷氨酸生产菌的诱变选育操作

下面以一个诱变选育过程为例，简述诱变选育的操作。

（1）诱变育种流程　以菌株 AS1.299 为出发菌株，采用复合诱变剂进行诱变，诱变育种流程如图 4 - 12 所示。

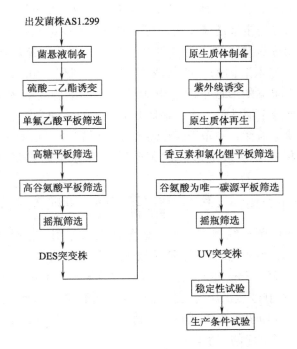

图 4 - 12　谷氨酸生产菌的诱变育种流程

（2）菌悬液的制备　将出发株 AS1.299 斜面菌接入一级种子培养基中，32℃振荡培养 8h，离心弃去清液，然后加入 pH7.0 缓冲液稀释菌体泥，制成菌悬液，使其浓度为 $(1 \sim 3) \times 10^8$ 个/mL。

（3）硫酸二乙酯诱变　在菌悬液中加入硫酸二乙酯，使硫酸二乙酯浓度为

1%（体积分数），在电磁搅拌下处理 20～30min，处理后加入硫代硫酸钠终止反应。在正式处理前，可进行预备试验，绘制出处理时间与致死率的曲线，根据致死率选择合适的处理时间。

（4）单氟乙酸平板筛选　将诱变的菌悬液涂布在含 0.5% 单氟乙酸的平板上，在 32℃ 的条件下避光培养 36～48h，挑取生长良好的菌落。由于单氟乙酸是乌头酸酶的抑制剂，选育抗单氟乙酸的菌株，可强化乌头酸酶的活力，从而可强化菌株三羧酸循环中从柠檬酸到 α-酮戊二酸的代谢。

（5）高糖平板筛选与高谷氨酸平板筛选　将抗单氟乙酸的菌株涂在含 25% 葡萄糖的平板上，培养 48h 后，挑取生长良好的菌落，可得到耐高糖菌株。然后，将耐高糖菌株涂在含 20% 谷氨酸的平板上，培养 48h 后，挑取生长良好的菌株，即得到耐高谷氨酸菌株。

（6）摇瓶筛选　将突变株接入摇瓶发酵培养基中，进行摇瓶发酵，比较各菌株的谷氨酸产量，选出谷氨酸高产菌株。

（7）原生质体制备　将 DES 突变株的斜面菌接入一级种子培养基中，32℃ 振荡培养 5h，加入青霉素 G，使青霉素 G 的浓度为 0.6U/mL，继续培养 3h，离心弃去清液，用高渗稳定液洗涤 2 次，将菌体与高渗稳定液混合，于装有玻璃珠的无菌三角瓶中充分振荡，制成菌体的高渗悬液，调节菌体浓度为（1～3）× 10^8 个/mL。然后，加入溶菌酶，使其浓度为 200～800U/mL，恒温 32℃ 振荡处理，镜检观察原生质体的形成情况，当 95% 以上的细胞变为原生质体时，离心弃去清液，用高渗稳定液洗涤 2 次，最后制成原生质体的高渗悬液。取 1mL 原生质体悬液，用无菌水稀释后涂布于完全培养基上恒温 28℃ 培养 72h，以酶解前的菌悬液为对照，根据在平板上形成的菌落数计算原生质体形成率，计算公式如下：

$$原生质体形成率 = \frac{酶解前的菌落数 - 酶解后的菌落数}{酶解前的菌落数} \times 100\%$$

（8）原生质体的紫外线诱变　为了避免光复活作用，紫外线照射应置于暗室的红灯下操作。取 5mL 原生质体悬液放入已灭菌的直径为 9cm 的培养皿中，采用 15W、波长为 253.7nm 左右的紫外线灯进行照射，照射距离为 30cm，照射时间为 20～40s。照射过程采用电磁搅拌，以使照射均匀。为了选择合适的照射时间，应在正式处理前进行预备试验，绘制出照射时间与致死率的曲线，在适当的致死率范围内选择对应的照射时间。

（9）原生质体再生　紫外线诱变后，用高渗稳定液对原生质体悬液进行适当稀释，吸取 0.1mL 涂布于下层固体再生培养基上，再加入上层固体再生培养基，轻微摇匀，双层平板法于 28℃ 培养 72h。取 1mL 原生质体悬液，用高渗稳定液稀释后涂布于下层固体再生培养基上恒温 28℃ 培养 72h，根据在平板上形成的菌落数计算原生质体再生率，计算公式如下：

$$原生质体再生率 = \frac{再生的菌落数 - 酶解后的菌落数}{酶解前的菌落数 - 酶解后的菌落数} \times 100\%$$

（10）香豆素和氯化锂平板筛选　挑取再生菌落涂在含 0.15% 香豆素和 0.5% 氯化锂的平板上，在 32℃ 的条件下培养 48h 后，挑取生长良好的菌落。香豆素是维生素 P 类衍生物，选育抗维生素 P 类衍生物可以遗传性地改变细胞膜的渗透性，有利于谷氨酸从胞内渗出，可解除谷氨酸对谷氨酸脱氢酶的反馈调节。氯化锂作为诱变剂，在平板培养过程中具有诱变作用。

（11）谷氨酸为唯一碳源平板筛选　用牙签法将抗维生素 P 类衍生物菌株接种到以谷氨酸为唯一碳源的平板上，在 32℃ 的条件下培养 48h 后，挑取生长微弱或不生长的菌株，即为不利用谷氨酸的菌株。

（12）摇瓶筛选与稳定性试验　经谷氨酸为唯一碳源平板筛选后，再对所选菌株进行摇瓶筛选，选出谷氨酸产量最高的菌株。然后，将其连续进行斜面传代 10 次，对每代菌种都进行摇瓶试验，比较各代菌种的谷氨酸生产能力。如果谷氨酸生产能力稳定，则该株可用于生产条件试验。

第三节　菌种的保藏技术

工业微生物发酵所用的菌种，几乎都是由低产的野生菌株经过人工诱变、杂交或基因工程育种等手段而获得的，其获得需很长时间的艰苦工作。然而，微生物菌种在传代繁殖过程中由于不断受环境条件的影响，会出现退化现象，如何使菌种的变异减少到最低限度是微生物研究与应用工作的重要课题。

一、菌种退化的预防

菌种退化是指优良菌种的群体中出现某些生理特征和形态特征逐渐减退或丧失，而表现为目的代谢产物合成能力下降的现象。菌种退化不是突然发生的，而是从量变到质变的逐步演变过程，个别细胞突变不会使群体表型发生明显改变，但经过连续传代，负变细胞达到一定数量后，群体表型就出现退化。造成菌种退化的原因主要有：①菌种的自发突变或回复突变，引起菌体本身的自我调节和 DNA 的修复，有的因为完整的修复而恢复为低产菌株原型，有的因为错误的修复而产生新的负变菌株；②细胞质中控制产量的质粒脱落或核内 DNA 和质粒复制不一致，若核内 DNA 复制的速率超过质粒，经过多次传代繁殖，细胞中将出现不具有对产量起决定作用的质粒，造成菌种退化；③基因突变，这是引起菌种退化的根本原因，而移接代数越多，发生突变的概率越高；④不良的培养和保藏条件，容易诱发菌种基因或表型的改变，或导致质粒脱落，导致菌种退化。

虽然变异是绝对的，但采用减少传代、定期分离复壮、选择合适的培养条件、进行科学保藏等措施，可以使菌种保持优良性能。如果发现菌株已经退化，由于并不是所有菌体都衰退，则要进行分离复壮，即采用单细胞菌株分离的措施，通过菌落和菌体的特征分析和性能测定，从中筛选出具有原来性状的菌株或性状更好的菌株。显然，在菌种明显退化的情况下进行复壮是一种比较消极的措施，目前生产上提倡积极的广义的复壮，即在菌种性能未退化之前，就经常有意识地进行纯种分离与生产性能测定，以保证菌种生产性状的稳定，甚至有所提高。

菌种保藏是保证生产菌种质量的重要环节，其目的在于不污染杂菌，使退化和死亡降低到最低限度，尽可能使菌种保持原来的优良性能。为了防止菌种的衰退，在保藏菌种时，首先选用它们的休眠体如分生孢子、芽孢等，并要创造一个低温、干燥、缺氧、避光和缺少营养的环境条件，以利于休眠体能长期地维持其休眠状态。对于不产孢子的微生物来说，也要使其新陈代谢处于最低水平，又不会死亡，从而达到长期保藏的目的。

二、菌种的保藏方法

菌种保藏的方法很多，因菌种生理生化特性不同而异，一般首先考虑能够较长期地保存原有菌种的优良特性，同时也要考虑保藏方法的经济性与简便性。常见的保藏方法有如下几种。

1. 简易的菌种保藏法

简易的菌种保藏法包括斜面菌种保藏、半固体穿刺菌种保藏及用石蜡油封藏等方法，不需要特殊设备和技术，为一般实验室和工厂普遍采用。通常将菌种在新鲜琼脂斜面培养基上或穿刺培养，然后将试管口防水密封，放入4℃冰箱中保存，使微生物在低温下维持很低的新陈代谢，缓慢生长，当培养基中的营养物逐渐被耗尽后再重新移植于新鲜培养基上，如此定期移植，又称为定期移植保藏法或传代培养保藏法。定期移植的间隔时间因微生物种类不同而异，不产芽孢的细菌间隔时间较短，一般为2周至1个月，而放线菌、酵母菌和丝状真菌一般间隔3~6个月移植1次。石蜡油封藏法是将灭菌的石蜡油加至斜面菌种或半固体穿刺培养的菌种上，以减少培养基内水分蒸发，并隔绝氧气，从而降低微生物的代谢，可延长保藏期，置于4℃冰箱中一般可保藏1年至数年。

以谷氨酸生产菌为例，简单介绍定期移植保藏法的操作。保藏斜面培养基的组成是：蛋白胨1.0%，牛肉膏1.0%，氯化钠0.5%，琼脂2.0%。配制后，调节pH7.0~7.2，加热熔融，趁热分装于试管，分装量控制为试管高度的1/4，试管口塞上棉塞，并用牛皮纸包扎，于121℃下蒸汽灭菌20min。然后，趁热摆放斜面，斜面长度不超过试管长度的1/2为宜。斜面培养基冷却凝固后，放入培养箱，于32℃培养1~3d，进行无菌检查，合格后将其保存于4℃下备用。在无菌操作条件下，用接种环挑取少量菌体，从斜面底部自下而上进行"之"字形划线，塞上棉塞，放入培养箱，于32℃培养20~24h，然后，进行防潮包扎，保存于4℃冰箱中。一般情况下，1个月需移植1次，供生产使用时需再移接1次，使菌体细胞由休眠状态恢复到代谢旺盛状态。

2. 干燥载体保藏法

干燥载体保藏法是将菌种接种于适当的载体上，如河沙、土壤、硅胶、滤纸及麸皮等，以保藏菌种，一般适用于保藏产孢子或芽孢的微生物。沙土管保藏法使用的较多，其制备方法是：先将沙与土洗净烘干过筛后，按比例［沙：土 = (1~2)：1］混匀，分装入小试管中，装料高度为1cm左右，121℃间歇灭菌三次，无菌实验合格后烘干备用；然后，将斜面孢子制成孢子悬浮液接入沙土管中或将斜面孢子刮下与沙土混合，置于干燥器中用真空泵抽干并封口，于常温或低温下保藏均可，保存期一般为1~10年。

3. 悬液保藏法

悬液保藏法的基本原理是寡营养保藏，是将微生物混悬于不含养分的媒液等中加以保藏的方法。在菌种保藏实践中发现，温度越低越有利于保持菌种的活性，但由于菌种在冷冻和冻融操作中会造成对细胞的损伤，而利用适当浓度的甘油、二甲基亚砜等溶液作为保护剂，可减少冷冻、冻融过程中对细胞原生质体及细胞膜的损伤。由于在适当浓度的保护剂中，将会有少量保护剂渗入细胞，使菌种细胞在冷冻过程中缓解了由于强烈脱水及胞内形成冰晶体而引起的破坏作用。制备的菌种悬液后，可置于 -20℃ 左右的冰箱或超低温冰箱（-60℃以下）中保藏，一般可保藏3~5年。

以谷氨酸生产菌为例，简单介绍甘油悬液保藏法的操作。将80%甘油置于三角瓶中，塞上棉塞，外加牛皮纸包扎，于121℃下蒸汽灭菌20min，冷却后备用。取培养适龄的斜面菌种，用无菌的生理盐水洗下菌苔细胞，制成10^8个/mL的菌悬液，然后，加入等量的甘油混匀，制成含40%左右甘油的菌悬液，置于 -20℃ 的冰箱中保存。

4. 冷冻保藏法

菌种冷冻保藏法可分为普通冷冻保藏法、超低温冷冻保藏法和液氮冷冻保藏法。一般而言，冷冻温度越低，效果越好。

普通冷冻保藏法是将菌种培养在小试管斜面上，适度生长后密封管口，置于 (-20~-5)℃ 的普通冰箱中保存。此方法简便易行，但不适宜多数微生物菌种的长期保藏，一般可维持若干微生物活力1~2年。

超低温冷冻保藏法是先离心收获对数生长期的微生物细胞，再重新悬浮于新鲜培养基中，然后加入等体积的20%甘油或10%二甲亚砜冷冻保护剂，混匀后分装入冷冻指管或安瓿管中，置于 -60℃ 以下的超低温冰箱中进行保藏。冷冻时，超低温冰箱的冷冻速度一般控制 1~2℃/min。若干细菌和真菌菌种可通过此方法保藏，保藏时间一般为5年。

液氮冷冻保藏法是把细胞悬浮于一定的分散剂中，或是把在琼脂培养基上培养好的菌种直接进行液体冷冻，然后移至液氮（-196℃）或其蒸气相

（−156℃）中保藏。进行液氮冷冻保藏时应严格控制制冷速度，以 1.2℃/min 的制冷速度降温，直到温度达到细胞冻结点（通常为 −30℃），然后调节制冷速度为 1℃/min，至 −50℃ 时，将安瓿管迅速移入液氮罐的液相或气相中保存。在液氮冷冻保藏中，最常用的冷冻保护剂是甘油和二甲亚砜，甘油和二甲亚砜的最终使用浓度分别为 10% 和 5%，所使用的甘油一般用高压蒸汽灭菌，而二甲亚砜最好经过滤除菌。

5. 真空冻干保藏法

真空冻干保藏法是将培养至最大稳定期的微生物制成悬浮液，加入保护剂，然后装入特制的安瓿管内，并迅速冷冻至 −30℃ 左右，在低温下迅速用真空泵抽干，最后将安瓿管在抽真空情况下熔封，置于低温保藏。保护剂的作用是使悬浮液保持活性，尽量减少冷冻干燥时对微生物造成的损伤。氨基酸、有机酸、蛋白质、多糖等物质都可作为保护剂，而通常选用脱脂乳或动物血清。此方法是微生物菌种长期保藏的最有效方法之一，大部分微生物菌种可以在冻干状态下保藏 10 年而不丧失活力。

以谷氨酸生产菌为例，简单介绍真空冻干保藏法的操作，具体如下。

（1）安瓿管的准备　安瓿管材料以中性玻璃为宜。清洗安瓿管时，先用 2% 盐酸浸泡 12h 以上，取出冲洗干净后，用蒸馏水浸泡至 pH 中性，再烘干，加塞脱脂棉花，于 121℃ 蒸汽灭菌 20min，备用。

（2）保护剂的选择与准备　配制保护剂时，应注意其浓度、pH 及灭菌方法。例如，动物血清，可用过滤除菌；牛乳要进行脱脂，即将牛乳煮沸除去上面的一层脂肪，然后用脱脂棉过滤，并在 3000r/min 的离心机上离心 15min，如果一次不行，再离心一次，直至除尽脂肪为止，脱脂后加 1% 谷氨酸钠，在 50kPa 条件下灭菌 30min，经无菌检查，合格后备用。

（3）冻干样品的准备　取培养适龄的斜面菌种，用保护剂洗下菌苔细胞，制成 $10^8 \sim 10^{10}$ 个/mL 的菌悬液，然后将 0.1～0.2 菌悬液滴入安瓿管底部。

（4）预冻　将分装好的安瓿管在（−40～−25）℃ 的干冰酒精中进行预冻，一般预冻 2h 以上，使温度达到（−35～−20）℃ 左右。

（5）冷冻干燥　将预冻后的样品安瓿管置于冷冻干燥机的干燥箱内，进行冷冻干燥，时间一般为 8～20h。样品是否达到干燥，需根据实践经验来判断，例如，目视冻干的样品呈酥丸或松散的片状，真空度接近或达到无样品时的最高真空度，温度计所反映的样品温度与管外的温度接近。

（6）真空封口　将安瓿管颈部用强火焰拉细，然后采用真空泵抽真空，使真空度达 1.33Pa，在真空条件下将安瓿管颈部加热熔封。

（7）保藏　将安瓿管置于低温条件下避光保藏，保藏温度越低越好。

（8）恢复培养　先用 75% 酒精棉花擦拭安瓿管上部，将安瓿管顶部烧热，用蘸冷水的无菌棉签在顶部擦一圈，顶部即出现裂纹，用镊子在颈部轻叩一下，敲下已开裂的顶部，用无菌水或培养液溶解，使用无菌吸管移接到新鲜培养基上，进行适温培养。

第四节 菌种的扩大培养技术

现代发酵工业生产规模越来越大，发酵罐的容积从几十立方米发展到接近一千立方米，要使微生物在有限时间内完成巨大的发酵转化任务，就必须具有数量巨大的微生物细胞。发酵周期的长短与接种量的大小有直接关系，按10%左右的接种量计算，几十立方米的发酵罐需要几立方的种子量，几百立方米的发酵罐需要几十立方米的种子量，因此，发酵生产需要一个种子扩大培养的过程。

一、种子扩大培养的目的与流程

种子扩大培养是指将保存在沙土管、冷冻干燥管等中处于休眠状态的生产菌种接入试管斜面，活化后再经过摇瓶以及种子罐逐级扩大培养，从而获得一定数量和质量纯种的过程。所得的纯种培养物称为种子。种子扩大培养的目的就是为每次发酵罐的投料生产提供数量足够的、活力旺盛的种子。足够数量的种子接入发酵罐中，有利于缩短发酵周期，提高发酵罐的周转率，并且也有利于减少染菌的机会。

在氨基酸发酵生产中，种子扩大培养的一般流程如图 4 - 13 所示。对于不同产品的发酵过程，其种子扩大培养的级数由微生物菌种的生长繁殖速度来决定。例如，谷氨酸的发酵所采用的菌种是细菌，由于细菌生长繁殖速度较快，故其种子扩大培养通常采用二级种子培养流程。即使同一产品采用相同菌种的发酵过程，也往往因发酵罐规模不同而采用不同级数的种子扩大培养流程。例如，对于 200m³ 发酵罐的谷氨酸发酵，一般采用二级种子培养流程；而对于 800m³ 发酵罐的谷氨酸发酵，可考虑采用三级种子培养流程。

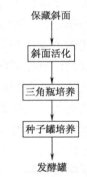

保藏斜面
↓
斜面活化
↓
三角瓶培养
↓
种子罐培养
↓
发酵罐

图 4 - 13 种子扩大培养
一般流程

种子扩大培养过程大致可分为两个阶段：实验室种子制备阶段与生产车间种子制备阶段。实验室种子制备阶段一般包括斜面种子的培养、实验室内进行的固体或液体培养基的种子扩大培养；生产车间种子制备阶段是指在生产车间进行的种子扩大培养，如利用种子罐进行种子培养等。

在实验室种子制备阶段，保藏在沙土管或冷冻干燥管的菌种经无菌操作接入适合孢子发芽或菌丝生长的斜面培养基中，培养成熟后再一次转接入试管斜面进行培养，以完成菌种的活化。用于活化的试管斜面培养成熟后，可置于4℃冰箱内保存备用，一般用于生产时的保存时间不超过一周。在实验室的进一步扩大培养中，对于产孢子能力强、孢子发芽及生长繁殖快的菌种，可采用固体培养基进行扩大培养，然后将培养所得的孢子直接作为生产车间种子罐的种子；对于不产孢子或产孢子能力不强、孢子发芽慢的菌种，可以采用液体培养基进行摇瓶培养，所得的菌丝体悬浮液作为下一步培养的种子。

在无菌操作条件下，将试管斜面接入摇瓶中，经恒温振荡培养形成大量菌体的过程，称为摇瓶培养。摇瓶培养条件因菌种不同而异，对于好氧微生物菌种，振幅、振荡频率、装液量以及瓶口覆盖的纱布等对氧气的溶解程度均有较大影响，应加以严格控制。摇瓶培养成熟后，可存放于4℃冰箱内备用，保存时间不超过一天。

在生产车间种子制备阶段，如果以种子罐进行扩大培养，种子罐级数根据菌种生长特性、菌体繁殖速度以及所采用发酵罐的容积而定，各级菌体的浓度达到要求后，方可接入下一级进行培养。对于多级扩大培养而言，越接近发酵罐的培养级数，培养基的组成应越接近发酵培养基，以有利于种子接入发酵罐后尽快适应发酵培养基。

二、种子质量的影响因素

1. 培养基的组成

培养基是微生物生存的营养来源，培养基的质量对于菌种的生长繁殖、酶的活性和代谢产物的产量有着直接影响。种子培养基的营养成分要适当丰富和完全，易被菌体直接吸收和利用，其中氮素和维生素含量较高，有利于孢子发芽和菌丝生长，以便获得菌丝粗壮且活力较强的种子。

不同类型的微生物所需要的培养基成分与浓度配比并不完全相同，应根据实际情况加以选择。种子培养基是以培养菌体为目的，对微生物生长起主导作用的氮源所占比例通常要大些。但是，为了缩短发酵过程生长阶段的缓慢期，逐级种子培养基应逐步趋向与发酵培养基相近，使微生物执行代谢活动的酶系在扩大培养过程已经形成，无需花费时间另建适宜新环境的酶系。对于任何一个菌种和具体设备条件来说，应该从多种因素进行优选种子培养基，以确定最适宜的营养配比，使菌种特性得以最大程度地发挥。

2. 种龄与接种量

种龄是指种子培养的时间。通常，种龄选择菌体处于生命极为旺盛的对数生长期。处于对数生长期的微生物，其群体的生理特性比较一致、生长速率恒定以及细胞成分平衡。如果种龄过短，菌体浓度较低，接入下一培养工序会出现前期生长缓慢，使培养周期延长；如果种龄过长，发酵过程菌种衰老早，造成生产能力下降，同样会使发酵周期延长。不同品种或同一品种而工艺条件不同，具体培养时间是不一样的，一般要经过多次试验来确定。

接种量是指移入的种子液体积和接种后培养液体积的比值。接种量的大小直接影响发酵周期。大量接入成熟的菌种，不但使培养基中菌体初始浓度较大，而且可以把微生物生长和分裂所必需的代谢物（大约是 RNA）一起带进去，有利于微生物对基质的利用，使微生物立即进入对数生长阶段，缩短发酵周期。但是，过分强调增大接种量，必然要求种子罐容积过大或种子扩大培养级数过多，会造成种子扩大培养的投入与运行费用过高。接种量过小，则发酵周期延长，影响发酵生产的产能。因此，应该根据实际情况选择适宜的接种量。

3. 温度

任何微生物的生长都需要最适的生长温度，在此温度范围内，微生物生长、繁殖最快。由于微生物体的生命活动可以看作是相互连续进行的酶反应的表现，任何化学反应都与温度有关，温度直接影响酶反应，从而影响着生物体的生命活动。不管微生物处于哪个生长阶段，如果培养的温度超过其最高生长温度，都要死亡；如果培养的温度低于其最低生长温度，生长都要受到抑制。因此，在种子扩大培养过程中，应根据菌种的特性采取相应的培养温度。为了使种子罐培养温度控制在一定的范围，生产上常在种子罐设备上装有热交换设备，如夹套、盘管或列管等进行温度调节。

4. pH

各种微生物都有自己生长与合成酶的最适 pH，同一菌种合成酶的类型与酶系组成可以随 pH 的改变而发生不同程度的变化。培养基 pH 在培养过程中因菌体代谢而有所改变，如阴离子（如醋酸根、磷酸根）被吸收或氮源被利用后由于 NH_3 的产生，pH 上升；阳离子（如 NH_4^+，K^+）被吸收或有机酸的积累，则 pH 下降。培养过程中 pH 的变化与培养基的碳氮比有关，高碳源培养基倾向于向酸性 pH 转移，而高氮源培养基倾向于向碱性 pH 转移。为了使菌种迅速生长繁殖，培养基必须保持适当的 pH。一方面，在配制培养基时，注意培养基营养成分的合理配比，使其具有一定 pH 缓冲能力；另一方面，在培养过程中，可以流加酸碱溶液、缓冲液以及各种生理缓冲剂（如生理酸性与生理碱性的盐类）进行调节。

5. 通气与搅拌

需氧微生物或兼性需氧微生物的生长与酶合成，都需要氧气的供给。不同微生物对氧的需求不同，即使是同一种菌种，不同生理时期对氧的需求也不同。在种子培养过程中，通气可以供给菌体生长繁殖所需的氧，而搅拌则能将氧气分散均匀，使氧气的溶解效果更好。为了满足菌种生长繁殖的需求，应根据菌种的特性、种子罐的结构、培养基的性质等多种因素来进行试验，以选择适当的通气量和搅拌转速。

只有氧溶解的速度大于菌体对氧的消耗速度时，菌体才能正常地生长。如果氧的溶解速度比菌体对氧的消耗速度小，培养基中溶氧的浓度就会逐渐降低，当降低到某一浓度（称为临界溶解氧浓度）以下时，菌体生长速度就会减慢。培养过程中，随着菌体量的增大，呼吸强度也增大，必须相应加大通气量和搅拌转速以增大溶解氧的量。但是，应注意避免溶解氧浓度过高对菌体生长造成抑制，或通气量过大造成空气过载现象而使溶氧速率降低，或搅拌过度剧烈造成菌体细胞的损伤及导致培养液大量涌泡。

6. 泡沫

种子培养过程中，由于通气与搅拌，微生物代谢活动产生气泡，以及培养基中存在一定量蛋白质或其他胶体物质，容易在培养基中形成泡沫。泡沫的持久存在影响着微生物对氧的吸收，妨碍二氧化碳的排除，破坏其生理代谢的正常进行。若泡沫大量产生，严重影响种子罐的利用率，甚至可能发生逃液，引起染菌。因此，应对所产生泡沫加以控制，一方面注意培养基原料的选择，另一方面通过化学方法或机械方法消除泡沫。种子罐一般设置消泡浆进行机械消泡，在培养基配制时可以添加适量消泡剂抑制泡沫的形成，在培养过程中可以适当添加已灭菌的消泡剂以消除泡沫。

三、谷氨酸生产菌的扩大培养

国内的谷氨酸发酵种子扩大培养普遍采用二级种子培养流程，即：斜面菌种→一级种子的摇瓶培养→二级种子的种子罐培养→发酵罐发酵。

1. 斜面培养

斜面培养基必须有利于菌种生长，以多含有机氮而不含或少含糖为原则。斜面菌种要求绝对纯，不得混有任何杂菌和噬菌体，培养条件应有利于菌种繁殖。

（1）斜面培养基的制备　斜面培养基的组成为：葡萄糖 0.1%，蛋白胨 1.0%，牛肉膏 1.0%，氯化钠 0.5%，琼脂 2.0%～2.5%。按配方配制培养基，调节 pH7.0，加热熔融，分装到试管中，分装量为试管高度的 1/4，塞上棉塞，用牛皮纸进行防潮包扎，置于 121℃蒸汽灭菌 20min，然后趁热摆放斜面，待冷却凝固后，放入培养箱，于 32℃培养 1～3d，进行无菌检查，合格后将其保存于 4℃下备用。

（2）接种与培养　在无菌操作条件下，用接种环挑取少量菌体，从斜面底部自下而上进行"之"字形划线，塞上棉塞，放入培养箱，于 30～32℃培养 20～24h，仔细观察菌苔生长情况、菌苔的颜色和边缘等特征，确认正常后，防水密封并置于 4℃冰箱中保存备用。

2. 摇瓶培养

摇瓶种子培养的目的在于大量繁殖活力强的菌体，培养基组成应以少含糖分，多含有机氮为主，培养条件从有利于菌体生长考虑。

（1）摇瓶培养基的制备　摇瓶培养基的组成：葡萄糖 25g/L，尿素 5g/L，$MgSO_4 \cdot 7H_2O$ 0.5g/L，磷酸二氢钾 1.2g/L，玉米浆 25～35g/L（根据玉米浆质量指标增减用量），硫酸亚铁、硫酸锰各 2mg/L。按配方配制培养基，调节 pH7.0，每个 1000mL 三角瓶分装培养基 200mL，用纱布包扎瓶口，并用牛皮纸进行防潮包扎，置于 121℃蒸汽灭菌 20min，冷却后备用。

（2）接种与培养 在无菌操作条件下，用接种环挑取 1 环菌体接入三角瓶培养基，用纱布包扎瓶口，置于冲程 8.0cm 左右、频率 100 次/min 左右的往复式摇床上恒温 32℃振荡培养 8 ~ 10h。培养时间长短视培养基营养成分与摇床培养条件而定，为了防止摇瓶种子衰老，通常在培养液 pH 下降到 6.8 ~ 7.0 时下摇床，此时培养液的残糖为 10g/L 左右。

下摇床后，取样检测 OD、pH、残糖以及菌体形态等，确认正常、无污染后，在无菌条件下进行并瓶操作，即将 10 ~ 12 瓶种子液合并入到 1 个无菌的 3000mL 种子瓶中，存入 4℃冰箱备用。

成熟的摇瓶种子质量要求如下：①种龄，9 ~ 10h；②pH，6.8 ~ 7.0；③光密度，净增 OD_{650} 值 0.5 以上；④残糖，10g/L 左右；⑤无菌检查，无杂菌；⑥噬菌体检查，无噬菌体；⑦镜检，菌体生长均匀、粗壮，排列整齐，革兰阳性反应。

通常还要将每批培养好的一级种子液取样倒双层平板进行染菌检查，以便在生产上跟踪分析，为下一批摇瓶种子培养的预防染菌工作提供参考。

3. 种子罐培养

以 20m³ 种子罐为例，培养基（其组成参见第一章）经灭菌、冷却后，接入摇瓶种子，开启种子罐的搅拌以及通入无菌空气，进行种子罐培养。培养条件控制如下。

（1）接种量 接入 24 瓶摇瓶种子（200mL 种子液/1000 瓶三角瓶）。

（2）培养温度 大型种子罐的降温装置一般为罐内的盘管或列管，通过调节冷却水的流量进行控制温度，培养过程中温度控制为 32 ~ 33℃。

（3）培养 pH 谷氨酸生产菌的生长 pH 范围为 6.8 ~ 8.0，在培养过程中，可通过流加液氨来控制 pH7.0 ~ 7.2，同时供给菌体生长所需的氮源。

（4）搅拌转速 种子罐的搅拌转速一般为 150 ~ 200r/min，视种子罐容积和搅拌叶径而定，通常容积大的种子罐设计搅拌速度会小一些。

（5）通气比 在培养过程中，通过搅拌与通气提供种子生长所需的溶解氧，而通气量控制与种子罐容积、搅拌器叶径、搅拌转速等条件相关，即取决于种子罐的氧气传递效率。根据现用种子罐的溶氧效率，通气比一般控制在 0.15 ~ 0.45m³/（m³·min）范围内，且随着时间推移，菌体浓度逐渐增大，通气比应逐步增大。图 4 - 14 是通气比控制的一个实例。

（6）培养时间 培养时间长短视生产所采用的培养工艺、种子罐的溶氧效率、培养基营养成分及浓度而定。如果采用流加液氨的方式进行补充氮源，且生物素用量和残留的葡萄糖浓度都足够，在溶解氧能够满足菌体生长需求的条件下，可适当

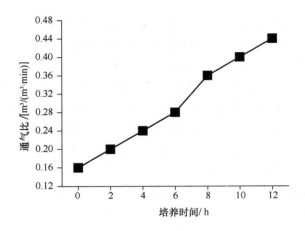

图 4 - 14　培养过程中通气比控制曲线

延长培养时间，培养基的残糖降低至 $10 \sim 15g/L$ 时才结束培养，以争取获得更大菌体浓度。图 4 - 15 是培养过程中菌体 OD_{650}（光密度）变化曲线的实例。

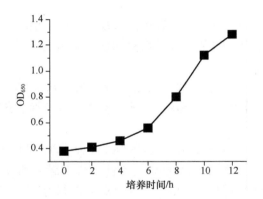

图 4 - 15　培养过程中菌体 OD_{650} 变化曲线

培养结束后，取样检测 OD、pH、残糖以及菌体形态等，确认正常、无污染后，即可接入发酵罐。

成熟的种子罐种子质量要求如下：①种龄，根据培养工艺而定；②OD，根据培养工艺而定，一般净增 $OD_{650} \geqslant 0.5$；③pH，7.0 ~ 7.2；④残糖，$10 \sim 15g/L$；⑤无菌检查，无杂菌；⑥噬菌体检查，无噬菌体；⑦镜检，菌体生长均匀、粗壮，排列整齐，革兰阳性反应。

四、种子移接的操作

种子移接主要包括：斜面菌种移接至斜面培养基、斜面菌种移接至三角瓶培养基、三角瓶种子移接至种子罐培养基、种子罐种子移接至种子罐或发酵罐培养基等。种子移接时，操作空间环境的洁净度越高越好，所有与种子接触的物质必须是无菌的，操作必须符合无菌操作的规范，且移接操作越迅速越好。

1. 摇瓶种子接入种子罐的操作

（1）并瓶操作　斜面菌种移接至斜面培养基或三角瓶培养基的操作是在无菌室里进行的，环境洁净度高，无菌操作较易进行。但是，其他的菌种移接操作是在生产车间里进行，操作空间环境的洁净度很难达到较高水平，因此，移接过程对操作的要求很高。

将三角瓶种子移接至种子罐培养基时，通常采用微孔接入法或差压接入法，都是在火焰覆盖的区域中进行的，但空间环境的洁净度较差，为了减少污染几率，一般需预先进行并瓶操作，即将几个或十几个培养瓶中的种子合并到较大的无菌瓶中，然后再将合并瓶中的种子接入种子罐。

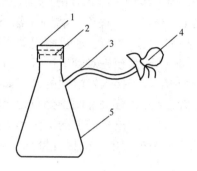

图 4 – 16　特制种子瓶的结构示意图

1—带螺纹的瓶盖　2—橡胶塞

3—耐高温软管　4—纱布　5—金属瓶体

用于并瓶操作的种子瓶如图 4 – 16 所示，该种子瓶通常采用不锈钢特制，主要由瓶体、带螺纹的瓶盖以及耐高温的软管组成，软管用纱布包扎好，置于灭菌锅内 121℃灭菌 30min，备用。并瓶操作时，在无菌操作条件下，将三角瓶种子倒入特制的种子瓶，塞上橡胶塞，并拧紧金属瓶盖，保存于 4℃冰箱内，备用。

（2）接种操作　接种操作如图 4 – 17所示。接种前，对操作空间进行必要的消毒，并采取必要措施尽可能防止操作区域的空气流动。接种时，点燃火球灼烧种子罐的接种管口，并让火焰笼罩接种管口，稍微打开接种阀门，使种子罐内无菌空气以微弱气流从接种管口排出。接着，在火焰区域解开特制种子瓶的纱布，迅速将软管套在种子罐的接种管上，用铁丝扎紧，移开火焰。然后，开尽接种阀门，同时调节种子罐进汽阀门，使大量无菌空气通入种子罐，由于特制种子瓶与种子罐连通，两者压力均可上升，并达到平衡。当种子罐压力

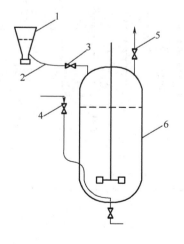

图 4 – 17　摇瓶种子接入种子罐的操作示意图

1—金属种子瓶　2—耐高温软管　3—接种阀

4—进汽阀　5—排汽阀　6—种子罐

（表压）升高至 0.10 ~ 0.15MPa，关闭进汽阀门，打开排汽阀门进行大量排汽，使种子罐压力骤降，特制种子瓶与种子罐在瞬间就会形成气压差，从而把摇瓶种子液压进种子罐。当种子罐压力降低至 0.03 ~ 0.05MPa 时，应立即关闭排汽阀门，避免种子罐压力跌至零压。一次操作后，若特制种子瓶内的种子液没有完全接入种子罐，可重复上述操作，直至全部种子液进入种子罐。接种后，立即调节进汽阀门和排汽阀门，使种子罐压力升高至 0.10MPa 左右，然后将接种阀门调小，拔出软管，让种子罐内气流将残留在接种管的种子液吹出，最后关闭接种阀门，启动种子罐搅拌，即可进行培养。此操作即是差压接种法，整个过程一般需 2 ~ 3 个人员协同操作，必须注意操作的先后顺序。

2. 种子罐种子接入发酵罐的操作

（1）管道灭菌操作　将种子罐种子移接至种子罐或发酵罐培养基时，一般以无菌空气为压力源，通过密闭管道将种子压入种子罐或发酵罐。管道设计要求合理，操作前需预先对管道进行灭菌，并且要求操作各步骤要紧凑。

种子罐种子接入发酵罐的管路如图 4 – 18 所示。接种前，依次打开分布管上的蒸汽阀、分布管进种阀、分布管出种阀、分布管各阀门上的小边阀、分布管的排污阀、种子罐出料阀上的下面小边阀、发酵罐接种阀上的小边阀，以蒸汽灭菌30min。灭菌过程中，确保各排汽口充分排汽，消除死角。

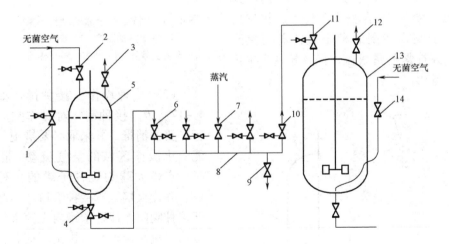

图 4 – 18　种子罐种子接入发酵罐的管路示意图
1—培养进汽阀　2—空气加压阀　3，12—排汽阀　4—出料阀　5—种子罐
6—分布管进种阀　7—蒸汽阀　8—移种分布管　9—排污阀
10—分布管出种阀　11—发酵罐接种阀　13—发酵罐　14—发酵进汽阀

（2）接种操作　管道灭菌完毕，先关闭各排汽口，然后关闭分布管上的蒸汽阀，打开发酵罐的接种阀，让发酵罐内的无菌空气进入移种管道保压。同时，

关闭种子罐排汽阀、培养进汽阀，打开种子罐顶部的空气加压阀，使大量无菌空气进入种子罐，当种子罐压力（表压）升高至 0.15～0.20MPa 时，打开种子罐出料阀，使种子罐种子被无菌空气压入发酵罐。移种过程中，调节发酵罐进汽阀、排汽阀，使发酵罐压力（表压）恒定在 0.03MPa 左右，确保种子罐与发酵罐之间保持一定的压力差，从而保证较快的移种速度。移种完毕，关闭发酵罐的接种阀，打开接种阀上小边阀，让气流吹出管道残留的种子液后，关闭种子罐空气加压阀、出料阀，打开排汽阀排汽。同时，按照接种前的管道灭菌操作步骤，对移种管道进行灭菌 10min。

实训项目

谷氨酸生产菌的摇瓶培养

1. 实训准备

设备：振荡培养器，生化培养箱，灭菌锅，分光光度计，显微镜。

材料与试剂：谷氨酸生产菌的斜面菌种，摇瓶培养基配置的材料及试剂，还原糖测定的试剂，革兰染色试剂。

2. 实训步骤

（1）配制摇瓶培养基：葡萄糖 50g，尿素 10g，$MgSO_4 \cdot 7H_2O\ 1.0g$，磷酸二氢钾 2.4g，玉米浆 60g，定容 2L，平均分装至 10 个 1000mL 三角瓶，121℃灭菌 20min，冷却后备用。

（2）在无菌室内，将谷氨酸生产菌的斜面菌种接入摇瓶培养基，每瓶接入 1 环，置于 32℃、200r/min 的条件下进行振荡培养。

（3）培养周期为 10h。每隔 1h 从振荡培养器上取出 1 瓶，测定培养液的 pH、OD_{650} 以及还原糖含量，并对菌体进行革兰染色和显微镜观察。

（4）根据检测结果，绘制培养过程中的生长曲线、pH 变化曲线以及还原糖含量变化曲线。

拓展知识

谷氨酰胺的代谢调节机制及育种思路

谷氨酰胺是体内含量最丰富的非必需氨基酸，约占总游离氨基酸的 50%，是合成氨基酸、蛋白质、核酸和许多其他生物分子的前体物质，在肝、肾、小肠和骨骼肌代谢中起重要的调节作用，是机体内各器官之间转运氨基酸和氮的主要载体，也是生长迅速细胞的主要燃料。近年来，越来越多的动物实验和临床研究结果均证实，谷氨酰胺具有改善机体代谢、氮平衡、促进蛋白质合成、增加淋巴细胞总数、改善机体免疫状况、维持肠道功能的效果。

　　L-谷氨酰胺生物合成途径与调节机制如图 4-19 所示。以葡萄糖为原料生物合成 L-谷氨酰胺涉及到糖酵解途径（EMP）、磷酸戊糖途径（HMP）、三羧酸循环（TCA 循环）、乙醛酸循环、伍德-沃克曼反应，以及谷氨酰胺合成水平和分支氨基酸合成水平的调控。

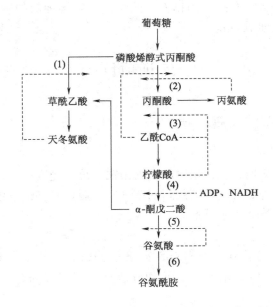

图 4-19　L-谷氨酰胺生物合成途径与调节机制

　　谷氨酰胺的主流代谢是：葡萄糖→丙酮酸→α-酮戊二酸→谷氨酰胺。在主流代谢中，有几个关键酶控制其强度，这几个酶分别受不同代谢物的反馈调节，活化这些酶有利于谷氨酰胺的生物合成。具体如下。

　　（1）磷酸烯醇式丙酮酸羧化酶是该反应中介于合成与分解代谢的无定向途径上的第一个酶，它受天冬氨酸的反馈抑制；

　　（2）丙酮酸激酶是一个别构酶，受乙酰 CoA、丙氨酸、ATP 的反馈抑制；

　　（3）丙酮酸脱氢酶是催化不可逆反应的酶，受乙酰 CoA、NAD（P）H、GTP 的反馈抑制；

　　（4）异柠檬酸脱氢酶受 ADP 和 NAD（P）H 的反馈抑制；

　　（5）谷氨酸脱氢酶受谷氨酸的反馈抑制和反馈阻遏；

　　（6）谷氨酰胺合成酶。

　　谷氨酸脱氢酶和谷氨酰胺合成酶是保证 α-酮戊二酸向谷氨酰胺而不是向草酰乙酸的三羧酸循环方向代谢的关键酶。同时，在该循环中还存在着向天冬氨酸、丙氨酸、缬氨酸的分支代谢，设法减弱分支代谢而强化主流代谢，主要的方法是减弱催化这些分支代谢酶的酶活。因此，选育谷氨酰胺高产菌株的基本思路为：强化代谢主流，减弱向天冬氨酸、缬氨酸、丙氨酸分支代谢流的强度。

同步练习

1. 氨基酸发酵工业对菌种有什么要求？
2. 氨基酸生产菌选育的基本方法有哪些？各有什么特点？
3. 简述氨基酸生产菌代谢控制育种的策略。
4. 简述谷氨酸生物合成途径及代谢调节机制。
5. 简述谷氨酸生产菌代谢控制育种的策略，并初步拟定一个育种技术方案。
6. 菌种保藏的总体条件是什么？简述菌种保藏方法及特点。
7. 简述菌种扩大培养的目的和一般流程。
8. 菌种扩大培养的级数由哪些因素决定？
9. 种子质量受哪些因素影响？
10. 简述谷氨酸生产的菌种扩大培养流程及操作要点。
11. 分别简述摇瓶种子接入种子罐、种子罐种子接入发酵罐的操作要点。

第五章　发酵过程控制技术

知识目标

- 了解氨基酸发酵的一般工艺流程及影响因素；
- 熟悉氨基酸发酵过程的控制要点；
- 理解氨基酸发酵过程各要素的控制原理。

能力目标

- 能够制定发酵工艺流程及工艺控制参数；
- 能够进行氨基酸发酵岗位的过程控制操作；
- 能够分析与处理氨基酸发酵过程中的常见问题。

微生物发酵过程极其复杂，包括数十步甚至数百步的生物化学反应，微小的环境条件变化可能会造成明显影响。发酵过程影响因素很多，不同发酵过程的主要影响因素也不尽相同。为了在发酵过程中取得优质高产的效果，必须了解生产菌的代谢变化规律及其主要影响因素，掌握有效方法加以控制。本章主要讨论发酵过程中溶氧、pH、温度、泡沫、补料等控制的要点。

第一节　发酵工艺的概述

氨基酸发酵的一般工艺流程如图 5 - 1 所示。配制好的发酵培养基经灭菌、冷却后，送至发酵罐中，经调节 pH、温度，接入种子罐培养成熟的种子液，然后通入无菌空气和启动搅拌，即进入发酵。在发酵过程中，菌体经过发酵前期的适度生长繁殖后，逐步转向积累代谢产物，利用营养基质大量合成氨基酸。为了实现发酵目标，整个过程需对溶氧、pH、温度、泡沫、补料等要素加以调节控制。发酵结束后，即可进行放罐，将成熟发酵液送至提取工序。

氨基酸发酵生产工艺的种类很多，从不同的角度划分，大致有以下几类。

（1）**按碳源的原料划分**　氨基酸发酵生产的碳源原料主要有淀粉制取的葡萄糖液和糖蜜两类。由于这两类原料所含生物

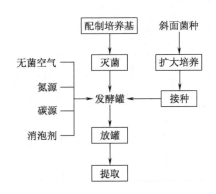

图 5 - 1　氨基酸发酵的一般工艺流程

素量差别很大,对生物素缺陷型菌株的谷氨酸发酵而言,两种原料的发酵工艺明显不同:对于糖蜜原料,其生物素含量丰富,在发酵过程中需要添加青霉素、表面活性剂等来抑制菌种的细胞壁合成,从而抑制菌种的过度生长;而对于葡萄糖液,其所含生物素远远低于糖蜜,用于发酵培养基时还需添加生物素。

在谷氨酸发酵生产中,生物素缺陷型菌株是应用最早、最广泛的菌株,其菌体形态在发酵过程中随生物素浓度趋于贫乏而发生特异变化,细胞膜渗透性也相应地发生改变。生产菌的细胞转型取决于培养基中生物素浓度以及发酵控制工艺。在生产实践中,发酵控制工艺因培养基中生物素浓度不同而有所区别。采用淀粉糖质原料的工厂一般控制发酵培养基的生物素浓度为 $5 \sim 6 \mu g/L$,其发酵工艺是传统中的生物素亚适量工艺。随着各种发酵条件的优化,现有一些工厂将培养基中生物素浓度控制在 $8 \sim 12 \mu g/L$,并显著地提高了谷氨酸产酸水平,为区别传统的生物素亚适量工艺,有人称之为生物素超亚适量工艺。由于糖蜜原料的发酵培养基和应用温度敏感型菌株的发酵培养基所含生物素浓度极高,其工艺可称为生物素丰富量工艺。当前,工程技术人员努力改进生物素超亚适量工艺,将培养基中生物素浓度提高至超亚适量工艺与丰富量工艺之间,可将其工艺称为生物素亚富量工艺。

(2)按接种量大小划分　一般情况下,所说的接种量是指接入发酵罐的成熟种子醪的体积相对于发酵初始体积的百分比。以往很多工厂的接种量为1%～3%,这种接种量相对当前的接种量来说,属于小种量,已较少采用。当前氨基酸发酵工艺趋向于大种量,一般为5%～10%或以上。

(3)按发酵初糖浓度划分　根据发酵初糖浓度高低,大致可将发酵工艺划分为低初糖工艺、中初糖工艺和高初糖工艺。通常,低初糖工艺的初糖浓度为 $80 \sim 120 g/L$,中初糖工艺的初糖浓度为 $140 \sim 160 g/L$,高初糖工艺的初糖浓度为 $180 \sim 200 g/L$。由于培养基的高渗透压抑制微生物生长、代谢,大部分工厂采用中、低初糖工艺,高初糖工艺极少使用。

(4)按发酵过程补加糖液划分　从是否补加糖液的角度来看,有需要补糖工艺和不需要补糖工艺。一般情况下,不需要补糖工艺采用一次高初糖或中初糖工艺,而需要补糖工艺则采用中初糖或低初糖、中间补加糖液的工艺。在需要补糖工艺中,又按补加糖液的浓度分为补加低浓度糖液工艺、中浓度糖液工艺以及高浓度糖液工艺。补加糖液的低浓度、中浓度和高浓度分别为 $300 g/L$ 左右、$400 g/L$ 左右和 $500 g/L$ 以上,低浓度的补加糖液一般采用糖化车间出来的糖液即可,不需浓缩处理,而中浓度和高浓度的糖液需经过蒸发浓缩处理而获取。

第二节　溶氧的控制

一、溶氧对发酵的影响

目前，氨基酸生产菌都为好气性微生物，只有在氧分子存在的情况下，才能生长繁殖、代谢和积累所需要的代谢产物。因此，在发酵过程中，必须向菌体供给适量的氧气。但是，需氧微生物的氧化酶系是存在于细胞内原生质中，微生物只能利用溶解于液体中的氧，其生长、繁殖以及代谢受溶氧浓度的直接影响。各种好氧微生物所含的氧化酶体系的种类和数量不同，且氧化酶体系受环境条件的影响，因此，不同微生物的吸氧量或呼吸程度往往是不同的，即使同一种微生物的吸氧量或呼吸程度在不同环境条件下也是不同的。

微生物的吸氧量常用呼吸强度和耗氧速率两种方法来表示。呼吸强度是指单位质量干菌体在单位时间内所吸取的氧量，以 Q_{O_2} 表示，单位为 mmol（O_2）/［g（干菌体）·h］。耗氧速率是指单位体积培养液在单位时间内的吸氧量，以 r 表示，单位为 mmol（O_2）/（L·h），耗氧速率可用下式表示：

$$r = Q_{O_2} \cdot \rho \qquad (5-1)$$

式中　r——微生物耗氧速率，mmol（O_2）/（L·h）

Q_{O_2}——菌体呼吸强度，mmol（O_2）/（g·h）

ρ——发酵液中菌体浓度，g/L

微生物的呼吸强度大小受其所含氧化酶体系的种类及数量、菌龄、培养条件等多种因素影响，其中发酵液中溶解氧浓度对呼吸强度有很大的影响，两者的关系如图 5-2 所示。各种微生物的呼吸对发酵液中溶解氧浓度有一个最低的要求，Hixson 等人称这一溶氧浓度为临界氧浓度，以 $c_{临界}$ 表示（或以临界溶解氧分压 $p_{L临界}$ 表示）。工业发酵中，微生物的临界氧浓度一般为 0.003 ~ 0.05mmol/L。如果不存在其他限制性基质，当溶解氧浓度低于临界氧浓度时，呼吸强度随溶解氧浓度的增加而增加，这时若限制溶

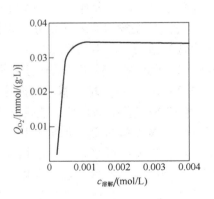

图 5-2　呼吸强度与溶解氧的关系

解氧浓度会严重影响细胞的代谢活动；当溶解氧浓度继续增加，达到临界氧浓度后，呼吸强度不随溶解氧浓度变化而变化。利用这一规律，可以指导发酵前期的溶解氧控制。

由于各种代谢产物的生物合成途径不同，产物合成的最适溶解氧浓度不一定

是细胞生长的临界氧浓度。Hirose 等人将溶解氧浓度与临界氧浓度之比定义为氧的满足度，并以此为基准研究了氧的满足度对各种氨基酸发酵的影响，图 5-3 为几种氨基酸的相对产量与氧的满足度的关系。

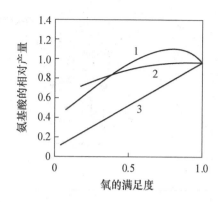

图 5-3　氨基酸的相对产量与氧的满足度之间的关系

1—L-亮氨酸　2—L-赖氨酸　3—L-谷氨酸

根据氨基酸相对产量与氧的满足度的关系，氨基酸发酵可分为三类：第一类氨基酸的氧的满足度远远大于 1，包括谷氨酸、谷氨酰胺、脯氨酸和精氨酸等，这类氨基酸的最大量合成的前提是必须充分满足菌体的正常呼吸，若供氧不能满足菌体的正常呼吸，氨基酸的合成就会受到强烈的抑制，将会积累副产物乳酸和琥珀酸等。第二类氨基酸的氧的满足度稍微大于 1，包括赖氨酸、苏氨酸、天冬氨酸、异亮氨酸等，供氧充足时可获得最大合成量，若供氧稍微偏低，合成量受到抑制的程度没有那么明显。第三类氨基酸的氧的满足度低于 1，包括缬氨酸、苯丙氨酸和亮氨酸等，缬氨酸、苯丙氨酸和亮氨酸的氧的满足度分别为 0.60、0.55、0.85，这类氨基酸最大量合成时的供氧条件是限制细胞正常呼吸，若供氧充足反而会抑制产物的形成。

二、氧的传递及影响因素

1. 氧的传递

在需氧发酵中，氧气从气泡传递至细胞内，需要克服一系列阻力，这些阻力的相对大小取决于发酵液的流体力学特性、温度、细胞的活性和浓度、界面特性等诸多因素。在传递过程中，传递阻力又可分为供氧方面的阻力和耗氧方面的阻力。供氧方面的阻力是指空气中的氧气从气泡里通过气膜、气液界面和液膜扩散到液体主流中所克服的阻力，其中从气液界面通过液膜的传递阻力为主要阻力；耗氧方面的阻力是氧分子自液体主流通过液膜、菌丝丛、细胞膜扩散到细胞内所克服的阻力，其中细胞或细胞团表面的传递阻力和细胞膜的传递阻力为主要阻力。

发酵液中氧的传递是一个相当复杂的过程，关于这方面的传质理论有渗透理论、表面更新理论、双膜理论等，其中双膜理论是最早提出的至今还在应用的假说。如图 5-4 所示，氧首先由气相扩散到气液两相的接触界面，再进入液相，界面的一侧是气膜，另一侧是液膜，氧由气相扩散到液相必须穿过这两层膜。

氧从空气扩散到气液界面这一段的推动力是空气中氧的分压与界面处氧分压

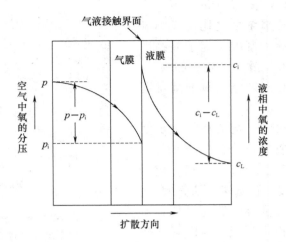

图 5-4 双膜理论的氧传递过程

之差，即 $(p-p_i)$，氧穿过界面溶于液体，继续扩散到液体中的推动力是界面处氧的浓度之差，即 (c_i-c_L)。与两个推动力相对应的阻力是气膜阻力 $1/K_G$ 和液膜阻力 $1/K_L$。当气液传递过程处于稳态时，通过气膜和液膜的传递速率相等，即：

$$n_{O_2}=\frac{推动力}{阻力}=\frac{p-p_i}{1/k_G}=\frac{p-p^*}{1/K_G}=\frac{c_i-c_L}{1/k_L}=\frac{c^*-c_L}{1/K_L} \qquad (5-2)$$

式中　n_{O_2}——单位接触界面的氧传递速率，mol（O_2）／（$m^3 \cdot s$）

　　　p——气相中氧分压，MPa

　　　p_i——气、液界面处氧分压，MPa

　　　p^*——与液相中氧浓度 c_L 相平衡的气相氧分压，MPa

　　　c_i——气、液界面处氧浓度，mol/m^3

　　　c_L——液相中氧浓度，mol/m^3

　　　c^*——与气相中氧分压 p 平衡的液相氧浓度，mol/m^3

　　　k_G——气膜传质系数，mol／（$m^2 \cdot s \cdot MPa$）

　　　k_L——液膜传质系数，mol／（$m^2 \cdot s \cdot mol/m^3$）或 m/s

　　　K_G——以氧分压差为总推动力的总传质系数，mol／（$m^2 \cdot s \cdot MPa$）

　　　K_L——以氧浓度差为总推动力的总传质系数，m/s

　　通常情况下，不可能测定界面处的氧分压和氧浓度，并不单独使用 k_G 或 k_L，而用总传质系数和总推动力。

　　根据亨利定律，与溶解浓度达到平衡的气体分压与该气体被溶解分子分数成正比，即：

$$p=Hc^*;\ p^*=Hc_L;\ p_i=Hc_i \qquad (5-3)$$

96

式中　H——亨利常数，它表示气体溶解于液体的易难程度

由式（5-2）和式（5-3）可得：

$$\frac{1}{K_G} = \frac{1}{k_G} + \frac{H}{k_L} \tag{5-4}$$

$$\frac{1}{K_L} = \frac{1}{k_L} + \frac{1}{H \cdot k_G} \tag{5-5}$$

对于氧气这样的难溶气体，H 很大，式（5-5）右边第二项 $1/Hk_G$ 可以略去，则 $1/K_L = 1/k_L$，说明这一过程液膜阻力是主要因素。

但是，式 5-2 计算的结果只能是单位接触界面的氧传递速率，实际上很难测定传质界面积，为了方便应用，传质系数引入内界面（以 α 表示，单位为 m^2/m^3）这一项，即 $K_L\alpha$ 为以氧浓度差为总推动力的体积传质系数，$K_G\alpha$ 为以氧压力差为总推动力的体积传质系数，$K_L\alpha$ 和 $K_G\alpha$ 又称为体积溶氧系数。那么，溶氧速率方程为：

$$N = K_L\alpha\ (c^* - c_L)\ = K_G\alpha\ (p - p^*)\ = K_L\alpha\ \frac{1}{H}\ (p - p^*) \tag{5-6}$$

式中　N——单位体积液体氧的传递速率，$mol/(m^3 \cdot s)$

α——比表面积，m^2/m^3

$K_L\alpha$——以浓度差为推动力的体积溶氧系数，s^{-1}

$K_G\alpha$——以分压差为推动力的体积溶氧系数，$mol/(m^3 \cdot s \cdot MPa)$

为了满足微生物生长、繁殖和代谢对氧的需求，供氧和耗氧至少要达到平衡，平衡时可用下式表示：

$$N = K_L\alpha\ (c^* - c_L)\ = Q_{O_2} \cdot \rho \tag{5-7}$$

移项后得：

$$K_L\alpha = \frac{Q_{O_2} \cdot \rho}{c^* - c_L} \tag{5-8}$$

在发酵过程中，培养液内某瞬间溶氧浓度变化可用下式表示：

$$\frac{dc_L}{dt} = K_L\alpha\ (c^* - c_L)\ - Q_{O_2} \cdot \rho \tag{5-9}$$

在稳定状态下，$\dfrac{dc_L}{dt} = 0$ 。

2. 影响氧传递的主要因素

根据气液传质方程式（式 5-6），可以看出影响氧传递率的因素有溶氧系数 $K_L\alpha$ 值和推动力（$c^* - c_L$）。对于一个发酵罐来说，影响 $K_L\alpha$ 的因素有搅拌、空气线速度、空气分布器的型式、发酵液的黏度等；而影响（$c^* - c_L$）的因素有发酵液的深度、氧分压、发酵液性质等。为了获得良好的溶氧效率，必须充分了解各因素的影响程度，并加以调节。

（1）搅拌的影响　在常压和 25℃ 时，空气中的氧气在纯水中的溶解度仅为

0.25mmol/L，在发酵液中，由于各种溶解的营养物、无机盐和微生物的代谢物存在，溶氧浓度会明显降低。在不通气的情况下，发酵液中的溶解氧大约经过14s后就会被耗尽。为了保证需氧发酵的溶氧供应，需在发酵过程中不断通入无菌空气和搅拌。

好气性发酵罐一般为机械搅拌通气发酵罐。通气即是通入无菌空气，以满足好氧或兼性好氧微生物生长繁殖和代谢的需要。而搅拌的作用则是把气泡打碎，强化流体的湍流程度，使空气与发酵液充分混合，气、液、固三相更好地接触，增加溶氧速率，使微生物悬浮混合均匀，促进代谢产物的传质速率。

搅拌的作用有：其一，搅拌能把大的空气泡打碎成为微小气泡，增加了氧与液体的接触面积，而且小气泡的上升速度要比大气泡慢，因此相应地增长了氧与液体的接触时间；其二，搅拌使液体做涡流运动，使气泡不是直线上升而是做螺旋运动上升，延长了气泡的运动路线，即增加了气液的接触时间；其三，搅拌使发酵液呈湍流运动，从而减少了气泡周围液膜的厚度，减少了液膜的阻力，因此增大了 $K_L\alpha$ 值；其四，搅拌使菌体分散，避免结团，有利于固液传递中接触面积的增加，使推动力均一，同时也减少菌体表面液膜的厚度，有利于氧的传递。

①搅拌器的型式：搅拌器按液流形式可分为轴向式和径向式两种。目前，机械搅拌通风发酵罐一般采用圆盘涡轮式搅拌器，属于径向式。圆盘涡轮式搅拌器的叶片有弯叶、直叶、箭叶和半圆叶等多种型式（图 5-5），多数发酵罐采用六弯叶圆盘涡轮式搅拌器。在高速旋转时，各种型式的涡轮式搅拌器叶片转动方向后方不同程度地存在压力较小的尾部涡流，通入发酵罐的气体总是被吸入尾部涡流而汇聚成涡流气穴，不利于气泡破碎，导致氧传递效率低。曾有研究，比较了这几种圆盘涡轮搅拌器叶片的溶氧效果，发现箭叶涡轮搅拌器效果最差，而半圆叶涡轮搅拌器效果最好。

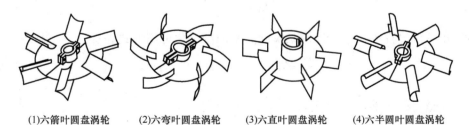

(1)六箭叶圆盘涡轮　(2)六弯叶圆盘涡轮　(3)六直叶圆盘涡轮　(4)六半圆叶圆盘涡轮

图 5-5　几种型式的圆盘涡轮搅拌器

涡轮式搅拌器的特点是直径小，转速快，搅拌效率高，主要产生径向液流。由于发酵罐内安装了挡板或具有全挡板作用的冷却排管，可将径向流改变轴向流。当液体被搅拌器径向甩出去后，遇到径向或冷却排管的阻碍，分别形成向上、向下两个垂直方向的液流，上档搅拌器向上的液流到达液面后，转向轴心，遇到相反方向的液流后又转向下；下档搅拌器向下的液流达到罐底，转向轴心，遇到相反方向的液流后又转向上；而上档搅拌器向下的液流与下档搅拌器向上的液流相遇后，转向轴心，遇到相反方向的液流后又分别向上、向下流动。因此，在搅拌器的上下两面形成两个液流循环（图5-6）。液流循环延长了气液的接触时间，有利于氧的溶解。

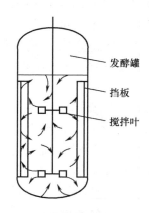

图5-6　有挡板的液体流型

图5-7　无挡板的液体流型

若发酵罐搅拌不带挡板且无冷却排管，轴心位置的液面下陷，形成一个很深的凹陷旋涡（图5-7）。此时液体轴向流动不明显，靠近罐壁的液体径向流速很低，搅拌功率也下降，气液混合不均匀，不利于氧的溶解。实际生产中，当发酵罐冷却排管的排列位置以及组数恰当，起到全挡板作用，可不设置挡板。如果冷却排管不能满足全挡板条件，液面仍会出现深度不同的凹陷旋涡。

②搅拌叶轮组数与相对位置：搅拌叶轮组数对溶氧效果影响也较大。若搅拌叶轮组数不够，将出现搅拌不到的死区；若搅拌叶轮组数过多，有可能导致搅拌叶轮与搅拌叶轮之间的距离过小，从而使向上与向下的流体互相干扰。通常搅拌叶轮组数的确定结合发酵罐的高径比（H/D）、搅拌直径、发酵液黏度等因素综合考虑。在发酵液黏度较大、发酵罐的高径比较大、而搅拌直径较小的情况下，搅拌叶轮组数应较多。目前，工业发酵中机械搅拌通风发酵罐的搅拌叶轮组数多为2组或3组。

搅拌叶轮的相对位置对搅拌效果影响很大。搅拌叶轮的相对位置包括下档搅拌叶轮与罐底的距离、搅拌叶轮之间的距离。从发酵罐的液体流型可以看出，当两档搅拌叶轮之间的距离过大，将存在搅拌不到的死区；若距离过小，向上与向下的流体互相干扰，同样会出现液体轴向流动不明显、搅拌功率下降的现象，混合效果也很差。当下档搅拌与罐底距离太大，下档搅拌叶轮下面的液体不易被提升，若这部分液体循环不好，将导致局部缺氧。一般情况下，搅拌直径、发酵液黏度是确定搅拌叶轮相对位置的重要因素。当发酵液黏度大、搅拌直径小时，下档搅拌与罐底距离、搅拌叶轮之间距离宜小些；条件相反，下档搅拌与罐底距离、搅拌叶轮之间距离应较大。在氨基酸的实际生产中，下档搅拌叶轮与罐底距离一般为 $0.8 \sim 1d$（搅拌直径），两档搅拌叶轮之间的距离一般为 $3 \sim 4d$。

③搅拌转速与叶径：当功率一定时，$n^3 d^5 = $ 常数，低转速、大叶径，或高转速、小叶径都能达到同样的功率。消耗于搅拌的功率 P 与搅拌循环量 Q 和液体动压头 H 的关系为：$P \propto Q \cdot H$，而在湍流状态下，$Q = nd^3$，$H = n^2 d^2$，根据这些关系式可知，搅拌转速 n 和叶径 d 对溶氧影响的情况不一样。增大 d 可明显增加循环量 Q，增加 n 可明显提高液体动压头 H 而加强湍流程度。两者都必须兼顾，既要求有一定的液体动压头，以提高溶氧水平，又要有一定的搅拌循环量，使混合均匀，避免局部缺氧。

（2）空气线速度的影响　机械搅拌通风发酵罐的溶氧系数 $K_L \alpha$ 是随空气量增多而增大的。当增加通风量时，空气流速相应增加，从而增大了溶氧；但是，在转速不变时，空气线速度过大会发生过载现象，即搅拌叶不能打散空气，气流形成大气泡并在轴的周围逸出，使搅拌效率和溶氧速率都大大降低。空气过载流速与搅拌器型式、搅拌器组数、搅拌转速等有关，一般来说，平桨式、少组数、低转速的搅拌器的空气过载流速较低。研究表明，发酵罐中实际空气流速的上限为 $1.75 \sim 2.0 m/min$，因此，生产中要根据实际情况来选择空气的线速度，适当提高空气线速度时，应避免空气过载现象。

（3）空气分布管的影响　空气分布管的型式、喷口直径及管口与罐底距离的相对位置对氧溶解速率有较大的影响。在发酵罐中采用的空气分布装置有单管、多孔环管、单管配多孔风帽及多孔分支环管等几种。当通风量小时（$0.02 \sim 0.5 mL/s$），气泡的直径与空气喷口直径的 $1/3$ 次方成正比，就是说，喷口直径越小，气泡的直径越小，溶氧系数就越大。但是，一般氨基酸发酵工业的通风量都远超过这个范围，这时气泡直径与喷口直径无关，而与通风量有关，即在通风量大时，可采用单管或单孔环形管，其溶氧效果不受影响。生产实践中，多孔环形管、多孔风帽的小孔极易被堵塞，导致通风偏向、出风不均匀等现象，严重影响溶氧效果。一些工厂采用单孔环形管，环形管以及出风口的截面积比罐外通风管的截面积稍大，有利于降低出风口的空气速度，取得较好的溶氧效果。

空气管口与罐底距离由发酵罐型式、管口朝向等决定。管口有垂直向上、向下两种，根据经验数据，当管口垂直向上时，管口与罐底距离尽可能小，以保证管口与下档搅拌器距离为 $0.7 \sim 0.9d$；当管口垂直向下时，要根据 d/D 的值而定，当 $d/D > 0.3 \sim 0.4$ 时，管口距罐底为 $0.15 \sim 0.30d$，当 $d/D = 0.25 \sim 0.3$ 时，管口距罐底为 $0.30 \sim 0.50d$。

（4）氧分压的影响　从氧传质方程式可以看出增加推动力（$c^* - c_L$）或（$p - p^*$），可使氧的溶解度增加。增加空气中氧的分压，可使氧的溶解度增大。增加空气压力，即增大罐压，或用含氧较多的空气或纯氧都能增加氧的分压。一般微生物在 $0.5 MPa$ 以下的压力不会受到损害，因此适当提高空气压力（即提高罐压），对提高通风效果是有好处的。但是，过分增加罐中空气压力是不值得提倡的，因为罐压增大，空气压缩设备的动力也需增大，导致动力消耗增大。另外，罐压增大导致 CO_2 的溶解度也会增大，对菌体生长有不利的影响。好氧性发酵工业生产中，罐压一般为 $0.05 \sim 0.10MPa$，且发酵不同阶段的罐压也不一样。

（5）发酵罐高径比的影响　在空气流量和单位发酵液体积消耗功率不变时，通风效率是随罐的高径比（H/D）的增大而增加的。根据经验数据：当罐的高径比（H/D）从1增加到2时，$K_L\alpha$ 可增加40%左右；当罐的高径比（H/D）从2增加到3时，$K_L\alpha$ 增加20%。但 H/D 太大，罐内液柱过高，液柱压差大，气泡体积缩小，造成气液界面积小，对溶氧效果反而不利，同时使供气压力升高，能耗增加。目前，机械搅拌通风发酵罐的高径比通常选取 $2 \sim 3$。

（6）发酵罐体积的影响　一般来说，大体积的发酵罐对氧的利用率高，而小体积的发酵罐对氧的利用率低。在几何形状相似的条件下，大体积的发酵罐的氧利用率可达10%左右，在实际应用中生产指标的稳定性较好；而体积小的发酵罐的氧利用率只有3%～5%，实际生产中的稳定性较差。根据生产规模和设备平衡计算结果，发酵罐选型时尽可能选取成熟的、体积较大的罐型，例如，在谷氨酸发酵生产中，具有一定生产规模的工厂一般选择体积为 $300 \sim 400m^3$ 的发酵罐，有的甚至选择了 $750 \sim 1000m^3$ 的发酵罐。

（7）发酵液物理性质的影响　培养基的黏度、表面张力、离子浓度等物理性质对气泡的大小、气泡的稳定性、液体的湍动性以及界面或液膜阻力有很大的影响，从而影响到氧的传递速率。特别是在发酵过程中，大量繁殖的菌体和大量积累的代谢产物会引起发酵液的浓度、黏度增大，大量产生的泡沫包围菌体和搅拌器，影响微生物的呼吸和气液的混合，此时氧的传递系数 $K_L\alpha$ 就会降低。因此，培养基的选择和配制时尽可能考虑这些因素，并加以控制；发酵过程中使用适量的消泡剂进行消除泡沫，可改善气、液体混合效果，提高氧的传递速率。

三、溶解氧电极及其使用

1. 溶解氧电极

当前，在线检测发酵液中溶解氧主要采用溶解氧电极的检测器，常用的溶氧电极有电流电极和极谱电极，二者都是用膜将电化学电池与发酵液隔开，而膜仅对 O_2 有渗透性，其他可能干扰检测的化学成分则不能通过。典型的极谱电极的构造如图5－8所示。

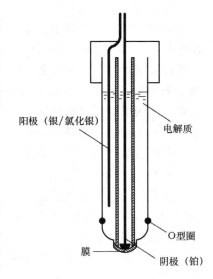

阳极（银/氯化银）

电解质

O型圈

膜

阴极（铂）

图5－8　极谱电极的构造示意图

电流电极的电化学池由金属阴极（Ag 或 Pt）和金属阳极（Pb 或 Sn）组成，两者都浸在电解质溶液中，常用的电解质是乙酸铅、乙酸钠和乙酸混合液。由于电流电极采用碱性较强的金属（如锌、铅、镉等）作阴极，使两极所产生的电压足以在阴极表面自发降低氧，因而不需要在电极上降低氧的外部电源。例如，银－铅电流电极的电化学反应为：

阴极：$O_2 + 2H_2O + 4e \rightarrow 4OH^-$

阳极：$Pb \rightarrow Pb^{2+} + 2e$

总反应式：$O_2 + 2Pb + 2H_2O \rightarrow 2Pb(OH)_2$

极谱电极与电流电极不同，它由阴极（Au 或 Pt）和金属阳极（Ag 或 AgCl）组成，电解质可用 KCl 溶液，需在阴极和阳极之间外加一个负偏压，这样氧可在阴极被还原，反应如下：

阴极：$O_2 + 2H_2O + 2e \rightarrow H_2O_2 + 2OH^-$

$H_2O_2 + 2e \rightarrow 2OH^-$

阳极：$Ag + Cl^- \rightarrow AgCl + e$

总反应式：$4Ag + O_2 + 2H_2O + 4Cl^- \rightarrow 4AgCl + 4OH^-$

O_2 通过渗透膜从发酵液扩散到检测器的电化学电池，在阴极被还原时会产生可检测的电流或电压，这与 O_2 到达阴极速率成正比例。如果忽略传感器内所有动态效应，O_2 到达阴极的速率与氧气跨膜扩散速率成正比，如果膜内表面的氧浓度可以有效地降为零，则扩散速率仅与液体中的溶解氧浓度成正比，从而使电极测得的电信号与液体中的溶解氧浓度成正比。

2. 溶解氧的测定

溶解氧电极需在灭菌前插入且密封到发酵罐中，安装位置应使发酵液能够浸没电极，且处于具有较高液体流速的区域。如果电极位于液体流动的死角，微生物会在膜表面生长，从而影响电极检测的准确度。溶解氧电极应能够耐受高温灭菌，安装后，可通过空罐灭菌或实罐灭菌，以实现对电极的灭菌。灭菌过程中，需要将电极的导线进行短接，这有助于从电极内除氧（也称为去极化），否则要想得到正确读数需要几个小时的稳定期。

在向发酵罐接种前，需要对溶解氧电极进行校准。通常采用线性校准，包括零点和斜率的调节。零点是在向发酵罐中充入大量的 N_2 后进行设定，最好在灭菌后立即进行，因为灭菌过程中已除去大量可溶性气体。但是，大多数溶解氧电极在零点氧（不含氧）时的输出值接近于零电位，因此无须进行零点校准。如果在极低的溶解氧张力下设定时，需将电极的一根导线断开，将电流设置为零。

发酵行业通常采用空气饱和度（％）来表示电极法检测的溶解氧浓度，以灭菌后的培养基在一定温度、罐压、通气搅拌的条件下被空气 100％ 饱和为满刻度。因此，满刻度校准应该在培养基灭菌后、接种前，在操作温度下，以及大量通气与充分搅拌时进行，此时将信号输出调节至 100％，即可完成校准。溶解氧电极经校准后，即可进行在线检测，直至发酵结束。在发酵过程中，不能对电极进行重新设置和校准，否则会改变原来的标定值。

溶解氧电极实际上检测的是氧平衡分压，而不是直接检测溶解氧浓度，但可以根据气体中氧平衡分压与发酵液的实际溶解氧浓度之间的亨利（Henry）定律关系，推导出发酵液中溶解氧的真实浓度。

3. 溶氧系数的测定

溶氧系数的大小可以表示发酵设备通气效率的优劣，是发酵设备设计放大以及发酵过程控制的基础。其测定的方法有化学法、极谱法、排气法、溶解氧电极动态测定法等，而溶解氧电极动态测定法可以直接反映发酵过程中 $K_L\alpha$ 的变化情况。

溶解氧电极动态测定法是：在发酵过程中突然停气，保持搅拌，马上用氮气将发酵罐上部空气驱出罐外。随着微生物的呼吸作用，使发酵罐中的溶解氧浓度迅速下降，一定时间后，溶解氧浓度下降速度减慢。待溶解氧浓度达到一个较低点时，再恢复通气。以溶解氧浓度下降速度为纵坐标，以测定时间为横坐标制图，如图 5-9 所示，在 $abcd$ 曲线中，ab 段是一条明显下降的直线，表明在停气后，由于微生物的呼吸作用使发酵液中的溶解氧迅速下降。当溶解氧浓度下降至 b 点以后，因溶解氧浓度过低，对细胞的呼吸产生了一定的抑制作用，因此 b 点的溶解氧浓度可以认为是微生物呼吸的临界氧浓度。cd 段的溶解氧为恢复供气后溶解氧浓度变化，反映出微生物的呼吸在受到短时间抑制后，供氧与需氧之差。

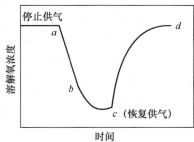

图 5-9　溶解氧浓度与通气变化的关系

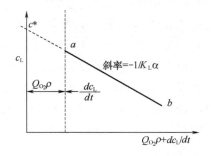

图 5-10　$K_L\alpha$ 的求值

在停气后，发酵液中溶解氧浓度的变化率 dc_L/dt 可表示为：

$$\frac{dc_L}{dt} = K_L\alpha \ (c^* - c_L) \ - Q_{O_2} \cdot \rho$$

$$c_L = -\frac{1}{K_L\alpha} \ (\frac{dc_L}{dt} + Q_{O_2} \cdot \rho) \ + c^*$$

以 c_L 为纵坐标，以 $(dc_L/dt + Q_{O_2} \cdot \rho)$ 为横坐标作图，如图 5-10 所示。直线 ab 的斜率即为 $-\frac{1}{K_L\alpha}$；当 $\frac{dc_L}{dt} = 0$ 时，$c^* = c_L + \frac{Q_{O_2} \cdot \rho}{K_L\alpha}$，也可以将 ab 直线延长与纵轴相交，其截距即为 c^*。

四、溶氧控制的操作

发酵液中氧的饱和溶解度通常在 $0.32 \sim 0.40$ mmol O_2/L，这样的溶解度一般只是菌体 20s 左右的需氧量。因此，发酵过程必须不断通入无菌空气和搅拌，才能满足生产菌在不同发酵阶段对氧的需求。生产实践中，溶解氧控制一般通过调节通气量、调节搅拌转速及调节罐压来完成。

1. 调节通气量

发酵及其配套设备一旦经过设计、加工、安装后，在实际运行中，许多影响供氧效果的因素基本固定不变，调节通气量就成为溶解氧控制的主要手段。通过调节发酵罐的进汽阀门以及排汽阀门的开度可完成调节通气量的操作，从而满足微生物在不同发酵阶段的需氧量。

生产实践中，通气量的描述有两种：一种是直接以空气流量大小来表示，其单位为 m^3/h 或 m^3/min；另一种是用通气强度（又称通气比）大小来表示，即每立方米发酵液中每分钟通入的空气体积，单位是 m^3/（$m^3 \cdot min$）。测量通气量的空气流量计通常有转子流量计、电磁流量计等，转子流量计简便价廉，得到广泛的应用，但一般按 $20°C$、103.32kPa 状态下的空气来刻度，实际使用中应加以校正；电磁流量计是属于质量流量型的流量计，测量较为准确。

2. 调节搅拌转速

小型发酵罐一般设有变频器，通过调节变频器，可调节搅拌转速，与调节通气量协调完成对溶解氧的控制，两者的协调控制规律需通过试验进行摸索。但是，在谷氨酸发酵生产实践中，通常采用皮带传动装置或齿轮减速机对电机进行减速，使搅拌转速达到设计要求，运行过程中搅拌转速一般不可调节。为了节约电能，在采用皮带传动装置或齿轮减速机的基础上，有些工厂增设了变频器控制电机的转速；在溶解氧需求量较小时，可通过调节变频器降低搅拌转速，以达到控制溶解氧与节约电能的目的。

3. 调节罐压

在小型发酵罐试验中，可采用通入纯氧的方法来改变空气中氧的分压，对提高发酵产率有明显的促进作用。但是，目前制备纯氧的成本较高，大规模发酵生产难以接受，一般采用调节罐压达到调节氧分压的目的。在发酵罐压力很低的情况下，适当提高罐压，对提高溶解氧有一定的效果。

发酵罐压力的调节可以通过调节总供气压力、进汽阀门以及排汽阀门来实现。总供气压力通常受配备空压机的供气能力限制，且从节能的角度考虑，不可能通过大幅度地提高总供气压力。因此，在一定的总供气压力下，调节发酵罐的进汽阀门以及排汽阀门，可使发酵罐维持一定的罐压，但调节幅度不会太大，特别是在通气量最大值时很难维持较高的罐压。一般情况下，发酵进行中的发酵罐压力维持为 $0.05 \sim 0.15$MPa（表压）；当排汽量较大时，罐压可调节幅度较小；

当排汽量较小时，罐压可调节幅度较大。

五、谷氨酸发酵的溶氧控制

1. 发酵前的准备

（1）依照第三章所述，对 200m³ 发酵罐的空气过滤器进行灭菌，吹干，备用。

（2）依照第二章所述，对 200m³ 发酵罐进行空罐灭菌，保压，备用。

（3）依照第一章所述，配制发酵培养基，并依照第二章所述将培养基进行连续灭菌，降温至 32℃，备用。

（4）依照第四章所述，在 20m³ 种子罐中培养二级种子，并将培养成熟的二级种子接入 200m³ 发酵罐，通入无菌空气，启动搅拌，开始发酵。

2. 发酵过程的溶氧控制

（1）控制手段　谷氨酸发酵的溶氧控制主要通过调节通气量和调节搅拌转速而实现，其控制系统如图 5 – 11 所示。

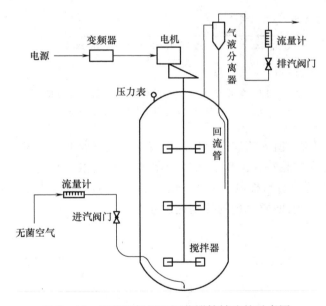

图 5 – 11　调节通气量和调节搅拌转速的示意图

（2）控制的总体模式　发酵前期，随着菌体生长，溶解氧逐步降低，需逐步提高通气量，以满足菌体生长的需氧量。在菌体对数生长的后期，菌体数已趋于最高值，部分细胞开始由生长型向生产型转化，此时需氧量达到最高，溶解氧电极的显示值趋于零，因而需将通气量调节至整个过程的最高值。在细胞转化期，菌体活力旺盛，呼吸强度很大，且持续几个小时，这个阶段的通气量需维持在最高值。发酵中期，细胞已完全转化，转化较早的细胞逐渐出现活力衰减，需氧量因此逐渐减小，溶解氧电极的显示值逐渐上升，通气量也应逐渐减小。发酵后期，活力衰减的细胞越来越多，需氧量继续减小，通气量仍需逐步减小，此时期既要满足谷氨酸合成的需氧量，又要避免因溶氧过高而加速菌体衰老。因此，整个过程的通气量控制采用了多级控制模式，即前期逐步增大通气量、中期维持较高通气量、后期逐步减小通气量的模式，这是一个在多年实践中总结出来的规律。但是，各批次的调节点、调节度等方面不一定相同，需根据溶解氧测量值的变化而灵活控制，才能获得良好的发酵指标。按上述进行发酵前的准备，在此提供一个通气量控制的实例，如图 5 - 12 所示。

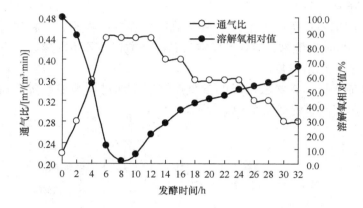

图 5 - 12　实例中通气比与溶解氧相对值的变化曲线

（注：图中通气比以发酵初始体积为计算基准）

（3）前期以 OD 值为依据进行控制　谷氨酸发酵前期主要是菌体生长期，其 OD 值呈逐渐增大的趋势，由于需氧量与菌体数有正相关的关系，此阶段的通气量可根据 OD 净增值进行控制。图 5 - 13 是以净增 OD 值为依据控制发酵前期通气量的规律，可为前期通气量的控制提供参考。

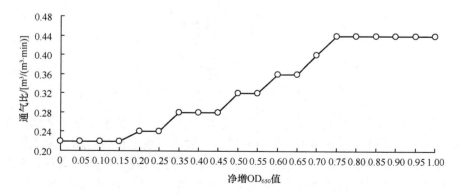

图 5 - 13　以净增 OD 值为依据控制发酵前期通气量的规律

（注：净增 OD 值 = 取样检测的 OD_{650} 值 - 发酵初始 OD_{650} 值）

按上述进行发酵前的准备，为了及时调节通气量，以满足发酵前期菌体生长的需求，间隔 1 小时取样检测 OD_{650} 值，然后根据 OD_{650} 值变化情况进行控制通气量，其 OD_{650} 值变化与通气量控制的记录如图 5–14 所示，可以看出，其实际控制与图 5–13 的规律比较吻合。此图也可为前期通气量的控制提供参考。

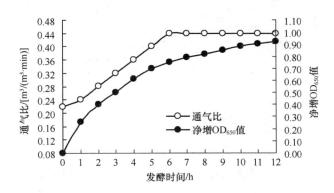

图 5–14　净增 OD_{650} 值与前期通气量控制实例的记录

（4）中后期以耗糖速率为依据进行控制　随着 OD 净增值逐步增大，通气量也应逐步增大，当细胞开始转化（通过显微镜观察）时，OD 值虽然未达到最大值，但菌体数已基本达到最大值，此时可将通气量控制为最大值，以满足菌体对溶解氧的需求。在细胞转化期，OD 值仍继续增大，主要原因在于细胞体积伸长和膨胀，较难再以此时的 OD 值变化去指导通气量的控制。但是，菌体耗氧速率与耗糖速率也具有正相关的关系，根据耗糖速率可以确定通气量维持在最大值的时间。菌体细胞完全转化后，OD 值和耗糖速率逐渐下降，但影响 OD 值下降的因素比较复杂，有补加糖液导致菌体浓度稀释的原因，也有菌体活力衰减的原因，且在初始阶段的 OD 值下降幅度不明显，较难以 OD 值下降幅度作为调节通气量的依据，而是根据耗糖速率的下降情况来逐步降低通气量。图 5–15 是以耗糖速率为依据控制发酵中、后期通气量的规律，可为中、后期通气量的控制提供参考。

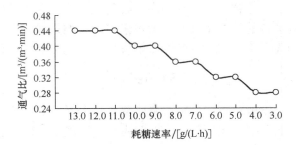

图 5–15　以耗糖速率为依据控制
发酵中、后期通气量的规律

按上述进行发酵前的准备，发酵中后期每隔 1 小时取样检测发酵液的残糖浓度，并计算每小时的耗糖速率（在补料控制中介绍计算方法），然后根据耗糖速率变化情况进行控制通气量，其耗糖速率与通气量控制的记录如图 5–16 所示，可以看出，其实际控制与图 5 - 15 的规律比较吻合。此图也可为中、后期通气量的控制提供参考。

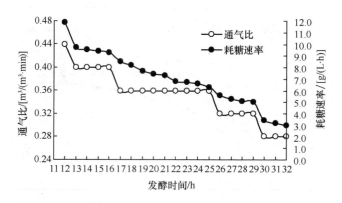

图 5 - 16　耗糖速率与中、后期通气量控制实例的记录

由上可见，除了溶解氧相对值以外，谷氨酸发酵中 OD 值和耗糖速率均有一定变化规律，两者的变化规律对通气量控制都有指导意义。但需注意，各个工厂所用的菌株特性、发酵工艺、发酵罐溶解氧情况、耗氧速率以及 OD 值检测仪器等存在差异，因而具体控制模式应有所不同，各工厂需在生产实践中对 OD 值和耗糖速率的变化规律及其与通气量控制的关系进行长期摸索，并总结出适宜使用的控制模式。

第三节　温度的控制

微生物的生长和代谢产物的合成都是在各种酶的催化下进行的，温度是保证酶活性的重要条件。温度对发酵的影响是多方面且错综复杂的，优化发酵控制必须先了解温度对发酵的影响程度，才能保证提供稳定而合适的温度环境。

一、温度对发酵的影响

发酵过程中，随着微生物对培养基中的营养物质的利用、机械搅拌的作用，将会产生一定的热量；同时由于发酵罐壁的散热、水分的蒸发等将会带走部分热量。习惯上将发酵过程中释放出来的引起温度变化的净热量称为发酵热，以 kJ/（$m^3 \cdot h$）为单位。发酵热包括生物热、搅拌热、蒸发热以及辐射热等，即：$Q_{发酵} = Q_{生物} + Q_{搅拌} - Q_{蒸发} - Q_{辐射}$。

生物热主要来源于培养基中的营养物质，如碳水化合物、脂肪和蛋白质等被分解所产生的大量能量，这些能量部分用于合成细胞内的高能化合物，供微生物细胞合成和代谢活动的需要，部分用于合成代谢产物，其余则以热的形式散发出来。对于机械搅拌通气式发酵罐，由于机械搅拌作用，造成液体之间、液体与设备之间的摩擦，使机械搅拌的动能转化为摩擦热而释放在发酵液中，此为搅拌热。在通气培养过程中，空气进入发酵罐后与发酵液充分接触，除了部分氧气等被微生物利用外，大部分气体从发酵液出来，排放至大气中，从而引起热量的散发，热量将被空气或蒸发的水分带走，这部分热量就称为蒸发热。辐射热是指因发酵罐温度与罐外环境温度不同，而使发酵液通过罐体向外辐射的热量。辐射热的大小取决于发酵罐内外温度差的大小，也受环境温度变化的影响。

　　发酵周期内生物热的产生具有明显的阶段性。在发酵初期，微生物处于适应期，细胞数量较少，呼吸作用缓慢，产生热量就较少；而当微生物处于对数生长期时，细胞活力旺盛，呼吸作用激烈，且细胞数量以对数增长，大量产热，导致发酵液温度升高较快；发酵后期，细胞逐步衰老，代谢减弱，产热不多，温度变化不大。另外，发酵过程中生物热又随培养基成分的不同而变化，在相同条件下，培养基的营养成分越丰富，产生的生物热就越大。

　　微生物的生长和代谢产物的合成都是在各种酶的催化下进行的，温度是保证酶活性的重要条件，对发酵的影响是多方面且错综复杂的，具体表现在如下几点。

　　（1）微生物的生命活动可以看作是连续进行酶反应的过程，任何反应都与温度有关，温度直接可以影响微生物的生命活动。在低温环境中，微生物生长延缓甚至受到抑制；在高温环境中，微生物细胞的蛋白质易变性，酶活性易遭受破坏，故微生物易衰老甚至死亡。各种微生物在一定的条件下都有一个最适的生长温度范围，由于微生物所具有酶系的差异，不同微生物的最适生长温度范围也会有差异。同一种微生物所处的生长阶段不同，其对温度的反应也不一样。处于延滞期的细菌对温度的反应十分敏感，将其置于最适的生长温度下培养，可以缩短生长的延滞期；若在低于最适生长温度下培养，延滞期就会延长。在最适的生长温度范围内，提高温度对处于生长后期的细菌生长速度影响则不明显。

　　（2）温度对产物合成有影响。细胞内产物合成是一系列酶促反应的结果，产物合成需要一个最适温度范围。从酶反应动力学来看，在最适合成温度范围内升高温度，就可加快反应速度。从整个发酵过程来看，提高温度可促使产物提前生成，但酶本身极易因过热而失活，温度越高失活越快，表现为细胞过早衰老，基质有可能还没有被消耗完就过早结束发酵，导致发酵产量不高。另外，温度对某些微生物具有调节作用，例如，采用温度敏感型菌株发酵谷氨酸时，提高发酵温度可使生长型细胞向代谢型细胞转变，并促进细胞膜的渗透性，有利于谷氨酸的合成。

　　（3）温度还可以改变培养液的物理性质，从而间接影响到微生物细胞的生长。例如，温度通过影响培养液中的溶解氧浓度、氧传递速率、基质的分解速率等而影响发酵。

二、发酵温度的测量及控制

1. 发酵温度的测量

目前，发酵温度常用玻璃温度计和 PT100 铂电阻制作的测温电极予以检测。

采用玻璃温度计时，需先将金属套管插入发酵罐并焊接固定在发酵罐壁上，再在金属套管内装有传热性好且不易挥发的液体介质，然后将玻璃温度计插入金属套管并浸泡于液体介质中，便可测量温度。

PT100 铂电阻制作的测温电极是利用金属铂在温度变化时自身电阻值也随之改变的特性来测量温度的，例如，它在 0℃ 时阻值为 100Ω，在 100℃ 时的阻值为 138.51Ω，在 150℃ 时的阻值为 157.33Ω，而显示仪表将会指示出铂电阻的电阻值所对应的温度值。当被测介质中存在温度梯度时，所测得的温度是感温元件所在范围内介质层中的平均温度。只要将测温电极探入发酵罐并通过螺纹连接或焊接固定于罐壁上，即可检测发酵温度。

温度计、温度电极需定期校准，可采用冰水混合浴、沸水浴、专用电阻检测仪器或其他标准温度检测仪器进行校准，对测量不准的温度计、温度电极应及时予以更换。

2. 发酵温度的控制

发酵过程中应控制温度在发酵的最适温度，所谓发酵的最适温度是指该温度最适合于微生物的生长或发酵产物的生成。最适温度是一种相对的概念，不同微生物的发酵最适温度有可能不同，即使同一种微生物在不同发酵阶段的发酵最适温度也有可能不同，或有可能在不同培养条件下的发酵最适温度不同。为了使微生物的生长速度最快和代谢产物的产率最高，在发酵过程中必须根据微生物菌种的特性及其在不同阶段对温度的需求而选择不同的温度，即在菌体的生长阶段，控制发酵温度在菌体最适生长温度范围内，以利于菌体生长；在产物形成阶段，控制发酵温度在产物最适生成温度内，以利于产物的生成。

有时，发酵温度的选择还必须综合考虑其他发酵条件。例如，发酵温度与培养基成分、浓度有一定关系，当使用较易利用的培养基或培养基的浓度较稀时，应适当降低发酵温度，以免营养物质过早被耗尽而导致微生物细胞过早自溶。若溶解氧不足时，应适当降低发酵温度，这是由于在较低温度下，氧的溶解度相应要大一些，同时微生物的生长速度也比较小，从而弥补了因通气不足而造成的代谢异常。

三、谷氨酸发酵的温度控制

1. 发酵前的准备

发酵前的准备与第二节中"谷氨酸发酵的溶氧控制"相同。

2. 发酵过程的温度控制

（1）控制手段 谷氨酸发酵的温度控制是通过调节进入发酵罐冷却装置的冷却水量而实现的，其控制系统如图5-17所示。冷水由冷水池泵送至发酵罐的热交换设备与发酵液进行热交换，然后回收到热水池，再泵送至冷却塔，经冷却后收集到冷水池，如此循环使用，由于蒸发作用，冷却水循环过程中会减少，需定期向该冷却系统进行定量补充水。

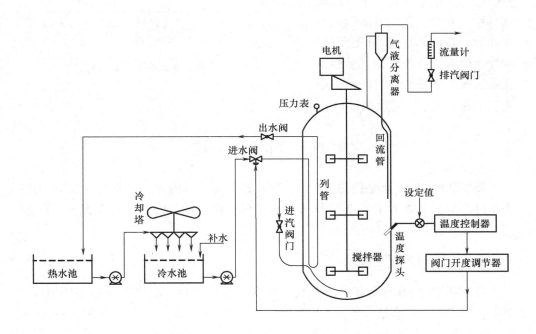

图5-17 发酵罐采用循环冷却水降温示意图

（2）控制模式 一般情况下，谷氨酸生产菌的最适生长温度是32～33℃，最适谷氨酸合成温度是36～37℃，由于两个阶段最适温度不同，故生产上的温度控制采用多级温度控制模式，即在不同发酵阶段控制不同的发酵温度，既要保证菌体的适度生长，又要保证谷氨酸的大量合成。

（3）根据各阶段温度要求进行控制 在谷氨酸发酵前期的菌体生长阶段，应控制温度于最适生长温度范围（32～33℃）。在发酵中、后期，为了促进生产型细胞合成谷氨酸，应将发酵温度控制在最适生成温度范围（36～37℃）。在菌体生长阶段与生产型细胞合成谷氨酸阶段之间，存在一个过渡时期，即菌体细胞转化期，为了促进生长型细胞的转化，以及促进已转化细胞生成谷氨酸，应将温度控制在最适生长温度与最适生成温度之间（33～36℃），并且逐级提高温度。在发酵最后几个小时内，由于菌体活力衰减不同步，仍有一部分菌体活力较强，为了让其在发酵结束前充分发挥作用，可适当将发酵温度提高至37℃以上，其至可考虑在发酵前1h内，关闭冷却水，让发酵温度自然上升至40℃以上。

按上述进行发酵前的准备，整个发酵过程中温度控制的一个实例如图5-18所示。此图充分体现了多极温度控制模式的要求，可为谷氨酸发酵的温度控制提供参考。但是，各个工厂的菌株特性、发酵工艺、发酵周期及菌体活力表现等情况不同，其温度控制模式应有所不同，需根据实际情况摸索各自适宜的控制模式，并在具体生产过程中进行灵活控制。

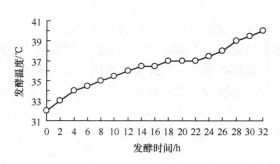

图5-18 发酵温度多级控制实例的记录

第四节 pH 的控制

发酵液的pH变化是代谢活动的一项反映指标，同时也是各类酶促反应的重要条件，对微生物的生长繁殖和产物的积累影响极大。因此，对发酵pH的研究、检测和控制具有重要意义。

一、pH 对发酵的影响

发酵环境的pH变化是微生物代谢反应的综合结果，取决于培养基的组成、微生物的代谢特性和培养条件。培养基中碱性物质的消耗和酸性物质的生成可引起pH下降，而酸性物质的消耗和碱性物质的生成可引起pH上升，另外，其他发酵条件的改变、菌体自溶以及杂菌污染也会引起发酵液pH的变化。例如，在正常情况下，谷氨酸发酵中培养基的碳源不断被氧化为有机酸，氮源不断被消耗，以及谷氨酸不断地积累，发酵液的pH有不断下降的趋势。

微生物都有其生长和生物合成最适的和耐受的pH。一般微生物能在3~4个pH单位的范围内生长，如细菌一般适宜在pH6.5~7.5生长，在pH5.0以下或pH8.5以上一般不能生长；酵母能在pH3.5~7.5生长，最适pH为4~5；霉菌生长的pH范围较宽，一般为pH3.0~8.5，最适pH为5~7。微生物生长和代谢都是酶反应的结果，但所起作用的酶种类不同，故代谢产物的合成也有其最适pH范围。如果发酵环境的pH不合适，则微生物的生长和代谢就会受到影响。pH对发酵的影响主要体现在如下几点：

（1）pH影响酶的活力 细胞内的 H^+ 或 OH^- 离子能够影响酶蛋白的电荷状况和解离度，改变酶的结构和功能，引起酶活力的改变。发酵液中的 H^+ 或 OH^- 离子首先作用在胞外的弱酸（或弱碱）上，使之形成容易透过细胞膜的分子状态的弱酸（或弱碱），它们进入细胞后，再解离产生 H⁺ 或 OH⁻ 离子，从而影响酶的结构和活力，因此，发酵液中的 H⁺ 或 OH⁻ 离子是通过间接作用来影响酶的活力的。在适宜的 pH 下，微生物细胞中的酶才能发挥最大的活力，否则，某些酶的活力将受到抑制，从而影响到微生物的生长繁殖和新陈代谢。

（2）pH 影响到细胞膜所带的电荷，改变细胞膜的通透性，从而影响微生物对营养物质的吸收和代谢产物的排出。许多生化反应都与细胞膜的通透性有密切关系，故 pH 对微生物的生理作用影响极大。

（3）pH 影响培养基某些组分和中间代谢产物的解离　培养基某些组分和中间代谢产物的解离与发酵环境的 pH 关系密切，pH 的变化可影响这些物质的解离，进而影响微生物对它们的吸收利用，对产物合成将产生显著的影响。

（4）pH 的变化往往引起菌体代谢途径的改变，使最终代谢产物的合成量发生改变。例如，谷氨酸生产菌在中性和微碱条件下积累谷氨酸，在酸性条件下形成谷氨酰胺。

二、发酵 pH 的测量与控制

1. 发酵 pH 的测量

pH 电极是一种产生电压信号的电化学元件，其内阻相当高，产生的电位只能由一种高输入阻抗的直流放大器来获取微量电流，以测量 pH。在线检测发酵 pH 需采用可灭菌的 pH 电极，如图 5 - 19 所示，pH 电极主要由电极球泡、玻璃支持管、电极帽、内部电极、参比电极、内部电解液、参比电解液、电极外壳、电极导线等组成。

电极球泡是由 pH 敏感玻璃（如锂玻璃等）熔融吹制而成，膜厚度为 0.2～0.5mm。玻璃支持管支持电极球泡的玻璃管体，由绝缘性优良的铅玻璃制成，其膨胀系数应与电极球泡一致。内部电极为银/氯化银电极，主要作用是引出电极电位。参比电极是银/氯化银电极，其作用是提供与保持一个固定的参比电势。内部电解液是中性磷酸盐和氯化钾的混合溶液，内部电极和参比电极建立零电位的 pH 主要取决于内部电解液的 pH 和氯离子浓度。参比电解液为 3.3mol/L 的氯化钾凝胶电解质。电极壳管是支持电极、盛放参比电解液的壳体。电极导线为低噪音金属屏蔽线，内芯与内部电极连接，屏蔽层与参比电极连接。电极帽是密封电极壳管及固

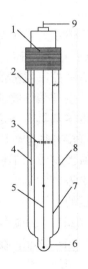

图 5 - 19　可灭菌 pH 电极的
结构示意图

1—电极帽　2—参比电解液
3—内部电解液　4—参比电极
5—内部电极　6—电极球泡
7—玻璃支持管　8—电极壳管
9—电极导线

定电极导线的端盖，带有外螺纹和 O 型密封圈，用于将电极安装在发酵罐中。

pH 电极的基础部分是极薄的电极球泡，它可与水发生反应，形成厚度为 50～500mm 的水合成凝胶层，存在于玻璃膜的两侧，凝胶层中的 H^+ 是流动的，外界溶液 pH 的变化会导致玻璃膜外表面的电位发生改变，而玻璃膜两侧 H^+ 活度的差会形成 pH 相关的电位。

在使用前，需在发酵罐外对 pH 电极进行校准，即先将 pH 电极与发酵过程中使用的 pH 计相连接，然后将电极浸没在一种或多种标准缓冲液中，按常规 pH 计校准步骤进行校准。一般采用两点校准方法，需采用两种标准缓冲液进行校准，先以 pH6.86 或 pH7.00 的标准缓冲液进行定位校准，然后根据发酵过程中 pH 控制范围，选用 pH4.00 或 pH9.18 的缓冲液进行斜率校正。校准以后，通常先将 pH 电极加上不锈钢保护套，然后插入发酵罐中，并拧紧密封。安装后，通过空罐灭菌或实罐灭菌来实现对 pH 电极的灭菌。

2. 发酵 pH 的控制

在发酵过程中，各种生物化学反应都在不断地改变发酵液的 pH，使 pH 不断地波动。当外界 pH 变化较大时，微生物的 pH 自身调节能力就显得十分微弱。为了达到获取发酵产物的目的，必须根据发酵过程中 pH 变化规律，人为地调节发酵液 pH，使微生物能在最适的 pH 范围内生长、繁殖和代谢。由于发酵是多酶复合反应体系，各种酶的最适 pH 是不同的，导致微生物生长和产物合成阶段的最适 pH 往往不一样，应根据不同发酵阶段的最适 pH 分别进行控制。

调节和控制发酵液 pH 的方法应根据具体情况加以选择。例如，首先考虑培养基各种生理酸性物质和生理碱性物质的适当配比，甚至可加入磷酸盐等缓冲溶液，使培养基具有一定的缓冲能力。但是，这种缓冲能力毕竟有限，通常在发酵过程中直接补加酸性溶液或碱性溶液来调节 pH，尤其是直接补加生理酸性物质或生理碱性物质，不但可以调节 pH，而且可以补充营养物质。例如，谷氨酸发酵生产中需要大量的氮源物质，通常采用补加尿素或液氨来达到调节 pH 和补充氮源的目的。

调节 pH 时，应尽量避免发酵液的 pH 波动过大造成对菌体的不良影响。补加法调节 pH 有间歇添加和连续流加两种方式。连续流加可使发酵液 pH 相对稳定；若采用间歇添加法调节 pH，应遵循少量多次添加的原则，即每次添加量较少，添加间隔时间较短，而添加次数较多，这样发酵液的 pH 波动范围较窄。为了避免发酵液局部过酸或过碱，通常借助机械或空气搅拌使补进的酸性溶液或碱性溶液尽快与发酵液混匀。

三、谷氨酸发酵的 pH 控制

1. 发酵前的准备

发酵前的准备与第二节中"谷氨酸发酵的溶氧控制"相同。

2. 发酵过程的 pH 控制

（1）控制手段　在生产实践中，谷氨酸发酵 pH 的控制通常采用流加液氨的方式进行控制，一方面可调节发酵 pH 于适宜范围，另一方面可补充发酵所需的氮源。如图 5 - 20 所示，一般情况下，液氨进入发酵罐的管道与通气管道连接，液氨与无菌空气混合后进入发酵罐。通过调节液氨管道上的阀门，可控制液氨流量，从而可控制发酵 pH。

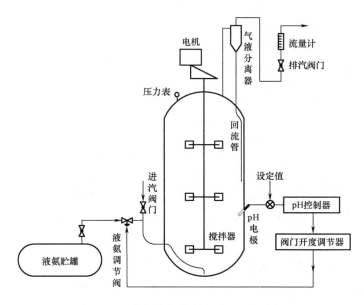

图 5 - 20　流加液氨控制发酵 pH 的示意图

（2）控制模式　对于液氨流加量的控制，发酵前期需考虑菌体生长的适宜 pH 范围及其对氮素的需求，而发酵中、后期需考虑谷氨酸合成的适宜 pH 范围及其对氮素的需求。整个发酵过程中 pH 应控制在稍微偏碱性的状态，一般为 pH7.0 ~ 7.6。

（3）根据各阶段 pH 要求进行控制　谷氨酸生长菌的适宜 pH 为 6.6 ~ 8.0，中性、稍微偏碱性的环境有利于菌体生长，因而较适宜生长的 pH 为 7.0 ~ 7.2。虽然菌体生长对氮素的需求量不大，但为了保证菌体生长的氮素供给，发酵的菌体生长阶段宜控制 pH 为 7.2 左右。

谷氨酸合成对氮素的需求量远大于菌体生长，当进入谷氨酸代谢积累阶段，宜控制发酵的 pH 高于菌体生长阶段，此阶段的 pH 一般为 7.2 ~ 7.6。在此阶段，随着时间推移，液氨流加量应逐渐增大，pH 呈逐渐升高趋势。

随着发酵进入后期，菌体活力逐渐衰减，对氮素的需求量逐渐减少，此阶段的液氨流加量应逐渐减小，pH 呈逐渐降低趋势。在实际生产中，后续的谷氨酸提取多采用等电点法，为了节省提取工序的用酸量，放料时的发酵液宜稍微偏酸性，因此，临近发酵结束时可控制 pH 为 7.0~6.6。

按上述进行发酵前的准备，整个发酵过程中 pH 控制的一个实例如图 5-21 所示，此图可为谷氨酸发酵的 pH 控制提供参考。但是，各个工厂的菌株特性、发酵工艺及发酵耗氨速率等具体情况不同，其pH 控制模式应有所不同，需根据实际情况摸索各自适宜的控制模式，并在具体生产过程中进行灵活控制。

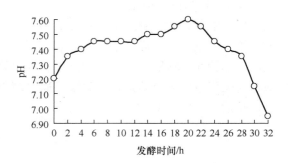

图 5-21 发酵 pH 控制实例的记录

第五节 泡沫的消除

在好氧发酵中，由于通气和搅拌，产生少量泡沫是难免的，但是泡沫过多将严重影响发酵的正常进行。因此，了解发酵过程中泡沫的形成、危害以及消除十分必要。

一、泡沫对发酵的影响

1. 泡沫形成的原因

在好氧发酵中，不断通入大量的无菌空气，同时进行剧烈的搅拌，且微生物细胞生长代谢和呼吸不断排出气体（如氨气、CO_2 等），以及发酵液中含有蛋白质、糖和脂肪等容易稳定泡沫的物质存在，将会产生一定量的泡沫。其中，发酵液的理化性质对泡沫的形成起决定性作用。当气体在纯水中鼓泡，生成的气泡只能维持瞬间，其稳定性等于零，而发酵液中的玉米浆、皂苷、糖蜜等所含的蛋白质以及菌体本身具有稳定泡沫的作用。多数起泡剂就是表面活性物质，它们具有一些亲水基团和疏水基团。分子带极性的一端向着水溶液，非极性一端向着空气，并力图在表面做定向排列，增加了泡沫的机械强度。起泡剂分子一般是长链形的，其烃链越长，链间的分子引力越大，膜的机械强度就越大。蛋白质分子中除了分子引力外，在羧基和氨基之间还有引力，故形成的液膜比较牢固，泡沫比较稳定。

泡沫形成有一定规律。泡沫量既与通风量、搅拌的剧烈程度有关，又与培养基所用原材料的性质有关。通常情况下，泡沫随着通气量和搅拌速度的增加而增加，搅拌引起泡沫的作用比通气明显。发酵培养基中的蛋白质原料，如蛋白胨、玉米浆、黄豆粉、酵母粉等是主要的发泡物质，其含量越多，越容易起泡。葡萄糖的发泡能力较低，培养基中糖类含量多时，发酵液的黏度增大，可使泡沫持久稳定；若葡萄糖液带来的糊精含量较高，也容易起泡。

培养基的灭菌操作和其他发酵条件也会影响到泡沫的产生。例如，培养基的组分在灭菌过程中发生变化，使发泡物质增多或减少，或使培养基黏度增大或减小，可直接影响到发酵过程中泡沫的形成。同时，发酵条件如温度、pH 对泡沫的形成以及稳定性也有一定的影响。

菌体本身具有稳定泡沫的作用，发酵液的菌体浓度越大，发酵液越容易起泡且泡沫持久稳定。如果发酵污染杂菌或噬菌体，或发酵控制不当，菌体自溶严重，泡沫将会特别多。

总之，在正常的发酵过程中，随着发酵进行到一定时间，菌体浓度增多，通气量增多，搅拌加速，代谢气体逸出量增多，代谢产物的积累以及补料使发酵液的黏度增大，泡沫也将增多。

2. 泡沫的危害

对于通气发酵过程来说，产生一定数量的泡沫是正常现象，但持久稳定的泡沫过多，将给发酵带来许多负面影响。过多泡沫产生，若消除不及时，将造成大量逃液，导致产物的损失和周围环境的污染。若泡沫从搅拌的轴封渗出，将增加发酵染菌的机会。泡沫增多使发酵罐的装填系数减少。持久稳定的泡沫影响通气搅拌的正常进行，使溶氧效果降低，同时代谢气体不容易排出，影响菌体的正常呼吸作用，程度严重时可导致菌体自溶，将会形成更多的泡沫。泡沫液位上升后，将使部分菌体粘附在发酵液面的罐壁上，不能及时回到发酵液中，使发酵液中菌体量减少，影响发酵的产率。为了消除泡沫，通常加入消泡剂，过多的消泡剂将给产物提取带来困难。

二、泡沫的消除

根据泡沫形成的原因与规律，可从生产菌种本身的特性、培养基的组成与配比、灭菌条件以及发酵条件等方面着手，预防泡沫的过多形成。当泡沫大量产生时，必须予以消除。发酵工业上消除泡沫的常用方法有机械消泡和化学消泡两种。

1. 机械消泡

机械消泡是一种物理作用消除泡沫的方法，借助机械的强烈振动或压力的变化促使泡沫破碎。机械消泡的形式有很多种，最简单的一种形式是在发酵罐内将泡沫消除，即是在搅拌轴的上部安装耙式消泡器，当耙式消泡器随着搅拌轴转动时，可将泡沫打碎。为了提高机械消泡的效率，工程技术人员致力于各种高效消泡装置的研制，使多种罐外机械消泡装置应用于生产，所谓罐外机械消泡，即是将泡沫引出发酵罐外，通过喷嘴的加速作用或利用离心力消除泡沫后，液体再返回罐内。这些罐外机械消泡装置有旋转叶片消泡装置、旋转圆板消泡装置、旋转筐消泡装置、喷雾器、旋风分离器、旋击分离器等。

机械消泡的优点是不需要往发酵液添加消泡物质，可节省消泡剂，减少添加消泡剂时可能带来的染菌机会，也可以减少培养液性质的变化，对提取工艺无任何副作用。但是，机械消泡并不能完全消除泡沫，尤其对黏度较大的流态型泡沫作用微弱，故通常将机械消泡作为化学消泡的辅助方法。

2. 化学消泡

化学消泡是使用化学消泡剂消除泡沫的方法。化学消泡剂通常是一种表面活性剂，其表面张力比发酵液的发泡物质低，当消泡剂接触气泡的膜面时，可降低气泡膜面局部的表面张力，由于力的平衡受到破坏，气泡便会破裂。当泡沫的表面存在着极性的表面活性物质而形成双电层时，加入带相反电荷的强极性消泡剂，可以与起泡剂争夺液膜上的空间，并可降低气泡膜面的机械强度，从而使泡沫破裂。当泡沫的液膜具有较大的表面黏度时，加入某些分子内聚力较弱的物质，可降低膜的表面黏度，促使液膜的液体流失而使泡沫破裂。发酵过程中泡沫形成的原因很多，故化学消泡的机理也具有多种，应根据泡沫的特性选用化学消泡剂进行消泡，良好的化学消泡剂同时具备降低液膜的机械强度和表面黏度两种性能。

根据发酵液的性质、发酵工艺的要求以及化学消泡机理，发酵工业使用的消泡剂具有以下特点：①消泡剂必须是表面活性剂，具有较低的表面张力，消泡作用迅速；②具有一定的亲水性，以使消泡剂对气 – 液界面的扩散系数足够大，从而迅速发挥消泡活性；③在水中的溶解度极小，能够保持持久的消泡或抑泡性能；④对人、畜以及生产菌株无毒性，不影响生产菌株的生长和代谢；⑤不影响产物的提取和产品的质量；⑥不干扰溶解氧、pH 等测量仪器的使用；⑦不影响氧在培养液的溶解和传递；⑧具有良好的热稳定性；⑨来源广泛，价格便宜。

消泡剂的消泡效果与消泡剂的种类、性质以及使用方式等有密切关系。为了能够迅速有效地消除泡沫，要求消泡剂具备极强的消泡能力和扩散能力。这些主要取决于消泡剂的种类和性质，但可以借助机械、载体或分散剂来增强消泡剂在发酵液中的扩散速度，如用聚氧丙烯甘油作消泡剂时，以豆油为载体的消泡增效作用相当明显；也可以多种消泡剂并用，以增强消泡能力，如用 0.5% ~3% 的硅酮、20% ~30% 的植物油、5% ~10% 的聚乙醇二油酸酯、1% ~4% 的多元脂肪酸与水组成的混合消泡剂，具有明显的增效作用。

化学消泡是发酵工业上应用最广的一种消泡方法，其优点是消泡作用迅速可靠，但消泡剂用量过多会增加生产成本，且有可能影响菌体的生长及代谢，对产物的提取、精制不利。因此，生产实践中通常联合采用高效的机械消泡装置与化学消泡剂进行消泡，尽可能减少化学消泡剂用量，以达到消除泡沫目的为度。

三、谷氨酸发酵的泡沫消除

1. 发酵前的准备

发酵前的准备与第二节中"谷氨酸发酵的溶氧控制"相同。

2. 发酵过程的泡沫消除

（1）控制手段　在谷氨酸生产实践中，通常采用机械消泡和化学消泡结合的方法进行消除泡沫。机械消泡装置主要包括罐内的耙式消泡器和罐外的气液分离器，罐内、外的机械消泡装置在发酵过程中同时发挥作用，起着直接击破泡沫的作用。化学消泡主要采用添加消泡剂的方式，起着降低表面的作用，达到抑泡和消泡的目的。泡沫消除系统如图 5 – 22 所示。

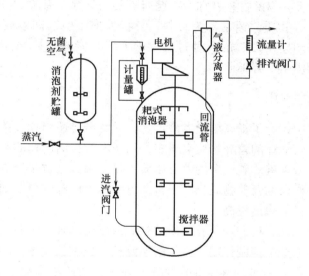

图 5 – 22　泡沫消除系统的示意图

（2）控制模式　在配制基础培养基时，可加入适量的消泡剂，一般添加量为 0.3g/L 左右，与培养基一起灭菌，在发酵前期起着一定的抑泡作用。在发酵过程中，是否需要添加消泡剂取决于形成的泡沫量，可从发酵罐顶部视镜进行观察，当涌起的泡沫高度到达视镜位置时，需添加适量消泡剂进行消除泡沫，每次添加量以能够消除泡沫为宜，尽量少加，采用少量多次添加的模式。

（3）根据泡沫产生情况进行控制　当启动搅拌、通入无菌空气，罐内的耙式消泡器和罐外的气液分离器就会启动消泡功能，不需另行控制，发酵过程中主要进行化学消泡的控制。

发酵工业常用的消泡剂主要有聚醚类、硅酮类、天然油脂类、高级醇类等，谷氨酸发酵的消泡剂通常选用聚醚类和硅酮类。天然油脂类含有生物素，对生物素缺陷型菌株产谷氨酸有一定影响，因而谷氨酸发酵一般不选择天然油脂类作为消泡剂。作为发酵过程中添加的消泡剂，通常与水按 $1:(2\sim3)$ 比例混合，经灭菌后，贮存于带搅拌的贮罐内，用无菌空气保压备用。使用消泡剂时，先对贮罐与发酵罐之间的管道进行灭菌，并开启贮罐搅拌，使消泡剂与水混合均匀，然后将消泡剂压入发酵罐顶部的一个小型计量罐内，小型计量罐起着掌握添加量的作用，再由小型计量罐将适量的消泡剂放进发酵罐进行消泡。如果在消泡剂贮罐与发酵罐之间的管道上安装电磁流量计，可以不需要计量罐；若进一步安装自控装置，便可实现自动添加。

第六节　补料的控制

在发酵工业上，发酵过程补加生产菌所需要的碳源、氮源、微量元素、无机盐以及诱导底物等物质，通常称为补料。分批发酵中引入间歇或连续的补料操作，是分批发酵到连续发酵的一种过渡发酵方式，能够弥补分批发酵存在的不足，现已广泛应用于发酵工业。

一、补料的作用

在分批发酵中，为了提高单罐发酵产量，通常需要适当提高菌体浓度，意味着在菌体生长阶段消耗的营养物质会增多，用于合成代谢产物的剩余营养物质量是否足够显得十分关键。若剩余的营养物质不足，菌体会过早衰老、自溶，发酵产量会降低；若剩余的营养物质仍较丰富，可推迟生产菌的自溶期，并延长了产物合成期，使产量大幅度提高。

但是，根据米氏方程，当营养基质的初始浓度增加到一定程度时，可能发生某一种基质对菌体产生抑制作用，使延滞期延长，比生长速率减小，导致菌体浓度和发酵产量下降。例如，当谷氨酸发酵的葡萄糖初始浓度超过 $200g/L$ 时，菌体生长受抑制严重，对发酵的不良影响较为显著。因此，为了获得较高的单罐发酵产量，应控制基础培养基的基质浓度于适当水平，可以避免限制性底物的抑制作用，然后通过补料方式来提高发酵罐中基质的投入量，从而提高产量。

另外，基础培养基的基质浓度过高，发酵早期培养基的黏度就会较大，泡沫也会过早、过多地形成，不利于氧的传递以致溶解氧下降，给发酵带来不利。采用发酵过程中补料方法可以较好地解决这个矛盾，达到提高单罐发酵产量的目的。

二、补料的控制

一般情况下，当限制性底物在发酵过程中处于贫乏时，需及时补加。补料控制是否恰当，关键在于掌握适当的补料时间、补料速率和补料配比。

1. 补料时间的控制

在生产实践中，生产菌的形态、发酵液中残糖浓度、溶氧浓度、尾气中的氧和 CO_2 含量、摄氧率、呼吸商等的变化都可以作为补料时间的判断依据。对于部分生长耦联型的氨基酸发酵，发酵过程主要补加所需的碳源、氮源，通常在微生物细胞进入产物合成期以后才开始补料，补料的起始时间通常掌握在残留底物处于较低浓度水平的时候。若在微生物的生长阶段补料，容易引起微生物的过度生长，尤其是营养缺陷型菌株，致使菌体生长期延长，发酵转化不易控制，对产物合成不利。

2. 补料速率的控制

补料速率可通过控制料液流量来控制。为了避免底物浓度波动造成不良影响，补料时应注意控制料液流量，使残留底物浓度相对稳定。若补料速率控制不当，残留底物浓度波动较大，或残留底物浓度一直维持过高，对微生物生长及代谢均有影响。尤其是发酵后期，如果残留底物浓度控制较高，发酵结束时的残留底物浓度容易失控，对发酵收率和产物提取都不利。正常情况时，底物消耗速率具有一定规律，可通过大量实践摸索这一规律，根据底物消耗规律、该批发酵中已发生的底物消耗速率以及残留底物浓度，可以估算即将发生的底物消耗速率，从而确定补料速率。

3. 补料配比的控制

微生物的生长、代谢总是要求培养基的营养成分有一个合理的配比。通过补料，可以改变产物合成期的培养基营养成分配比，使之适宜产物合成。控制补料配比包括两方面：一方面是所补料液的配比，另一方面是所补料液的流量。一般情况下，根据发酵的辅助设备以及工艺状况，尽可能要求所补料液的浓度较高，以便在有限的发酵容积内能够补加更多底物，从而提高单罐产量。例如，许多谷氨酸发酵工厂采用高浓度（一般为 $450 \sim 600g/L$）的葡萄糖液进行补加。补加多种料液时，每一种料液的浓度以及流量都要严格控制，才能使培养基营养成分配比合理。

三、谷氨酸发酵的补料控制

1. 发酵前的准备

发酵前的准备与第二节中"谷氨酸发酵的溶氧控制"相同。

2. 发酵过程的补料控制

（1）控制手段　补料前，先将糖液贮罐与发酵罐之间的相关管道进行灭菌，然后通过无菌空气将贮罐中的糖液压入发酵罐，根据管道上的流量计显示值调节阀门开度，以控制糖液流量。结束补加操作时，关闭糖液贮罐的底阀，用蒸汽将管道中残留糖液压入发酵罐，最后关闭发酵罐的补料阀门。补料系统如图 5 - 23 所示。

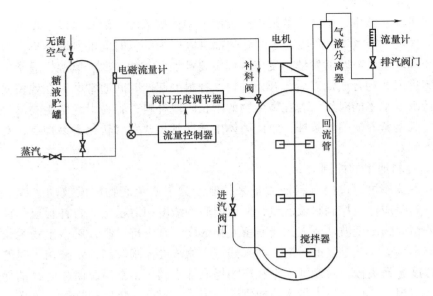

图 5 – 23　补料系统的示意图

（2）控制模式　补料的起始时间、应维持的残糖浓度、补料的结束时间与最后的补加量是补料过程必须考虑的因素，它们与发酵具体表现、补料方式及补料系统配置有关。一般情况下，补料的起始时间尽可能选择残糖浓度处于较低水平，且补料过程的残糖浓度应尽可能维持在较低水平。但是，如果耗糖速率偏大，而补料速度偏慢，可将补料的起始时间适当提前，补料过程的残糖浓度可维持在较高水平。补料的结束时间与最后的补加量需根据残糖浓度、耗糖速率及发酵结束时间而定，补料结束时，要保证有足够糖分维持至发酵结束，又要使发酵结束时的残糖浓度尽可能低，避免造成浪费。

（3）根据耗糖速率进行控制　在谷氨酸发酵中，由于补加氮素物质是在 pH 控制过程中完成的，而补加碳素物质的操作就成为补料控制的主要任务。补料的起始时间一般掌握在残糖浓度为 20～30g/L，补料过程中的残糖浓度一般维持在 10～20g/L，注意掌握好补料的结束时间与最后的补加量，使发酵结束时的残糖浓度在 4g/L 以下。

计算发酵过程中的耗糖速率，有助于了解微生物耗糖情况以及掌握耗糖规律，以便指导补加糖液的操作。耗糖速率可计算如下：

$$耗糖速率 = \frac{上次补加糖液体积 \times 糖液浓度}{累计发酵体积} + 上次取样的残糖浓度 - 本次取样的残糖浓度$$

按上述进行发酵前的准备，整个发酵过程的残糖浓度、耗糖速率及补糖情况的记录见表 5 – 1。

表 5 - 1　　　　　　残糖浓度、耗糖速率及补糖情况的记录（实例）

发酵时间/h	残糖浓度/(g/L)	累计补糖体积/m³	累计发酵体积/m³	耗糖速率/[g/(L·h)]	备注
0	160.0	0	120.0		补加糖液的浓度为
2		0	120.0		480g/L
4		0	120.0		
6		0	120.0		
8	82.0	0	120.0		
10	54.4	0	120.0		
11	40.9	0	120.0	13.5	
12	29.0	0	120.0	11.9	
13	19.3	0	120.0	9.7	
14	19.6	2.5	122.5	9.5	
15	16.0	4.0	124.0	9.4	
16	12.4	5.5	125.5	9.3	
17	11.4	7.5	127.5	8.5	
18	10.6	9.5	129.5	8.2	
19	10.2	11.5	131.5	7.7	
20	10.0	13.5	133.5	7.4	
21	9.8	15.5	135.5	7.3	
22	10.0	17.5	137.5	6.8	
23	10.2	19.5	139.5	6.7	
24	10.4	21.5	141.5	6.6	
25	10.8	23.5	143.5	6.3	
26	10.2	25.0	145.0	5.6	
27	9.8	26.5	146.5	5.3	
28	9.6	28.0	148.0	5.1	
29	9.4	29.5	149.5	5.0	
30	9.2	30.5	150.5	3.4	
31	6.0	30.5	150.5	3.2	
32	3.0	30.5	150.5	3.0	

　　在根据耗糖速率进行补料控制方面，此表数据可提供参考。如表 5 - 1 所示，发酵 15h 的残糖浓度是 16.0g/L，15 ~ 16h 补加了 1.5m³ 的糖液，16h 的残糖浓度

是 12.4g/L，16h 的累计发酵体积时 125.5m³，那么发酵 15～16h 的耗糖速率是：

$$\frac{1.5 \times 480}{125.5} + 16.0 - 12.4 = 9.3 \ [\,g/\ (L \cdot h)\,]$$

根据实践中总结的耗糖规律，发酵 16～17h 的耗糖速率一般在 8.0～9.0g/（L·h），为了维持发酵 17h 的残糖浓度在 10～12g/L，通过耗糖速率计算式进行初步估算，发酵 16～17h 的糖液补加量应控制为 2m³ 左右。

补料的操作方式有间歇补料和连续补料两种形式。如果采用间歇补料方式，每次补加适量糖液后，残糖浓度都会升高，间隔一定时间后，由于菌体不断耗糖，残糖浓度再次下降到适宜水平，于是又要进行补加糖液，如此类推，直至发酵结束。如果采用连续补料方式，整个过程中糖液以适当流量连续进入发酵罐，需根据发酵具体表现及时调节流量，以维持残糖浓度在适宜范围内，并需掌握好补料的结束时间以及结束时的残糖浓度。

第七节　衡量发酵水平的主要指标

一、氨基酸发酵的主要指标

衡量氨基酸发酵水平高低的标准是单位容积发酵罐在单位时间内的氨基酸产量及其生产成本，这一标准受许多因素影响，包括菌种及其扩培、淀粉制备葡萄糖、培养基灭菌操作、发酵罐灭菌操作、发酵控制操作、发酵设备以及辅助设施等。其中，发酵工序的工艺指标主要有：产酸水平、转化率、发酵周期以及放罐体积等，这些指标直接影响到氨基酸产量以及部分生产成本，需对它们进行综合评价。

1. 产酸水平

产酸水平是指单位体积发酵液所产的氨基酸量，通常用 g/L 或 g/100mL 来表示。在放罐体积相等的情况下，产酸水平越高，其单罐产量越大。提高单罐产量高，有利于降低发酵生产中电、蒸汽、水及劳资等方面的单耗。单罐产量可计算如下：

单罐的氨基酸产量 = 产酸水平 × 放罐体积

2. 放罐体积

放罐体积是指发酵结束以后移交给提取工序的发酵液体积，通常以 m³ 或 L 来表示。在产酸水平相等的情况下，放罐体积越大，单罐产量越大。放罐体积可用下式来计算：

放罐体积 = 基质体积 + 灭菌蒸汽冷凝水体积 + 种子液体积 + 补加物料的体积 − 排气带走水分的体积

3. 发酵转化率

发酵转化率是指氨基酸产量与葡萄糖投入总量的百分比值。转化率越高，意味着氨基酸生产所消耗的葡萄糖量越小，有利于降低淀粉原料的消耗。转化率计算式如下：

$$糖酸转化率 = \frac{氨基酸产量}{葡萄糖的投入总量} \times 100\%$$

$$= \frac{产酸水平 \times 放罐体积}{种子用糖量 + 发酵培养基用糖量 + 补加糖量} \times 100\%$$

以工业淀粉为氨基酸发酵材料时，由发酵转化率和糖化率可以计算出氨基酸生产中的淀粉单耗，即：

$$氨基酸生产的工业淀粉单耗 = \frac{工业淀粉的含量}{发酵转化率 \times 糖化率}$$

4. 发酵周期

发酵周期是指发酵开始至结束整个过程的时间。发酵周期是一个发酵操作周期的主要部分，直接影响到发酵罐的周转率，从而影响到发酵产量。一个发酵周期可用下式来表示：

一个操作周期 = 培养基灭菌、降温的时间 + 发酵罐灭菌的时间 + 接种的时间 + 发酵周期 + 放料时间 + 其他辅助时间（如洗罐、拆检阀门等时间）

由发酵周期可计算出一个操作周期，从而可计算出 1 个发酵罐在一个月或一年内生产的罐数，例如：

$$1 个发酵罐在 30 天内的发酵批数 = \frac{24 \times 30}{一个操作周期}$$

二、放料操作与谷氨酸发酵指标的计算

1. 放料操作

发酵结束时，关闭液氨补加阀、糖液补加阀、消泡剂添加阀、进空气阀、排气阀以及冷却水管路上的阀门等，停止搅拌，开启发酵罐顶部的空气加压阀，使发酵罐的压力上升至 0.15MPa 左右，然后打开发酵罐底部的放料阀，通过无菌空气将成熟发酵液压到提取工序的贮罐，即可完成放料操作。

2. 发酵转化率的计算

根据发酵液体积、谷氨酸产酸水平、投入的葡萄糖总量等，计算发酵转化率。下面以上述发酵实例进行计算发酵转化率，提供参考。

发酵周期为 32h，发酵液体积为 150.5m³，发酵液中谷氨酸浓度为 139.5g/L，谷氨酸产量可计算为：

$$139.5 \times 150.5 = 20995 kg$$

由于补加了浓度为 480g/L 的糖液 30.5m³，二级种子罐的投糖量为 600kg，发酵基础培养基的投糖量为 19800kg，总投糖量可计算为：

$$480 \times 30.5 + 600 + 19800 = 35040 kg$$

因此，发酵转化率可计算为：

$$\frac{20995}{35040} \times 100\% = 59.92\%$$

第八节　赖氨酸发酵的控制

目前，我国主要采用淀粉质原料作为 L－赖氨酸发酵生产原料，其发酵控制原理以及操作与谷氨酸发酵相似，下面简单介绍赖氨酸发酵的控制。

一、赖氨酸发酵工艺流程与培养基组成

1. 工艺流程

赖氨酸发酵工艺流程如 5－24 所示。

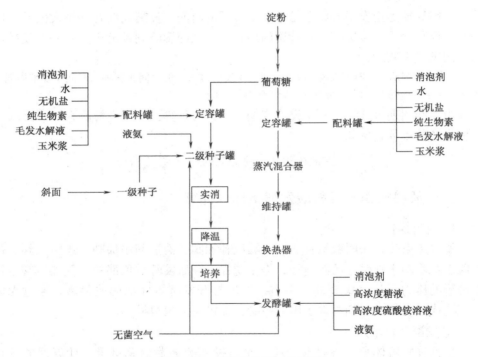

图 5－24　赖氨酸发酵工艺流程

2. 培养基的组成

二级种子培养基的组成：葡萄糖 220kg，（NH_4）$_2$$SO_4$ 96kg，K_2HPO_4 7.2kg，$MgSO_4 \cdot 7H_2O$ 2.4kg，玉米浆 72kg，毛发水解液 192kg，纯生物素 192mg，定容4500L，pH7.0，采用实罐灭菌，121℃保温 10min，培养过程用液氨调节 pH 并提供氮源。

发酵基础培养基的组成：葡萄糖 2200kg，（NH_4）$_2$$SO_4$ 840kg，K_2HPO_4 36kg，$MgSO_4 \cdot 7H_2O$ 12kg，玉米浆 360kg，毛发水解液 240kg，纯生物素 1g，定容18m^3，pH7.0，连续灭菌温度 121～122℃。在发酵过程中，采用流加液氨方式调

节 pH 并提供氮源，采用流加硫酸铵溶液（浓度为 500g/L 左右）方式补充氮源，采用流加葡萄糖溶液（浓度为 500g/L 左右）方式补充碳源。

培养基配制的补充说明如下。

（1）由于赖氨酸生产菌生长较缓慢，初糖浓度不宜过高，一般掌握在 80 ~ 100g/L。为了提高单位发酵容积的产量，采用高浓度的葡萄糖液流加补充碳源，流加糖液浓度一般为 500 ~ 600g/L。

（2）赖氨酸发酵的氮素消耗量比谷氨酸发酵多，由于液氨价格较贵，为了节省成本，故部分氮素采用硫酸铵。通常，采用基础培养基添加硫酸铵和发酵过程流加硫酸铵两种方法结合的方式。当硫酸铵初始浓度大于 40g/L 时，对菌体生长造成抑制，因此，种子培养基的硫酸铵初始浓度一般为 20g/L 左右，而发酵培养基的硫酸铵初始浓度一般不超过 40g/L。为了不占用过多的发酵容积，补料用的硫酸铵溶液浓度尽可能较高，一般为 500g/L 左右。

（3）现使用的菌种多数是多种缺陷型菌株，如生物素缺陷型、Hse$^-$ 结合的菌株，生物素缺陷型、Thr$^-$、Met$^-$ 结合的菌株，因此，必须根据菌株缺陷型的情况，而在培养基中添加相应的生长因子。类似上述缺陷型，一般添加纯生物素、玉米浆、毛发水解液等来提高生长因子，各种生长因子来源物质必须掌握好用量和搭配比例。一般根据来源物质的生长因子含量以及大量的实验数据确定用量和比例。

二、赖氨酸发酵过程的控制

1. 温度的控制

在发酵前期，主要是菌体生长繁殖期，幼龄菌对温度比较敏感。若提高温度，会使菌体生长代谢加快，产酸期提前，菌体易衰老，赖氨酸产量低。因此，前期控制温度 31 ~ 32℃，中后期控制温度 32 ~ 34℃，一般不超过 34℃。

2. pH 的控制

赖氨酸发酵的适宜 pH 为 6.5 ~ 7.0，在整个发酵过程中控制 pH 平稳为好。目前生产上一般采用连续流加液氨的方法控制 pH，比较稳定。

3. 溶氧的控制

赖氨酸是天冬氨酸族氨基酸，其最大生成是在供氧充足、细胞呼吸充足的条件下，即 $r_{ab}/(Q_{o2} \cdot \rho) = 1$ 时。在供氧不足、细胞呼吸受抑制的条件下，赖氨酸产量降低。若 $r_{ab}/(Q_{o2} \cdot \rho) < 0.3$ 时，赖氨酸产量很少且积累乳酸。在生产上，其通气量控制的原理与谷氨酸发酵相同，一般根据净增 OD 值、耗糖速率、相对溶氧值等的变化进行控制。

4. 补料的控制

在赖氨酸发酵中，补料的内容有补加糖液和硫酸铵溶液。其流加糖液的控制方法与谷氨酸发酵相同。为了控制硫酸铵溶液的流加，在发酵过程中要定时检测

发酵液中的 $NH_4^+ - N$ 含量，并计算 $NH_4^+ - N$ 的消耗速率，根据大量实验数据总结出 $NH_4^+ - N$ 的消耗规律，从而计算硫酸铵溶液的流量并加以控制。

在发酵过程中，当 $NH_4^+ - N$ 的含量降低到 2.0g/L 左右时，开始流加高浓度的硫酸铵溶液，使 $NH_4^+ - N$ 维持在 1.0~1.5g/L，至发酵结束前 2~3h 停止流加，让硫酸铵被消耗至尽量低的浓度，发酵结束时的 $NH_4^+ - N$ 的含量一般在 0.06% 以下。

5. 泡沫的消除

赖氨酸发酵的泡沫消除方法与谷氨酸发酵基本相同，这里不再赘述。

实训项目

谷氨酸发酵的控制

1. 实训准备

设备：30L 自动控制发酵罐及相关配置设备（空气系统、蒸汽系统、补料瓶、蠕动泵及在线检测装置等），生化培养箱，振荡培养器，华勃氏微量呼吸仪，显微镜。

材料与试剂：培养基配制的各种材料，氨水，消泡剂，还原糖测定、谷氨酸测定的相关试剂，革兰染色试剂。

2. 实训步骤

（1）30L 发酵罐使用前，校准 pH 电极、溶氧电极，并将它们安装在发酵罐上。然后，对空气过滤器进行灭菌、吹干以及保压，对发酵罐进行清洗，备用。

（2）配制摇瓶种子培养基：葡萄糖 60g，尿素 9g，糖蜜 27g，玉米浆 45g，纯生物素 36μg，KH_2PO_4 3g，$MgSO_4 \cdot 7H_2O$ 1.2kg，消泡剂 2g，配料定容 2L，分装至 10 个 1000mL 三角瓶，121℃灭菌 20min，冷却后备用。

（3）在无菌室内，将谷氨酸生产菌的斜面菌种接入摇瓶培养基，每瓶接 1 环，置于 32℃、200r/min 的条件下振荡培养 9h。

（4）配制发酵培养基：葡萄糖 2850g，糖蜜 18g，玉米浆 60g，纯生物素 22μg，85% 的磷酸 18kg，KCl 30g，$MgSO_4 \cdot 7H_2O$ 20kg，消泡剂 10kg，配料定容 15L。

（5）将配制好的发酵培养基放入发酵罐，采用实罐灭菌的方式对培养基进行灭菌，121℃保温 20min，然后冷却至 32℃，按无菌操作的要求，将 10 瓶摇瓶种子接入发酵罐内，通入无菌空气，启动搅拌，校正溶氧电极的 100% 点，开始发酵。

（6）在发酵过程中，按照本章所述的方法对 pH、温度、搅拌转速、通气比、泡沫、补料等进行控制。将氨水装在无菌的补料瓶中，利用蠕动泵流加氨水，以控制 pH 和补加氮源，pH 为 6.8 ~ 7.6（参照本章介绍的模式进行控制）；利用夹层通入冷却水控制温度，温度为 32 ~ 40℃（参照本章介绍的模式进行控制）；搅拌转速为 250 ~ 500r/min，通气比控制范围为 1：（0.2 ~ 0.6）m³/（m³·min），根据溶氧情况进行控制；将已灭菌的消泡剂装在补料瓶中，利用蠕动泵添加消泡剂，参照本章介绍的方法进行泡沫消除操作；将已灭菌的葡萄糖液（浓度 500g/L）装在补料瓶中，利用蠕动泵补加碳源，参照本章介绍的模式进行控制。

（7）发酵周期为 32 ~ 36h。0 ~ 12h，每小时取样测定 OD_{650}，对菌体进行革兰染色和进行显微镜观察，每隔 4 小时取样测定发酵液的还原糖含量；12h 至发酵结束，每隔 2 小时取样测定 OD_{650} 和发酵液的还原糖含量，对菌体进行革兰染色和进行显微镜观察，每隔 4 小时取样测定发酵液的谷氨酸含量。

（8）发酵结束后，将发酵液放出，准确量取发酵液体积，测定最终的谷氨酸含量，计算发酵转化率。

拓展知识

一、糖蜜原料谷氨酸发酵过程的控制

1. 糖蜜原料谷氨酸发酵的特点

与淀粉质原料工艺相比，糖蜜原料发酵生产谷氨酸具有以下特点。

（1）以糖蜜作为发酵的主要碳源，可省去淀粉糖化工序，简化设备。由于糖蜜价格便宜，如果提高发酵技术指标，可以大幅度降低生产成本。

（2）由于糖蜜含糖量高，一般为 50% ~ 60%（质量分数），便于实施高浓度糖液的流加工艺，有利于提高产酸。

（3）糖蜜生物素含量丰富，采用生物素缺陷型菌株发酵谷氨酸，在发酵过程中需适时、适量添加青霉素或吐温 60 等物质；糖蜜的各组分含量受来源、生产批次等影响较大，生产指标易波动，需密切跟踪原料各组分变化。因此，糖蜜原料生产谷氨酸的工艺控制要比淀粉质原料生产谷氨酸的工艺控制复杂一些。

（4）糖蜜含有较多胶体物质，黏度大，发酵过程泡沫较多，对氧气的传递、发酵罐的装填系数等有不利影响，需要对糖蜜进行脱除胶体物质的预处理。

（5）糖蜜含有较多钙质物质，对谷氨酸提取、谷氨酸生产味精等不利，发酵前要进行脱钙处理。

（6）糖蜜含有黑褐色素，影响成品色泽，在谷氨酸精制等工序需加强脱色操作。

2. 糖蜜原料谷氨酸发酵的工艺流程与培养基组成

用于发酵生产的糖蜜主要有甘蔗糖蜜和甜菜糖蜜，由于来源以及制糖工艺的差异，它们在组分上差异较大，故在发酵前的处理、发酵培养基的配制上有一定差别。例如，每克甜菜糖蜜的生物素含量是每克甘蔗糖蜜的30%～40%，甜菜糖蜜的发酵培养基中，通常要添加纯生物素，以便于实施添加吐温的发酵工艺。下面以甘蔗糖蜜原料谷氨酸发酵为例，简单介绍工艺流程与培养基组成。

（1）工艺流程　甘蔗糖蜜原料谷氨酸发酵的工艺流程如图5－25所示。

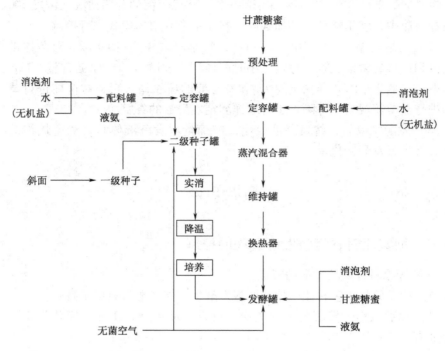

图5－25　甘蔗糖蜜原料谷氨酸发酵的工艺流程

（2）培养基的组成　二级种子培养基的组成：甘蔗糖蜜40g/L，KH_2PO_4 1.5g/L，$MgSO_4 \cdot 7H_2O$ 0.4g/L，消泡剂0.2g/L；采用实罐灭菌，121℃保温10min。培养过程用液氨调节pH并提供氮源。

发酵基础培养基的组成：甘蔗糖蜜100g/L，85%的H_3PO_4 0.8g/L，$MgSO_4 \cdot 7H_2O$ 0.5g/L，KCl 0.8g/L，消泡剂0.4g/L；连续灭菌温度121～122℃。发酵过程中采用流加液氨方式调节pH并提供氮源，采用流加甘蔗糖蜜的方式补充碳源。

培养基配制的补充说明如下。

①由于甘蔗糖蜜含有一些氨基酸（含量为0.3%～0.5%），有机氮素比较丰富，故种子培养基和发酵培养基不必另外添加玉米浆等有机氮源。

②由于甘蔗糖蜜含有一定量的K、P、Mg等无机盐，比淀粉糖的含量高，故在配制糖蜜培养基时应根据这些元素的实际含量进行酌量添加。有些工厂在种子培养基和发酵培养基上不再另外添加无机盐。

③为了降低发酵培养基的黏度和渗透压，甘蔗糖蜜原料的发酵培养基的初糖浓度不能太高，通常为 80 ~ 100g/L，以利于氧的传递、菌体生长以及谷氨酸向胞外渗出。

3. 发酵过程添加青霉素与添加表面活性剂的控制

在甘蔗糖蜜原料谷氨酸发酵中，其溶解氧、温度、pH、泡沫以及流加糖的控制原理与淀粉质原料的谷氨酸发酵工艺相同，这里就不再赘述。其发酵的难点在于添加青霉素、吐温 60 等物质的时间以及用量的控制，下面就甘蔗糖蜜原料谷氨酸发酵工艺重点阐述添加青霉素、吐温 60 等物质的原理以及操作要点。

（1）添加青霉素的目的 在发酵对数生长期早期，添加青霉素，能够抑制菌体繁殖，阻碍谷氨酸生产菌细胞壁的合成，使之形成不完全的细胞壁，从而降低其作为细胞保护壁的功能，其结果造成细胞质膜的二次损伤，进而导致形成不完全的细胞膜，清除了谷氨酸向膜外渗透的障碍物，使谷氨酸能够渗出细胞外，得以积累。青霉素的添加时间与添加量是影响产酸的关键。

（2）添加表面活性剂的目的 有效的表面活性剂主要是 $C_{16} \sim C_{18}$ 的饱和脂肪酸的亲水性衍生物（吐温 60，吐温 40 等），易溶于水，对生物素有拮抗作用。在发酵对数生长期早期，添加这类表面活性剂，可使生产菌株形成异常的细胞质膜结构，膜磷脂含量降低，谷氨酸的渗透性加强，有利于谷氨酸渗出细胞外。

（3）添加青霉素和添加表面活性剂的控制 青霉素和表面活性剂只能对处于生长状态的细胞有作用，而对静止细胞添加是无效的。因此，添加青霉素或表面活性剂应该选择在菌体生长的适当时期。由于使用青霉素的成本较低，生产上一般采用添加青霉素为主，添加表面活性剂为辅的添加方法。

生长细胞添加青霉素后，细胞壁合成不完全，细胞形态膨润伸长，与生物素欠缺培养基中的细胞形态一样；虽然细胞增殖受到抑制，但细胞的谷氨酸生物合成性能没有受到影响，发酵能够正常进行，可以积累大量的谷氨酸。若添加时间过早，谷氨酸生产菌的生长被严重抑制，发酵的菌体量不足，影响发酵的正常进行；若添加时间过迟，发酵的菌体量过多，溶氧有可能不能满足菌体生长、代谢的需求，在有限的发酵周期内生产菌不能完成由长菌型向产酸型的细胞转化，发酵同样异常，产酸和转化率低。

具体的添加时间视二级种子的菌体密度、发酵的接种量、发酵罐溶氧条件、发酵周期、流加糖液浓度等具体情况而定。当二级种子的菌体密度低、发酵的接种量小，而发酵罐溶氧条件很好，发酵周期较长，流加糖液浓度较高，添加的时间应适当推迟，以获取较大的发酵菌体量；当二级种子的菌体密度高、发酵的接种量大，而发酵罐溶氧条件较差，发酵周期不长，流加糖液浓度不高，添加的时间应适当提前，以避免菌体过度生长。

为了准确地确定添加的时间，一般要在发酵过程中测量菌体的光密度（OD值）和湿菌体量（CV值），以净增 OD 值和 CV 值来确定首次添加的时间。由于糖蜜培养基色素较深，通常将发酵液进行稀释后再测量 OD 值，所用的比色计型号不一样，发酵液稀释的倍数不一样，所测得 OD 值也不一样。例如，生产上使用 581－G 型比色计（650nm 波长，1cm 比色皿），稀释倍数一般采用 5 倍；若采用 Spectronic20 比色计（660nm 波长，1cm 比色皿），稀释倍数一般采用 50 倍。测量 CV 值时，一般准确吸取 10mL 发酵液，经 3000r/min 离心分离 20min 后，静置，读取离心管下层湿菌体所占的体积（mL）。

某厂以甘蔗糖蜜原料发酵谷氨酸，二级种子采用流加液氨方式培养 12h，发酵接种量为 10%，发酵周期为 32h，其发酵前期中 OD 值（采用 Spectronic20 比色计）、CV 值的变化以及添加青霉素、表面活性剂时间的一般规律见表 5－2。

表 5－2　某厂发酵前期 OD 值、CV 值变化以及添加青霉素、表面时间活性剂时间的一般规律

时间	0	3	3：30	3：40	3：50	4：00	4：10	4：20	4：30	5：00	6	7	8	9	10
OD	0.10	0.23	0.44	0.48	0.51	0.55	0.59	0.64	0.68	0.85	0.90	0.95	0.98	0.98	0.96
CV	0.25	0.50	0.66	0.75	0.82	0.90	0.98	1.07	1.15	1.25	1.35	1.47	1.53	1.53	1.45
						↑		↑							
添加						青霉素		表面活性剂							

根据长期实践的数据，可总结出发酵 OD 值、CV 值变化以及青霉素添加时间、表面活性剂添加时间的一般规律。通常在将要添加青霉素的半小时前，每隔 5min 测一次 OD 值、菌体量，以便及时掌握添加青霉素的准确时间。从表 5－2 中可看出，采用 Spectronic20 比色计测量 OD 值，一般掌握净增 OD 值在 0.45 左右、CV 值为 0.90 左右时首次添加青霉素。在生产实践中，有些工厂发现添加青霉素 30min 以后，再进行添加吐温 60 等表面活性剂，对提高产酸有利。

青霉素和表面活性剂的添加必须掌握适量，添加以后，菌体能够再度倍增，完成由长菌型细胞向伸长、膨润的产酸型细胞的转化，这是影响产酸、转化率高低的关键。若添加过大，剩余生长不足，可能对菌体的代谢产生影响；若添加量过低，剩余生长过多，菌体不能有效地完成细胞转型。

添加量大小与生物素浓度、添加时间相关。若生物素浓度高，其添加量大；或添加时间稍迟，可酌增添加量。一般，青霉素的添加量为 3～4U/mL发酵液，吐温 60 的添加量为 2g/L发酵液左右。在生产中，有时发现添加量不足，还要补加 1～2 次适量的青霉素或表面活性剂。

二、温度敏感突变株发酵谷氨酸的控制

谷氨酸温度敏感突变株的突变位置是在决定与谷氨酸分泌有密切关系的细胞膜结构基因上，发生碱基的转换或颠换，一个碱基被另一个碱基所置换，故该基因所编码的酶在高温下失活，导致细胞膜某些结构发生改变。当培养温度控制为

适宜生长温度时，菌体能够正常生长；当温度升高至一定水平时，菌体将停止生长而大量分泌谷氨酸。

在传统发酵工艺中，是通过控制生物素亚适量、添加青霉素或吐温 60 等手段来调节细胞膜的渗透性，以使胞内积累的谷氨酸渗透到胞外。但是，采用谷氨酸温度敏感突变株进行发酵，其发酵控制方式与传统生物素亚适量工艺的控制方式不同，它不需要控制培养基中生物素为亚适量水平，仅需通过转换温度方式就可以完成谷氨酸生产菌由生长型细胞向产酸型细胞的转变，避免了因原料影响而造成发酵不稳定的现象。

温度敏感突变株发酵谷氨酸过程的溶氧、pH、补料、泡沫消除等控制与前面所述比较相似，主要区别在于发酵过程的温度控制。例如，某批发酵中，发酵初始温度控制为 33℃；当净增 OD 值为 0.35～0.40 时，将发酵温度升至 37℃；当净增 OD 值为 0.80 时，将发酵温度升至 38℃。

同步练习

1. 在氨基酸发酵过程中，发酵的影响因素主要有哪些？分别阐述它们对发酵有什么影响。

2. 分别简述引起发酵过程中温度、pH 变化的原因。

3. 在氨基酸发酵过程中，氧传递的影响因素主要有哪些？分别阐述它们对氧传递有什么影响。

4. 氨基酸发酵过程通常需要控制哪些要素？以谷氨酸发酵过程控制为例，简述如何控制这些要素。

5. 评价氨基酸发酵水平的指标主要有哪些？怎样计算这些指标？

第六章　染菌的防治技术

大规模发酵工业生产大多为纯种培养，要求在没有杂菌污染的条件下进行。自从纯种培养以来，发酵产率有了很大提高。但是，发酵生产过程所涉及的操作较多，这些操作都不可避免地与外界接触，给发酵污染杂菌带来很大的可能性。染菌现象一旦发生，应尽快找出染菌的原因，并采取相应的有效措施，及时处理，使染菌造成的经济损失降到最低限度。

第一节　染菌的危害与原因分析

一、染菌造成的异常现象

所谓发酵染菌是指在发酵过程中，生产菌以外的其他微生物侵入发酵系统，从而导致发酵过程失去真正意义上的纯种培养。发酵过程的异常现象是指某些物理参数、化学参数或生物参数发生与原有规律不同的改变。这些改变必然影响发酵水平，使生产受到一定损失。发酵的异常现象有很多，包括条件控制不当和染菌所造成的异常现象，其中染菌造成的异常现象往往会在 pH 变化、温度变化、溶氧变化、排气中的 CO_2 含量变化、泡沫、发酵液颜色、气味以及菌体形态等方面表现出来。

当发酵大量感染杂菌时，由于菌体浓度增大，表现为 OD 值比正常情况高；培养基的营养消耗速度比正常速度快；发热量较大，表现为温度上升速度较快；细胞呼吸强度加大，排气中的 CO_2 含量增多。若杂菌是好氧性微生物，培养液中溶氧下降速度较快；若杂菌是产酸微生物，pH 表现为下降趋势。染菌有时还表现为发酵液泡沫增多、颜色改变、有异常气味等。通过显微镜观察，会发现杂菌存在。

当发酵感染噬菌体时，生长菌的生长趋于缓慢，培养基的营养消耗速度降低；耗氧速率减小，溶氧会逐渐上升；发热量减少，温度上升速率降低，降温用水量急剧减少。如果生产菌为产酸菌，pH 下降趋势微小，甚至出现 pH 不下降；细胞呼吸强度微弱，排气中的 CO_2 含量骤减。噬菌体感染严重时，生产菌停止生长繁殖，细胞迅速破裂，发酵液黏稠，泡沫增多，OD 值迅速大幅度下降。通过显微镜观察，会发现细胞碎片。

二、染菌的危害

染菌对发酵产率、提取收得率、产品质量以及废水治理等都有影响，轻者影响产品的收得率和质量，重者会导致倒罐，造成严重的经济损失。然而，染菌造成的危害程度，往往与染菌时间、污染杂菌的种类和性质、染菌程度等有密切关系。

1. 不同污染时间的危害

（1）种子培养期染菌 由于发酵周期比种子培养周期要长，种子培养期染菌而带进发酵罐，杂菌会大量繁殖，其危害很大。种子培养期一旦发现染菌，不管杂菌种类、污染程度如何，一律将种子培养基灭菌并弃去，以免造成更大的危害。这样处理种子培养期染菌的问题，虽然在一定程度上浪费了种子培养基以及操作消耗的能源，但与发酵期染菌相比较，损失较小。

（2）发酵前期染菌 发酵前期染菌后，杂菌会迅速繁殖，与生产菌争夺营养成分和溶氧，严重影响产物的生成。当发酵前期染菌时，应迅速对培养基重新灭菌，并补充必要的营养成分，重新接种进行发酵。由于发酵前期营养成分消耗不多，浪费不算太大，但由于培养基经重新灭菌处理，培养基营养成分受热破坏较大，色素形成较多，严重影响发酵得率、提取得率以及产品质量。

（3）发酵中期染菌 发酵中期的菌体量大，营养成分已大量消耗，并已形成一定量的产物。如果发酵中期染菌，营养物质会被迅速消耗，而代谢产物的积累迅速减少或停止，甚至已积累的代谢产物有可能被消耗。这时，挽救处理比较困难，即使采取重新灭菌处理，由于营养成分残留不多，重新灭菌后培养基的色素、黏度较大，继续发酵的得率不高，提取得率也很低。如果不进行灭菌处理，杂菌会继续繁殖，放罐后会污染提取系统，产品提取率以及产品质量同样受到严重影响。因此，发酵中期的染菌应尽量早发现、快处理，处理方法应根据发酵的特点和具体情况来决定。

（4）发酵后期染菌 发酵后期营养物质接近耗尽，产物积累较多。如果污染程度不严重，不会消耗已积累的代谢产物时，可继续进行发酵。如果污染程度严重，破坏性较大，可提前放罐。不过，发酵液放罐后，必须采取适当的方法灭菌，以免杂菌污染提取系统。

2. 不同微生物污染的危害

氨基酸发酵的 pH、温度以及营养条件等适宜许多微生物生长繁殖。在发酵前、中期，无论污染何种杂菌，都会对生产造成严重影响。由于多数氨基酸生产菌为细菌，如果发酵前、中期污染噬菌体，发酵就无法继续进行，重新灭菌处理后的培养基黏度大，提取十分困难。一般发酵后期不会感染噬菌体，但如果污染世代时间较短的微生物（如细菌等），特别是消耗代谢产物的杂菌，其危害还是较大。如果污染的是芽孢杆菌，虽然染菌原因已被查明，但在下一批发酵前，发酵罐必须进行彻底灭菌，以防罐内容易结垢的位置存在死角。

3. 不同污染程度的危害

染菌程度越大，意味着进入发酵罐的杂菌数量越多，对发酵生产的危害越大。污染程度的危害性必须结合染菌时间、杂菌种类、发酵周期等来综合分析。发酵前期，如果感染到噬菌体或繁殖速度相当快的杂菌，即使污染数量极少，但在较短时间内能够形成优势菌群，其危害相当大。发酵中、后期，如果受到少量繁殖缓慢的杂菌污染，通过计算杂菌的增殖时间，若在发酵周期内难以形成优势菌群，意味着其危害性较小。另外，若发酵周期较长，即使是极小的污染程度，也不容忽视。

三、杂菌和噬菌体的检查与判断

1. 杂菌的检查与判断

杂菌检查方法有肉汤培养法、平板培养法、斜面培养法和直接显微镜观察法。采用培养法检查杂菌一般需要 $8 \sim 16h$ 才能进行判断，为了缩短时间，有时可以向检查培养基中加入赤霉素、对氨基苯甲酸等生长激素以促进杂菌的生长。

在杂菌检查中，如果采用肉汤培养法，肉汤连续三次发生变色反应（由红色变为黄色）或产生浑浊，可判断为污染杂菌。有时肉汤培养反应不够明显，可结合显微镜检查法，如确认连续三次样品有杂菌，即可判断为污染杂菌。采用平板培养法或斜面培养法，连续三次发现有异常菌落的出现，即可判断为污染杂菌。

显微镜检查法是最为简单、省时、直接的方法，也是最常用的检查方法之一。用革兰染色法对样品进行涂片、染色，然后在显微镜下观察微生物的形态特征，根据生产菌与杂菌的特征进行区别，可判断是否染菌。如果发现有与生产菌形态特征不一样的其他微生物存在，就能判断为杂菌。在染菌初期，要从显微镜中发现杂菌是比较困难的，必要时还要进行芽孢染色或鞭毛染色，再行检查。若能从视野中发现杂菌时，说明染菌程度已很严重。

2. 噬菌体的检查与判断

噬菌体检查方法主要有双层平板法、单层平板法、平板交叉划线法和快速检测法。

双层平板法、单层平板法是将待检样品、无噬菌体的指示菌液与融化的固体培养基混合于培养皿中进行培养，而平板交叉划线法是将待检样品与无噬菌体的指示菌液在平板上交叉划线并进行培养，然后观察是否有噬菌斑。采用双层平板法、单层平板法或平板交叉划线法，如果在连续三次样品的检查中都有噬菌斑，即可判断为感染噬菌体。

快速检测法是用比色计、650nm 的滤光片对待检样品进行检测 OD，定为 OD_{650}；然后将待检样品于 3500r/min 离心 20min，取上清液用比色计、420nm 的滤光片检测 OD，测定值为 OD_{420}。如果 OD_{650} 约等于 OD_{420}，认为待检样品正常；如果 OD_{650} 远远小于 OD_{420}，则说明待检样品有可能污染噬菌体，再结合层平板法、单层平板法或平板交叉划线法中任何一种方法来检查，若有噬菌斑，即可判断为感染噬菌体。

四、染菌原因分析

造成整个发酵过程染菌的原因很多，发酵罐及其附属设备渗漏、空气过滤器失效、种子带菌、设备与培养基灭菌不彻底、技术管理不完善、环境条件差等方面均是造成染菌的普遍原因，例如，某味精厂谷氨酸发酵染菌的分析见表 6-1。在发酵染菌后，必须及时进行分析。只有迅速准确地找出染菌的原因，才能对症下药，从而纠正人为操作不当或消除设备隐患。否则，所采取的措施是盲目的，染菌有可能会连续出现，带来惨重的损失。由于发酵染菌的原因很多，在较短时间内查出染菌的原因不是轻而易举的事情，要求技术人员十分熟悉工艺、设备以及管路布置，掌握检查染菌的先进手段，具有长期与杂菌污染斗争的丰富经验。

表 6-1　　　　　　　　某味精厂谷氨酸发酵染菌的分析

染菌原因	染菌百分率/%	染菌原因	染菌百分率/%
空气过滤系统失效	32.05	补料、取样带菌	4.30
管理和操作不当	11.34	种子带菌	1.72
设备问题	15.46	环境污染及原因不明	35.13

为了缩短原因分析时间，根据生产实践的经验总结，可从以下几方面入手进行染菌原因分析。

（1）从染菌类型分析　若污染的杂菌是耐热芽孢杆菌，很有可能是由于培养基或设备灭菌不彻底、设备存在死角等引起。若污染的杂菌是球菌、无芽孢杆菌等不耐热杂菌，有可能是由于种子带菌、空气过滤系统失效、设备渗漏或操作问题等引起。若污染浅绿色菌落的杂菌，可能是冷却盘管渗漏而引起。若感染噬菌体，可能是种子带菌、培养基灭菌设备渗漏或培养基灭菌不彻底、空气过滤系统失效等原因所造成。

（2）从染菌时间分析　如果是发酵前期染菌，可能是培养基灭菌不彻底，或种子罐带菌，或接种管道灭菌不彻底所造成。如果发酵中、后期染菌，除了检查培养基灭菌是否彻底、种子罐是否带杂菌、接种管道灭菌是否彻底之外，应重点分析冷却盘管是否渗漏、空气过滤系统是否失效、补料系统是否带菌等。

（3）从染菌规模分析　从发酵染菌的规模来看，主要表现为：多数发酵罐染菌和个别发酵罐连续染菌。如果多数发酵罐染菌，杂菌主要来源于公共系统，应重点检查空气系统是否失效、连消系统是否渗漏，同时，也要注意种子罐、接种管道以及补料系统。如果个别发酵罐连续染菌，应重点检查单个发酵罐及其附属设备，例如，发酵罐的冷却盘管、阀门等设备是否渗漏，空气分过滤器是否失效，接种、连续灭菌系统以及补料的分管道是否渗漏等。

第二节　染菌的预防

防治发酵染菌，防重于治。因此，首要工作是必须采用合理的工艺与设备，严格规范操作，预防染菌。一般情况下，可从下列几方面采取措施。

1. 预防实验室种子不纯

因实验室种子不纯而发生染菌的几率虽然不高，但实验室种子毕竟是发酵成败的关键，故防止实验室种子污染极为重要。实验室种子不纯的原因主要有：保藏的斜面菌种不纯、培养基以及培养所涉及的设备灭菌不彻底、种子移接操作不当等。因此，防止实验室种子带菌要做到：

①对无菌室进行严格管理，确保无菌室的洁净度；

②采用适当方法保藏菌种，并对菌种定期进行分离纯化；

③培养基及有关培养设备灭菌必须彻底；

④种子移接过程严格执行无菌操作，确保种子不受污染；

⑤加强种子培养物的无杂菌检查，一旦发现种子培养物污染杂菌，绝对不能接入下一级培养基中。

2. 消除设备的隐患

发酵过程涉及的设备很多，所有要求灭菌的设备都是与培养基直接或间接接触的设备，在设计、安装、维护等方面均有严格的要求，必须做到无渗漏、无死角。

（1）灭菌设备　生产车间的种子培养基、发酵培养基以及所有补加料液的灭菌设备在设计、安装上必须合理，不存在灭菌死角，确保灭菌温度与灭菌时间能达到灭菌要求。应定期对这些设备进行维护，确保设备无渗漏。例如，生产实践中常有因培养基连续灭菌系统的冷却装置（如换热器、冷却管段）与实罐灭菌设备的冷却装置（如夹套、盘管）的渗漏而导致发酵染菌，应加强对这些设备装置的定期检查，经过水压检测无渗漏才能使用。

（2）空气过滤系统　空气除菌系统失效是发酵染菌的主要原因之一。要防止空气除菌系统带菌，就必须从空气系统的净化流程、空气过滤设备的设计、过滤介质的选用和填装、过滤介质的灭菌和管理等方面进行完善，使除菌效率达到要求。

第一，设计合理的空气预处理工艺，尽可能提高采风的空气洁净度，尽可能除去压缩空气中夹带的水和油汽，降低空气的相对湿度，保持过滤介质处于干燥状态工作。

第二，选择适当的过滤介质，如果采用棉花、普通玻璃纤维等作为过滤介质，须按要求填装，防止出现翻动现象而造成空气短路。如果采用折叠式滤芯，应注意灭菌温度，防止高温灭菌造成折叠微孔膜的支撑架变形、脱离等现象发生。

第三，过滤器需定期灭菌，过滤介质需定期更换。

第四，制备的纯净空气需定期进行无菌检查。

（3）培养设备 种子罐、发酵罐等培养设备须设计、安装合理，易于清洗和灭菌。罐内的部件及其支撑件位置，如扶梯、联轴器、挡板、冷却管及其支撑件、空气分布管及其支撑件、温度计套管焊接处等，容易积垢而形成灭菌死角，需定期清除这些部位的积垢。轴封、人孔、法兰等密封部位必须紧密，发酵罐的冷却装置（如夹套、列管、盘管）确保无渗漏，需定期对发酵罐体以及冷却装置进行水压检查，做到及时维护，以免发酵过程中出现渗漏引起染菌。

（4）管道与管件 所有与培养基接触的管路都有可能是染菌的途径。如果管路设计或安装不合理，存在管路灭菌的死角（图6-1），或法兰、阀门连接不紧密，或焊接不够光滑，管道内壁焊缝处积垢，或阀门不能紧密关闭等，导致灭菌不彻底，或阀门渗漏，造成染菌。因此，管路设计、安装时必须注意消除管路灭菌的死角。经验证明，与培养基接触的管道与管件的连接最好采用焊接、法兰连接，这些连接方式在防止染菌方面要比螺纹连接好。管道输送无菌物料前，必须对管道进行彻底灭菌，定期用蒸汽对管道进行压力检查，并定期拆检阀门，防止管道、阀门渗漏。

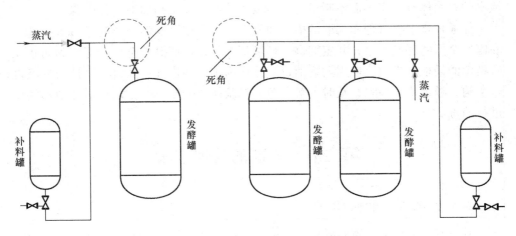

图6-1 管路上灭菌时蒸汽不能通达的死角示意图

3. 生产操作必须严格、规范

由于操作者技术掌握不好或无菌观念不强，在灭菌、移种、补料等操作过程容易造成染菌。培养基、设备、管路的灭菌必须按照灭菌要求的温度、时间进行控制，灭菌过程中打开排汽的阀门必须按要求打开通达蒸汽，灭菌结束后必须及时利用蒸汽、无菌空气或物料进行保压，以免外界空气进入发生污染。接种操作必须在无菌条件下进行，例如，实验室种子接入种子罐时，须在火焰保护下操作；同时，实验室种子接入种子罐或种子罐的种子接入发酵罐时，都要注意防止种子罐或发酵罐的罐压跌至零压。发酵过程中，罐压必须保持正压，所有补料操作须按照操作规程严格执行，谨防补料操作带入杂菌；注意及时控制泡沫，尽可能避免逃液发生；每次操作罐体上的阀门以后，必须紧密关闭。要做到操作规范，除了加强无菌概念和工作责任心的教育外，还要定期进行岗位技术培训，不断提高岗位操作技能。

4. 加强环境卫生管理

生产操作环境卫生状况差会直接或间接引起发酵染菌，尤其是对于一些设备密闭性较差的工厂，或者是一些不是在密闭设备中进行的操作，如实验室种子接入种子罐的操作，其影响程度会更加直接。

对于一些利用细菌或放线菌进行的发酵生产，受到噬菌体威胁较大，而空气是传播噬菌体的媒介，因此，在这类型发酵中环境因素显得十分重要。在自然环境中，溶源性菌株是广泛存在的，当溶源性细胞诱发成温和噬菌体，再经过变异就可能成为烈性噬菌体。造成噬菌体污染的三个条件：一有噬菌体；二有活菌体；三有使噬菌体与活菌体接触的机会和适宜条件。因此，自然界中有寄主细胞存在的地方，一般都存有它们的噬菌体，发酵车间、提取车间及其周围更有机会积累噬菌体。生产上，人们往往不加注意地把活菌体排放到环境中去，使生产环境中的噬菌体有了寄主而不断增殖，造成噬菌体密度增高而形成污染源。

加强环境卫生管理而采取的措施通常有：①严格控制活菌体随意排放；②彻底搞好全厂的环境卫生，并定期进行环境消毒，以彻底搞好全厂性卫生为防止发酵染菌的最根本措施，使用药物消毒只是作为辅助性措施；③每天坚持对环境进行杂菌、噬菌体的检测，及时了解杂菌、噬菌体的分布情况，以针对性地对环境进行消毒。

第三节　染菌的处理方法

一、处理方法的概述

根据多年来的生产实践经验，无论采用哪一种方法对染菌的发酵罐次进行挽救，最终都要彻底杀灭杂菌或噬菌体，以免染菌的扩散而造成更大的损失。尤其是对于污染噬菌体的发酵罐，首先要进行升温彻底杀灭噬菌体，然后再根据染菌原因分析、染菌时间、生产计划等决定具体的处理方法。

针对不同时期的染菌，对染菌的培养物进行灭菌处理后，将进一步采取不同措施，可分为三种：其一，弃去培养物；其二，放料至提取工序进行提取产物；其三，继续发酵。

一旦发现种子罐污染杂菌，绝对不能接入下一级种子罐或发酵罐，应对该种子罐进行实罐灭菌，灭菌后弃去培养物，然后再对种子罐及其附属设备进行仔细检查。

如果发酵中、后期严重污染杂菌，杂菌对目的产物分解很明显，应立即终止发酵，并对发酵罐进行实罐灭菌，杀死活菌体后，放料至提取工序。如果染菌程度较轻，培养基中营养成分的残留浓度不高，杂菌分解目的产物不是十分明显，可以停止补加营养物质，继续进行发酵，待残留营养物质被消耗完后，进行实罐灭菌，然后放料。放料前的升温灭菌是为了防止杂菌蔓延，污染所接触的管道、设备。当然，对于无法挽救而又没有提取价值的发酵液，只能加热后弃去。

若发酵前期污染杂菌或噬菌体，此时培养基中营养成分含量仍然很高，而目的代谢产物含量极低，应及时终止发酵，经处理后再继续发酵。若发酵中期污染杂菌或噬菌体，此时已积累了一定量目的代谢产物，但培养基中仍含有较高浓度的营养物质，也可选择灭菌处理后继续发酵的挽救措施。如果这两种情况都选择原罐灭菌和重新发酵的处理方式，必须确认染菌不是由发酵罐本身设备问题所引起的，否则在处理后的继续发酵中会再次染菌。

二、原罐灭菌与重新发酵的处理

如果确认染菌不是由发酵罐本身设备问题所引起，可采取原发酵罐灭菌处理的方式，灭菌后，可在原发酵罐进行继续发酵。具体步骤如下。

（1）停止发酵过程中的通气，保持搅拌，利用罐内换热装置进行蒸汽加热，使物料温度升至 $60 \sim 70$℃，杀灭活菌体。

（2）预热后，为了给后续发酵准备足够的空间，需从放料管排出适量的物料，物料的排出量需根据重新发酵的接种量、补料量而定。如果染菌时的营养成分消耗不多，重新发酵前的补料量就会较少，物料的排出量只需略大于补料量。

（3）根据各种营养物质的消耗情况，估算各种营养物质的补加量，使补料后的后续培养基中各种营养物质搭配适当，能够满足后续发酵的需要。例如，在谷氨酸发酵4h染菌的处理中，可补充适量葡萄糖液，使重新发酵的初糖浓度接近正常发酵水平，而无机盐、生物素的补加量应分别为正常用量的30%左右和50%左右。染菌时间越迟，所需补料量越大，例如，在谷氨酸发酵12h染菌的处理中，除了补加较大量的葡萄糖液，还需按正常用量的100%比例来补加无机盐和生物素。为了有足够的后续发酵空间，所补物料最好采用较高浓度。应根据发酵设备配制情况选择补料途径，可通过种子罐配备物料并进行补加，也可通过发酵罐的补料系统进行补加。

（4）补料完毕，以发酵培养基的实罐灭菌方式进行灭菌，升温至121℃保温10min即可，随后采用冷却水进行降温，当温度降至发酵适宜温度，可接入第二批种子液，然后重新开始发酵。

三、换罐灭菌与重新发酵的处理

对于灭菌处理后仍需继续发酵的染菌批次，如果染菌原因暂时不确定，或怀疑染菌原因与原发酵罐有关，需采用换罐灭菌的处理措施。换罐灭菌处理在操作上较繁琐，但可以避开原发酵罐引起染菌的隐患，使重新发酵的成功有较高的保障。具体步骤如下。

（1）先在原发酵罐中进行间接加热，升温至70℃左右，杀灭活菌体，然后通过放料管道以及相关的连通管道，用无菌空气将发酵液压入另一个已经灭菌的空罐，即可完成换罐操作。换罐后，需对原发酵罐进行彻底检查。

（2）为了给后续发酵准备足够的空间，换罐后，将适量的物料从放料管排出。

（3）需估算各种营养物质的补加量，然后将所需补加的物料加入罐内。

（4）以发酵培养基的实罐灭菌方式进行灭菌，将培养基加热至121℃，保温10min，随后冷却至发酵适宜温度，接入第二批种子液，然后重新开始发酵。

四、放料灭菌与重新发酵的处理

对于残留底物浓度很高、目的代谢产物极低的染菌批次，除了上述处理方法以外，可考虑采用放料灭菌处理的措施。这种方法在培养基配制操作上较为繁琐，但一般不会扰乱正常的上罐次序，处理后的成功率也很高。具体步骤如下。

（1）先在原发酵罐中进行间接加热，升温至70℃左右，杀灭活菌体，以防放料操作对环境及有关管道造成污染。

（2）通过专设管道，将加热后的发酵液分成三小批放入培养基配制罐中。放料后，需对原发酵罐进行彻底检查。

（3）估算加热后发酵液中各种营养物质的残留浓度，按照正常培养基配制方法，分别对三小批发酵液补加各种营养物质，以及进行定容，使它们成为三批新的发酵培养基。

（4）按照正常的连续灭菌方法，对新配制的三批培养基进行连续灭菌，分别进入三个发酵罐中，经冷却至适宜温度，分别接入种子液，然后重新开始发酵。

实训项目

培养环境的噬菌体检查

1. 实训准备

设备：生化培养箱，振荡培养器，灭菌锅。

材料与试剂：用于噬菌体检查的双层平板培养基、谷氨酸生产菌的摇瓶培养基等配制的相关材料及试剂。

2. 实训步骤

（1）按第四章的实训项目，培养谷氨酸生产菌的摇瓶种子，选择培养 8h、无噬菌体的种子液作为指示菌液。

（2）分别按上、下层培养基组成（参照有关微生物学教材）配制培养基，121℃灭菌 20min，备用。

（3）将下层培养基倒入三个已灭菌的培养皿（Φ90mm）内，冷却凝固后，将它们摆放在培养实训室三个具有代表性的位置上，暴露 30min，然后加盖，拿到无菌室内。

（4）在无菌室内，将指示菌液接入下层培养基，每个培养皿吸取 1mL，与温度较低、溶融状态的上层培养基混合均匀，倒在下层培养基上面，然后加盖，置于 32℃的培养箱内培养 24h。

（5）双层平板培养以后，观察平板是否出现噬菌体空斑，判断培养环境的噬菌体分布情况。

拓展知识

一、空气的洁净度

空气无菌程度可用空气洁净度来表示，空气洁净度是指洁净环境中空气含尘（微粒）量多少的程度。空气洁净度的具体高低是用空气洁净度级别来区分的，这种级别是用操作时间内空气的计数含尘量（即是单位容积空气中所含某种大小微粒的数量）来表示的，也就是从某一个低的含尘浓度起到不超过另一个高的含尘浓度为止，这一含尘浓度范围定为某一个空气洁净级别。空气洁净级别见表6-2。

表 6 - 2　　　　　　　　　　　　　　环境空气洁净度等级

洁净级别[a] /级	≥0.5μm 尘埃数 /（个/L空气）	≥5μm 尘埃数[b] /（个/L空气）	菌落数[c] /个
100000	≤3500	≤25	≤10
10000	≤350	≤2.5	≤3
1000	≤35	≤0.25	≤2
100	≤3.5	0	≤1

注：[a] 洁净室空气洁净度等级的检验，应以动态条件下测试的尘粒数为依据。[b] 对于空气洁净度为 100 级的洁净室内 ≥5μm 尘粒的计算应进行多次采样，当其多次出现时，方可认为该测试数值是可靠的。[c] 9cm 双碟露置 30min，37℃ 培养 24h。

二、环境空气中微生物的检测方法

1. 环境空气中沉降菌检测方法

将经严格灭菌的直径为 9cm 的营养琼脂平板放置在预定位置，打开平板盖，在空气中暴露 30min，然后盖好培养皿，置于 (32.5 ± 2.5)℃ 培养 48h，取出观察是否有菌落生长，并计算菌落数。检测时，应按要求在不同地点放置多个平板采样，计算培养后出现菌落的平均数，以此判断空气的洁净度。

2. 环境空气中浮游菌检测方法

浮游菌采样器宜采用撞击法机理的采样器，一般采用狭缝式采样器或离心式采样器，并配有流量计和计时器。采用狭缝式采样器时，由附加的真空抽气泵抽气，通过采样器缝隙式平板，将采集的空气喷射并撞击到缓慢旋转的平板培养基表面上，附着的活微生物粒子经培养后形成菌落，然后予以计数。采用离心式采样器时，由于内部风机高速旋转，气流由采样器前部吸入，从后部流出，在离心力作用下，空气中的活微生物粒子有足够时间撞击到专用的固形培养条上，经培养后形成菌落，予以计数。培养温度为 (32.5 ± 2.5)℃，培养时间不少于 48h。

同步练习

1. 简述氨基酸发酵的异常现象。
2. 简述染菌的危害。
3. 根据生产经验，一般从哪几方面分析染菌原因？
4. 一般从哪几方面预防染菌？简述这些预防措施。
5. 对已染菌的发酵进行处理，常用方法有哪些？简述这些处理方法。

第七章　提取与精制技术

知识目标

● 了解氨基酸发酵液特征、提取与精制的一般流程以及基本原则；

● 熟悉菌体分离、等电点法提取、离子交换树脂法提取、蒸发浓缩、结晶、干燥等过程的控制要素，熟悉谷氨酸制味精的工艺流程；

● 理解菌体分离、等电点法提取、离子交换树脂法提取、蒸发浓缩、结晶、干燥等工艺原理及影响因素。

能力目标

● 能够制定发酵液菌体分离、等电点法提取、离子交换树脂法提取、蒸发浓缩及结晶、干燥等工艺流程及技术参数；

● 能够进行发酵液菌体分离、等电点法提取、离子交换树脂法提取、蒸发浓缩及结晶、干燥等岗位操作；

● 能够分析与处理菌体分离、等电点法提取、离子交换树脂法提取、蒸发浓缩及结晶、干燥等过程中的常见问题。

第一节　提取与精制的基本原则

在氨基酸发酵生产中，提取与精制是从发酵液中分离出氨基酸产物，并进一步纯化产品的过程。此过程是最终获得商业产品的重要环节，所需投资在工厂建设中的比例与运行费用在生产成本中比例很大。因此，提取与精制技术对提高产品的得率和质量、降低生产成本具有重大意义。

一、氨基酸发酵液的基本特征

微生物发酵液的成分十分复杂，除了微生物菌体和培养基残存的固体颗粒外，还有培养基中未被微生物完全利用的各种营养成分以及微生物的各种代谢产物。对于氨基酸发酵液而言，具有以下特征。

（1）发酵液大部分是水，含量一般在80%以上。

（2）发酵液中的目的氨基酸含量一般为5%～20%。由于菌种、原料以及工艺条件不同，氨基酸产物在发酵液中的浓度有差异。

（3）发酵液中的悬浮固体物主要含有菌体和蛋白质胶状物。发酵工艺不同，发酵液中的菌体含量也不同，通常为5%～10%。由于菌体和蛋白质胶状物的存在，使发酵液黏度较大，影响氨基酸的提取与精制。例如，不利于提取过程中的过滤操作；采用离子交换法提取时，影响树脂的吸附能力；采用沉淀法提取时，影响产物的沉淀分离。

（4）发酵液含有培养基残留的各种成分，包括糖类、无机盐类、有机色素物质以及消泡剂等。这些物质在发酵液中的含量与培养基成分、工艺条件有关，且较难确定它们的确切组成。这些物质的存在，给氨基酸的提取与精制带来较大的影响，主要体现在产品的得率和纯度方面。

（5）发酵液中除了目的代谢产物外，常有其他少量的代谢产物。如其他氨基酸类、有机酸类以及核苷酸类物质，虽然副产物含量极少，有时由于其结构特性与发酵目的产物极为近似，给分离提纯操作带来一定的困难。

二、提取与精制的基本原则

氨基酸发酵产物的提取与精制包括目标产物的提取、浓缩、纯化及成品化等过程，一般工艺过程如图7-1所示。

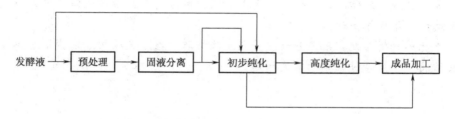

图7-1　氨基酸发酵产物提取与精制的一般工艺过程

提取也称初步分离，是利用氨基酸产物的特性，将氨基酸产物与发酵醪中其他物质进行初步分离的过程。提取可以除去与氨基酸产物性质差异较大的杂质，为后面的纯化操作创造有利条件。提取技术包括萃取、离心分离、固相析出、膜过滤、吸附等多项单元操作。

精制也称高度纯化，是去除粗提取物中与氨基酸产物的物理化学性质比较接近的杂质的过程。通常采用对产物有高度选择性的技术进行纯化，如色谱分离、结晶、层析等技术。通过精制，常能获得高纯度的目标产物。

选择提取与精制方法时主要考虑产品的类型、分子大小、溶解性、热敏性等因素。在选择和设计氨基酸产物的提取与精制工艺时，应依据以下基本原则。

（1）生产成本　由于分离过程的特性主要体现在发酵产物的特殊性、复杂性和产品要求的严格性，分离结果导致分离成本占整个生产成本的比例不一样。为了提高经济效益，产率和成本是首要考虑的因素。

（2）发酵液的组成和性质　发酵液中氨基酸产物的浓度、溶解性以及发酵液的理化性质等是影响工艺条件的重要因素。选择分离方法时，首先要考虑氨基酸产物的分配系数、相对分子质量、离子电荷性质及数量、挥发性等因素。例如，如果某些杂质在各种条件下带电荷性质与氨基酸产物相似，但相对分子质量、形状和大小与氨基酸产物差别较大，可以考虑用离心分离、膜过滤、凝胶和色谱等方法除去杂质，从而达到分离纯化的目的。

（3）提取与精制的步骤　提取与精制步骤的多少，不仅影响到产品的回收率，而且还会影响到投资和操作成本。氨基酸产物的提取与精制往往要经过多种步骤，组合提取与精制步骤时，需综合考虑回收率和生产成本，尽量采用最少步骤。

（4）各种分离与纯化方法的使用顺序　在对氨基酸产物进行分离与纯化时，要根据氨基酸产物的特点设计各个步骤的先后次序。例如，在谷氨酸生产中，如果先采用离子交换法从发酵液中吸附谷氨酸，后采用等电点法从洗脱液中提取谷氨酸，必然造成生产效率低、生产成本高的结果；如果先采用等电点法从发酵液提取谷氨酸，后采用离子交换法从等电点提取母液中吸附谷氨酸，则比较合理。

（5）产品的稳定性　由于各类产品稳定性不一样，通常需要在提取和精制过程中调节操作条件，以最大程度地减少由于热、pH 或氧化等因素所造成的产品损失。

（6）产品的技术规范　产品的规格是用成品中各类杂质的最低存量来表示的，它是确定纯化要求的程度以及选择分离纯化过程方案的主要依据。如果对产品的纯度要求不高时，只需采用简单的分离流程；对产品的纯度要求较高时，则需采用较复杂的分离流程。例如，产品是注射类药物，不仅要除去一般杂质，而且要除去热原。热原是存在于微生物细胞壁中的能够引起抗原反应的物质，是蛋白质、脂质、脂多糖等的总称，在纯化过程中必须将它们除去，以满足注射药品规格的要求，一般采用凝胶色谱方法，在纯化过程的最后一步进行。

（7）产品的形式　最终产品的外形特征是一个重要的指标，必须与其实际应用要求一致。对于固体产品，为了有足够的保质期，必须控制其水分含量；如果是结晶产品，则要求其具备特有晶体形状和大小；如果是液体产品，则要求在分离纯化的最后一步进行浓缩，还有可能需要过滤除菌等操作。

第二节　菌体分离技术

在氨基酸发酵生产中，有些工艺直接从含有菌体的发酵液中进行提取氨基酸，有些工艺在提取之前除去发酵液中的菌体，以减小菌体对氨基酸提取的影响，有利于提高产物的收率和纯度。目前，菌体分离的方法主要有离心分离和过滤两种方法。

一、离心分离法

离心分离法是利用惯性离心力和物质的沉降系数或浮力密度的不同而进行的

一项分离、浓缩或提炼操作。对那些固体颗粒很小或液体黏度很大的发酵醪，采用过滤方法进行分离比较困难，但采用离心分离可以得到满意的结果。离心分离可分为离心沉降和离心过滤两种形式。

1. 离心沉降

离心沉降是利用固－液两相的相对密度差，在离心机无孔转鼓或管子中对悬浮液进行分离的操作。离心沉降是科学研究与生产实践中广泛使用的非均相分离手段，适用于菌体、血球、病毒以及蛋白质等的分离。

离心沉降的基础是固体的沉降，当固体粒子在无限连续流体中沉降时，受到流体对它的浮力和黏滞力的作用，当这两种力达到平衡时，固体粒子将保持匀速运动，其速度遵循斯托克斯（Stokes）公式。由于发酵醪中存在的菌体或固形物体积较小，沉降速度很慢，为了提高沉降效率，可采用离心沉降法，主要依靠高速旋转所产生的离心作用，改善 Stokes 公式中的重力加速度 g，即用离心加速度 $\omega^2 r$ 替代重力加速度 g。离心沉降的分离效果可用离心分离因数（又称为离心力强度）F_r 来进行评价，如下式所示：

$$F_r = \frac{\omega^2 r}{g} \tag{7-1}$$

式中　ω——旋转角速度，rad/s

　　　　r——离心机的半径，m

分离因数越大，越有利于离心沉降。在实践中，常按分离因数 F_r 的大小对离心机分类，$F_r < 3000$ 的为常速离心机，$F_r = 3000 \sim 50000$ 的为高速离心机，$F_r \geqslant 50000$ 的为超高速离心机。

目前，离心沉降设备很多，主要包括实验室用的瓶式离心机和工业用的无孔转鼓离心机两大类。如图 7-2 所示，瓶式离心机可分为低速离心机、高速离心机和超速离心机。瓶式离心机的转子常为外摆式或角式，操作一般在室温下进行，也有配备冷却装置的冷冻离心机。无孔转鼓离心机又有管式、碟片式、卧螺式及多室式等几种型式，工业中常用于分离菌体、细胞碎片的是管式离心机和碟片式离心机。

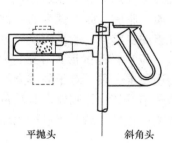

平抛头　　　　　斜角头

图 7-2　瓶式离心机

如图 7-3 所示，管式离心机的转鼓由顶盖、带空心轴的底盖和管状转筒组成，转鼓直径小，长径比一般为 4~8，分离因数为 15000~65000，适合于固体粒子粒径为 $0.01 \sim 100\mu m$、固液密度差大于 $0.01g/cm^3$、体积浓度小于 1% 的难分离悬浮液的分离。处理发酵液时，关闭重液出口，只保留中央轻液溢出口，发酵液从管底加入，与转筒同速旋转，上清液在顶部排出，菌体等粒子沉降到筒壁上形成沉渣和黏稠的浆状物，当运转一段时间后，出口液体中固体含量达到规定的最高水平，澄清度不符合要求时，需停机清除沉渣后才能重新使用，因此操作是间歇式的。

碟片式离心机又称为分离板式离心机，是发酵工业中应用最为广泛的一种离心机。如图7-4所示，它有一个密封的转鼓，内设有数十至上百个锥顶角为60°~120°的圆锥形碟片，以增大沉降面积和缩短分离时间。碟片间距离一般为0.5~2.5mm，当碟片间的悬浮液随着碟片高速旋转时，固体颗粒在离心力作用下沉降于碟片的内腹面，并连续向鼓壁沉降，澄清液则被迫反方向移动至转鼓中心的进液管周围，并连续被排出。

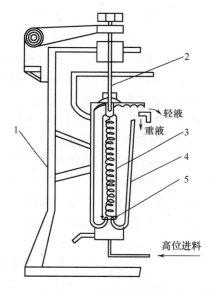

图7-3　管式离心机结构示意图
1—机架　2—分离盘　3—转筒　4—机壳　5—挡板

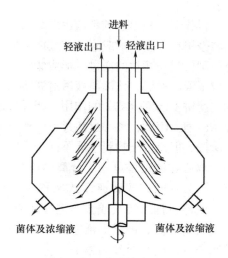

图7-4　碟片式离心机示意图

碟片式离心机的分离因数可达3000~20000，分离效果较好，适用于多种微生物细胞悬浮液及细胞碎片悬浮液的分离。它的生产能力较大，最大处理量达300m³/h，一般用于大规模的分离过程。根据卸渣方式的不同，可分为人工排渣的碟片式离心机、喷嘴排渣碟片式离心机和自动排渣碟片式离心机。人工排渣的碟片式离心机是一种间歇式离心机，运转一定时间后，分离液澄清度下降到不符合要求时，应停机排渣后再运行。喷嘴排渣碟片式离心机的转鼓壁上开设若干个喷嘴，运行过程中，喷嘴始终是开启的，连续排出的残渣中含水较多而成浆状。自动排渣碟片式离心机是利用底部活门的启闭排渣孔进行断续自动排渣，位于转鼓底部的环板状活门在液压的作用下可上下移动，当环板状活门向下移动时，开启排渣口开始排渣；当环板状活门向上移动时，排渣口关闭，停止排渣。

2. 离心过滤

所谓离心过滤，就是指利用离心转鼓高速旋转所产生的离心力代替压力差作

为过滤推动力的一种过滤分离方法。如图
7-5 所示，过滤离心机的转鼓为多孔圆筒，
圆筒内表面铺有过滤介质（滤布或硅藻土
等），以离心力为推动力完成过滤作业，兼
有离心与过滤的双重作用，过滤面积和离
心力随离心过滤机半径的增大而增大。一
般情况下，发酵醪的过滤速度受过滤面积、
介质阻力、滤饼阻力、发酵醪性质等因素
的影响，主要取决于发酵醪的性质，即黏
度和杂质含量。

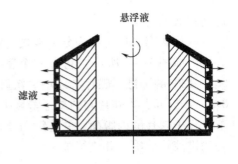

图 7-5 离心过滤工作原理图

操作时，被处理的料液由转鼓口连续进入装有过滤介质的圆筒内，然后被加速
到转鼓旋转速度，形成附着在鼓壁上的液环，粒子受到离心力的作用而沉积，过滤
介质则可阻止颗粒的通过，形成滤饼。由于悬浮液中固体粒子的沉积，在滤饼表面
生成了澄清液层，该澄清液透过滤饼层和过滤介质向外排出。在过滤后期，由于施
加在滤饼上的部分载荷的作用，相互接触的固体粒子经接触面传递粒子应力，滤饼
开始压缩。因此，离心过滤过程一般分为滤饼的形成、滤饼的压缩和滤饼的压干三
个阶段，但是由于物料性质不同，有时可能只经过一个或两个阶段。

离心过滤设备可用于分离固体密度大于或小于液体密度的悬浮液，按卸渣的
方式可分为间歇式和连续式两种。间歇式离心机通常在减速的情况下由刮刀卸
渣，或停机抽出转鼓或滤布进行卸渣。连续式离心机则用如下两种方式卸渣：一
种是活塞推渣，即借助活塞的往复运动带动推料盘而进行脉动卸渣；另一种是振
动卸渣，即网孔转鼓为锥形，物料由小端进入，转鼓的轴向振动和固体粒子的重
力产生指向大端方向的总推动力，该推动力克服了粒子与转鼓间的摩擦力，使粒
子从转鼓小端移向大端，达到卸渣的目的。分批立式离心过滤机和连续锥形离心
过滤机分别如图 7-6 和图 7-7 所示。

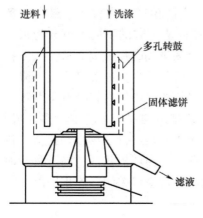

图 7-6 立式离心过滤机

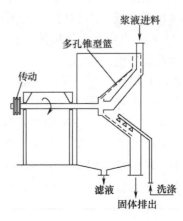

图 7-7 连续锥形过滤机

二、过滤法

1. 常规过滤法

传统意义上的过滤是指利用多孔性介质截留悬浮液中的固体粒子，进而使固、液分离的方式。菌体、细胞及其碎片等除了采用离心分离外，也可采用常规过滤法进行分离。如图7-8所示，过滤操作是以压力差为推动力，过滤操作中固形物被过滤介质所截留，并在介质表面形成滤饼，滤液透过滤饼的微孔和过滤介质。过滤的阻力主要是过滤介质和介质表面不断堆积的滤饼两个方面，其中滤饼的阻力占主导作用，因此，滤饼的特性对成功的过滤操作是非常重要的。

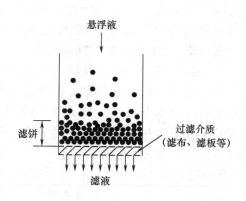

图7-8　过滤原理示意图

在工业生产中，分离操作中应用最广并有实际意义的过滤设备主要有加压过滤机（如板框过滤机和加压叶滤机）和真空过滤机（如旋转真空过滤机）。

如图7-9所示，板框过滤机由板、框和压紧装置及支架等部分组成，具有结构简单、造价较低、动力消耗少、适应不同特性料液能力强等优点，同时也具有设备笨重、占地面积大、非生产的辅助时间长（包括解框、卸饼、洗滤布、重新压紧板框）等缺点。目前，板框过滤机经过改进而发展成为自动板框过滤机，其板框的拆装、滤渣的卸除和滤布的清洗等操作都能自动进行，大大缩短了非生产的辅助时间，并减轻了劳动强度。

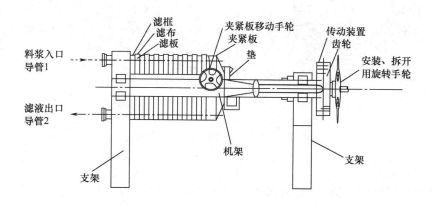

图7-9　板框过滤机外形

如图 7-10 所示，加压叶滤机由许多滤叶组装而成，每个滤叶以金属管为框架，内装多孔金属板，外罩过滤介质，内部具有空间，供滤液通过。加压叶滤机在密封条件下过滤，机体装卸简单，洗涤容易，但过滤介质更换较复杂。

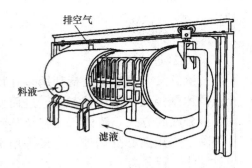

图 7-10　加压叶滤机

如图 7-11 所示，转鼓真空过滤机有一个绕水平轴转动的转鼓，鼓外是大气压而鼓内是部分真空。转鼓的下部浸没在悬浮液中，并以很低的转速转动。鼓内的真空可使液体通过滤布进入转鼓，滤液经中间的管路和分配阀流出，固体则粘附在滤布表面形成滤饼，当滤饼转出液面后，再经洗涤、脱水和卸料，从转鼓上脱落下来。转鼓真空过滤机的整个工作周期是在转鼓旋转一周内完成的，转鼓旋转一周，则过滤面可以分为过滤、洗涤、吸干和卸渣四个区。因为转鼓的不断旋转，每个滤室相继通过各区，即构成了连续操作的一个工作循环，分配阀控制着连续操作的各工序。转鼓真空过滤机能连续操作，并能实现自动控制，但是压差较小。对于菌体较细或黏稠的发酵液，则需在转鼓面上预设一层极薄的助滤剂。操作时，用一把缓慢向鼓面移动的刮刀将滤饼和助滤剂一起刮去，使过滤面积不断更新，以维持正常的过滤速度。

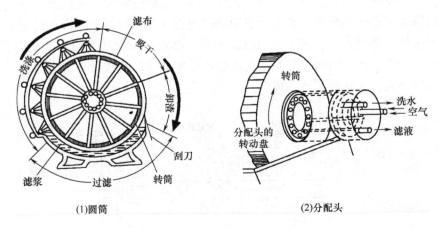

(1)圆筒　　　　　　　　　　(2)分配头

图 7-11　外滤面多室式转鼓真空过滤机

2. 膜过滤法

膜分离是利用具有一定选择性透过特性的过滤介质（膜）来进行物质分离的方法。膜分离过程实质是物质被膜透过或截留的过程，近似于筛分过程，依据滤膜孔径的大小而达到不同物理、化学性质和传递属性的物质分离的目的。从

20世纪60年代的海水淡化工程开始，已经商业应用的膜技术主要有微滤、超滤、反渗透、电渗析、渗析、气体膜分离和渗透汽化等。

透析（DS）是利用膜两侧的浓度差从溶液中分离出小分子物质的过程。透析膜的孔径一般为5～10nm，由于以浓度差为传质推动力，膜的透过通量很小，不适于大规模生物分离过程，而在实验室中应用较多。超滤（UF）膜的孔径为1～100nm，微滤（MF）膜的孔径为0.1～10nm，纳滤（NF）膜的孔径为1nm左右，反渗透（RO）膜的孔径为1nm以下。采用这些膜对悬浮液进行分离，主要是在膜的两侧造成一个压力差，以压力差作为分离的推动力。超滤膜只阻挡大分子，一般用于分离溶液中所含的微粒和大分子；反渗透膜两侧的压力差大于渗透压，使浓度较高的溶液进一步浓缩，一般应用于从溶液中分离出溶剂。而电渗析（ED）是利用溶液中离子的电荷性质和大小的差别进行分离的膜技术，即在电场中交替装配阴离子膜和阳离子膜，形成一个个隔室，使溶液中的离子有选择地分离或富集。

膜分离发酵液中的菌体、细胞及其碎片时通常采用错流过滤方式。错流过滤也称切向流过滤、交叉过滤和十字过滤，是一种维持恒压高速过滤的技术。由于错流过滤中料液流动的方向与过滤介质平行，因此能清除过滤介质表面的滞留物，使滤饼不易形成，能够保持较高的过滤速度。

当超滤或微滤膜运行到一定程度时，由于膜两侧浓差极化导致渗透压提高，水通量下降；且膜本身会产生结垢现象，导致膜的物理阻塞，从而降低膜的截留率。此时，需要对膜进行清洗再生，然后进行水通量测试，经测试合格后方能进行下一个生产周期。膜再生对于膜的正常运行非常重要，其清洗方法因膜系统而异，一般都采用化学清洗或逆冲等机械清洗方法。清洗剂种类很多，起溶解作用的物质有酸、碱、蛋白酶、螯合剂和表面活性剂，起氧化作用的物质有过氧化氢、次氯酸盐等，起渗透作用的物质有磷酸盐、聚磷酸盐等。应根据污染物的性质来选择清洗剂，例如，蛋白质沉淀可用相应的蛋白酶溶剂或磷酸盐为基础的碱性去垢剂清洗，无机盐沉淀可用EDTA之类螯合剂或酸、碱溶液来溶解。

三、谷氨酸发酵液超滤法分离菌体

1. 菌体超滤分离流程与系统

在谷氨酸生产中，可选用150～200kD的超滤膜对发酵液进行超滤分离菌体，其流程如图7-12所示，整个超滤系统如图7-13所示。

2. 谷氨酸发酵液的预热

谷氨酸发酵液放料后，通过薄板换热器，用蒸汽加热至60℃左右，使菌体受热凝集，有利于超滤操作。同时，可以避免活菌在超滤膜上滋长。

3. 一次超滤分离

预热后，将发酵液泵送至恒定罐，然后由恒定罐泵送发酵液去超滤处理，先

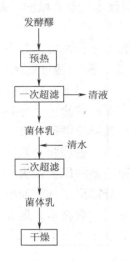

图 7 - 12　超滤分离菌体流程

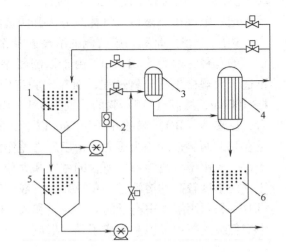

图 7 - 13　超滤系统

1—恒定罐　2—流量计　3—预过滤器
4—超滤膜组件　5—清洗液贮罐　6—清液贮罐

经预过滤器分离较大的固体颗粒，以保护超滤膜，再进入超滤膜组件，进行恒压超滤，一般控制压力为 0.25MPa。所得清液进入贮罐，菌体乳循环回到恒定罐。如果设定超滤浓缩倍数为 10，当恒定罐菌体乳达到浓缩倍数时，即可结束一次超滤操作。

4. 二次超滤分离

由于一次超滤分离所得的菌体浓缩液含有谷氨酸，为了避免谷氨酸的损失，需用水洗涤菌体浓缩液，并进行二次超滤分离。二次超滤系统的组成、操作同一次超滤系统。在恒定罐中，加入 2～5 倍清水，然后进行超滤分离，达到设定的浓缩倍数时结束操作。所得清液与一次超滤的清液合并，用于谷氨酸提取。所得菌体浓缩液含谷氨酸极少（低于 4g/L），可送至干燥工序。

5. 超滤膜的清洗

当超滤膜的过滤通量大幅度衰减，超滤膜组件中的压力升至 0.40MPa 左右时，应停止超滤操作，以免因压力过大损坏膜件。此时，需对膜组件进行清洗、再生，其一般程序为：物料回收→热水冲洗→碱液循环清洗→水洗→氧化液循环清洗→水洗→酸液循环清洗→水流量测试。进行水流量测试时，测试压力为 0.20MPa，当膜通量达 250L/（m² · h）时，即为再生完全，可投入使用。

第三节　沉淀法提取技术

通过加入某种试剂或改变溶液性质，使氨基酸产物以固体形式从溶液中沉降析出的分离方法称为沉淀法。沉淀法由于设备简单、操作方便、成本低、原材料易得，在产物浓度越高的溶液中越有利沉淀，其收得率越高，所以广泛应用于氨基酸发酵工业。但是，沉淀法所得沉淀物可能聚集有多种物质，或含有大量的盐类，或包裹着溶剂，所以产品纯度往往比较低。常用的沉淀法有等电点沉淀法、金属盐沉淀法、盐析法、有机溶剂沉淀法、非离子型多聚物沉淀法和聚电解质沉淀法等。下面主要介绍等电点沉淀法和金属盐沉淀法。

一、等电点沉淀法与金属盐沉淀法

1. 等电点沉淀法

等电点沉淀法是利用两性电解质在电中性时溶解度最低的原理进行分离纯化的过程。在低离子强度下，调节 pH 至等电点，可以使两性电解质所带的净电荷为零，能够大大降低其溶解度，分子间彼此吸引成大分子，容易沉淀下来。

大多数氨基酸是两性电解质，具有不同的等电点，通过等电点沉淀法可以将它们分离出来。例如，谷氨酸分子中含有 2 个酸性的羧基和 1 个碱性的氨基，是一个既有酸性基团，又有碱性基团的两性电解质。由于羧基离解力大于氨基，所以谷氨酸是一种酸性氨基酸。谷氨酸溶解于水后，呈离子状态存在，其解离方式取决于溶液的 pH，可以有阳离子（GA^+）、两性离子（$GA^\pm$）、阴离子（GA^-、$GA^=$）四种离子状态存在，电离平衡随溶液 pH 的变化而发生改变，如图 7 – 14 所示。

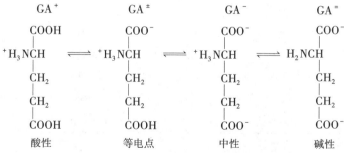

图 7 – 14　溶液 pH 与谷氨酸电离平衡的关系

不同 pH 时谷氨酸的电离情况与离子形式的比例由实验测得，三个极性基团的表观电离常数分别如下：

$$K_1 = \frac{[H^+][GA^\pm]}{[GA^+]} = 10^{-2.19}, \quad pK_1 = 2.19 \ (\alpha - COOH)$$

$$K_2 = \frac{[H^+][GA^-]}{[GA^\pm]} = 10^{-4.25}, \quad pK_2 = 4.25 \ (Y - COOH)$$

$$K_3 = \frac{[H^+][GA^=]}{[GA^-]} = 10^{-9.67}, \quad pK_3 = 9.57 \ (-NH_3^+)$$

谷氨酸的等电点是：$pI = \dfrac{pK_1 + pK_2}{2} = \dfrac{2.19 + 4.25}{2} = 3.22$

在一定的 pH 条件下，谷氨酸的四种离子形式按一定比例存在，根据谷氨酸的各级电离常数，可以推导求出各种 pH 下谷氨酸各种离子形式的比例，见表7-1。

表7-1　　　　　　　　　　不同 pH 时溶液中谷氨酸离子形成的比例　　　　　　　　单位:%

pH	GA$^+$	GA$^\pm$	GA$^-$	GA$^=$
1.00	93.93	6.061	0.2166×10^{-2}	—
2.00	60.63	39.15	0.2202	—
2.19	49.78	49.78	0.4336	—
3.00	12.78	82.56	4.643	—
3.22	7.861	84.24	7.861	0.2789×10^{-5}
4.00	0.9813	63.37	35.63	0.7617×10^{-4}
4.25	0.4336	49.78	49.78	0.1892×10^{-3}
5.00	0.233×10^{-1}	15.10	84.87	0.1814×10^{-2}
6.00	0.2706×10^{-2}	1.747	98.24	0.210×10^{-1}
6.96	0.3299×10^{-3}	0.1942	99.59	0.1942
7.00	—	0.1771	99.61	0.2129
8.00	—	0.0174	97.90	2.093
9.00	—	0.1465×10^{-2}	82.39	17.62
9.67	—	0.1901×10^{-3}	50.00	50.00
10.00	—	0.5667×10^{-4}	31.87	68.14
11.00	—	0.7945×10^{-6}	4.469	96.64
12.00	—	0.8279×10^{-8}	0.4656	99.54
13.00	—	—	0.4676×10^{-1}	99.95

在 pH3.22 时，谷氨酸四种离子离解形式占百分比为［GA$^+$］:［GA$^\pm$］:［GA$^-$］:［GA$^=$］=7.861%:84.24%:7.861%:(2.789×10^{-5})%，大部分谷氨酸以［GA$^\pm$］形式存在，［GA$^=$］几乎没有，［GA$^+$］与［GA$^-$］数量相等，此时谷氨酸的氨基和羧基的离解程度相等，总净电荷为零，以偶极离子形式存在。由于谷氨酸分子之间的相互碰撞，通过静电引力的作用，会结合成较大的聚合体而沉淀析出。在等电点时，谷氨酸溶解度最低，而且温度越低，溶解度越低，过量的溶质便会析出越多。工业生产上，常温等电点法提取谷氨酸的一次收率仅60%～70%，而低温等电点法提取谷氨酸的一次收率达80%～85%。如果等电点法和其他方法配合使用，例如，等电点法与离子交换法组合成提取工艺，其谷氨酸收率可达95%左右。

2. 金属离子沉淀法

利用氨基酸与某些重金属离子容易形成难溶的氨基酸金属盐的特性，在氨基酸发酵液中加入重金属盐，可使氨基酸金属盐沉淀析出，然后再用酸溶解，再调 pH 至氨基酸等电点，使氨基酸沉淀析出。例如，在谷氨酸发酵液中投入硫酸锌，谷氨酸与硫酸锌盐的锌离子作用，生成难溶于水的谷氨酸锌，再在酸性状况下，获取谷氨酸。

$$2\underset{\begin{array}{c}(CH_2)_2\\|\\COOH\end{array}}{\overset{\begin{array}{c}COOH\\|\end{array}}{HC-NH_2}} + Zn^{2+} \xrightarrow{pH6.3} \underset{\begin{array}{c}(CH_2)_2\\|\\COOH\end{array}}{\overset{\begin{array}{c}COO-Zn-OOC\\|\end{array}}{HC-NH_2}} \quad \underset{\begin{array}{c}(CH_2)_2\\|\\COOH\end{array}}{\overset{\begin{array}{c}\\|\end{array}}{HC-NH_2}}\downarrow + 2H^+$$

$$Zn\,(C_5H_8O_4N)_2 + 2HCl \xrightarrow{pH\,(2.4\pm0.2)} 2C_5H_9O_4N + ZnCl_2$$

二、谷氨酸等电点结晶的影响因素

1. 谷氨酸结晶的特征

谷氨酸分为 L 型、D 型、DL 型三种，在动、植物和微生物机体中天然存在的，都是 L 型谷氨酸，L 型谷氨酸是味精的前体。pH、温度和杂质对谷氨酸的溶解度均有影响。

前面已经介绍，pH3.22 时的谷氨酸溶解度最低，工业生产中的等电点法就是巧妙地利用这一特性。温度对谷氨酸溶解度的影响见表 7 - 2，温度越低，溶解度越小，这是低温等电点法提取谷氨酸的依据。发酵液中有残糖、其他氨基酸及菌体等杂质，这些杂质都会影响谷氨酸的溶解度。例如，发酵液有其他氨基酸存在时，会导致谷氨酸溶解度的增加，当发酵液在 23.5℃时，纯谷氨酸的溶解度为 0.818%，倘若有其他氨基酸存在时（含量以 0.097% 计），谷氨酸的溶解度增加为 1.412%，是纯谷氨酸溶解度的 172.6%，严重影响谷氨酸的收率。

表 7 - 2　　　　　　　　　　　　温度对谷氨酸溶解度的影响

温度/℃	0	5	10	15	20	25	30	35	40
溶解度/（g/100mL）	0.341	0.411	0.495	0.596	0.717	0.864	1.040	1.250	1.308
温度/℃	45	50	55	60	65	70	80	90	100
溶解度/（g/100mL）	1.816	2.186	2.632	3.169	3.816	4.594	6.66	9.66	14.00

谷氨酸结晶具有多晶型性质，在不同条件下会形成不同晶型的谷氨酸结晶。通常分为 α - 型结晶和 β - 型结晶两种。两种结晶型的比较见表 7 - 3。

表 7 - 3   谷氨酸两种结晶型比较

结晶型	α - 型谷氨酸	β - 型谷氨酸
晶体形态 （显微镜观察）	多面棱柱形的斜方六面晶体，颗粒状，分散，横断面为三或四边形，边长与厚度相近	针状或薄片状，凝聚结集，其长度和宽度比厚度大得多
晶体特点	晶体光泽，颗粒大，纯度高，相对密度大，沉降快，不易破碎	薄片状，性脆易碎，相对密度小，浮于液面和母液中，含水量大，纯度低
晶体分离	离心分离容易，不易破碎，抽滤时不阻塞，容易洗涤，纯度高	离心分离困难，易破碎，抽滤时易阻塞，洗涤困难，纯度低

2. 影响谷氨酸等电点结晶的主要因素

谷氨酸结晶有 α - 型结晶和 β - 型结晶两种，由于 β - 型谷氨酸结晶质量轻，常常称为轻质谷氨酸，不易沉降分离，导致提取率低。在操作中要控制结晶条件，避免 β - 型结晶析出。谷氨酸结晶的影响因素很多，发酵液的纯度和结晶操作条件是主要因素。

（1）谷氨酸含量对结晶晶型的影响　若发酵液中谷氨酸含量过低，低于 45g/L 时，不容易达到过饱和度，即使提取温度很低，所形成晶核数量也不会太多。见表 7 - 4，如果谷氨酸含量较高，在室温条件下容易形成 β - 型结晶，导致分离困难，影响谷氨酸收率，且谷氨酸含水量较大、纯度较低。

表 7 - 4   谷氨酸含量对结晶的影响

谷氨酸浓度/%	β - 型结晶含量/%	水分/%	纯度/%
8	20	13.8	96.5
10.2	58	25.5	95.2
15	100	37.7	90
20.3	100	43.2	85.3

（2）菌体对结晶晶型的影响　所采用的菌种和发酵工艺决定发酵液中菌体的数量和菌体的大小，而菌体的数量和菌体的大小直接影响谷氨酸结晶。当带菌体进行等电点提取谷氨酸时，如果菌体数量多，发酵液黏度大，不利于晶核吸收长大，易使结晶形成 β - 型结晶；若菌体较大且轻，易于与谷氨酸结晶分离，有利于提高收率；若菌体较小且重，与谷氨酸结晶较难分离。因此，有条件的工厂最好先除去菌体，再用等电点法提取谷氨酸。

（3）杂菌和噬菌体对结晶晶型的影响　如果谷氨酸发酵感染杂菌和噬菌体，尤其是因噬菌体溶菌作用使菌体内含物渗出，发酵液中胶体物质增多，泡沫多，残糖高，发酵液黏度大，这些高分子物质在一定 pH 下沉淀析出，形成无数絮状物把谷氨酸吸附住，影响晶体的正常生长，容易形成 β - 型结晶。

遇此情况，最好通过加热或添加絮凝剂，使菌体蛋白凝聚后除去，既可防止杂菌和噬菌体扩散，又可克服谷氨酸结晶的不利因素。

（4）残糖对结晶晶型的影响 发酵结束时，发酵液的残糖越低越有利于提取。如果残糖浓度过高，不仅会影响谷氨酸的溶解度，而且易产生 β - 型结晶，见表 7 - 5。

表 7 - 5 发酵液的残糖浓度对谷氨酸结晶的影响

葡萄糖含量/（g/L）	晶体
10	α - 型和 β - 型
20	β - 型
30	β - 型

（5）发酵液杂质对结晶晶型的影响 发酵液的杂质，如消泡剂或水解糖带来的糊精、焦糖、蛋白质、色素等杂质，如果过多，不仅对发酵不利，而且对提取带来影响。在等电点提取时，一定 pH 条件下，杂质析出无数晶核，包裹着谷氨酸分子，影响谷氨酸晶体生成和长大，易出现 β - 型结晶，导致分离困难，收率低。

（6）温度对结晶晶型的影响 结晶析出温度对晶型有很大的影响。温度越低，析出 α - 型结晶纯度越高。见表 7 - 6，采用等电点法提取时，当发酵液温度高于 30℃，β - 型结晶增加；当温度低于 30℃，β - 型结晶减少。温度在 20℃ 以下时主要是 α - 型结晶析出。

表 7 - 6 析出温度对晶型的影响

析出温度/℃	α - 型结晶与 β - 型结晶比例	水分/%	纯度/%
10	主要是 α - 型	13.80	95
20	主要是 α - 型	15.03	94..8
30	有少量 β - 型	18.32	93.5
40	α - 型和 β - 型各半	30.8	92.3
50	主要是 β - 型	38.0	90.8
60	全部是 β - 型	37.2	90.7

（7）降温速度对结晶晶型的影响 加酸时要控制温度缓慢下降，不能回升，这样形成的谷氨酸颗粒较大。如果降温速度过快，不仅晶核小而多，结晶微细，而且会引起 α - 型结晶向 β - 型结晶转化，导致收率下降。

（8）加酸速度对结晶晶型的影响 在加酸过程中，加酸速度快慢对晶体形成的大小影响很大。加酸速度要缓慢，使 pH 缓慢下降，谷氨酸的溶解度也逐渐降低，这样，所形成的晶核不会太多。控制一定数量的晶核后，停止加酸，进行育晶，使晶体成长壮大，析出的结晶为 α - 型结晶。如果加酸速度太快，采用一次性将发酵液调至终点 pH3.2，发酵液局部会出现过饱和，很快形成大量细小晶核，极易产生 β - 型结晶。

发酵液起晶时的 pH 与发酵液谷氨酸浓度有关。发酵液的谷氨酸浓度越高，在加酸降低 pH 过程中，发现晶核的时间就越早。按照目前国内发酵液的谷氨酸含量，发酵液加酸至 pH5.0 左右，还不会出现晶核，加酸速度可以快一些；在 pH5.0 以下，特别是 pH 接近育晶点，加酸速度要缓慢，发现晶核时，应立即停止加酸，育晶 2~3h，使晶核成长壮大，再继续缓慢加酸至 pH3.2，然后再搅拌育晶若干小时（视具体工艺而定）。

（9）投晶种与育晶对结晶晶型的影响　谷氨酸的起晶方法有两种：自然起晶和加晶种起晶。一般来说，采用加晶种起晶，晶核容易控制，不易出现 β - 型结晶，但必须要选择质量好的 α - 型晶体作为晶种。投晶种一定要掌握好投放时间，根据结晶理论，应在发酵液处于介稳区时投入晶种。生产上，习惯以溶液 pH 作为控制点，投晶种时溶液 pH 偏高容易使晶种溶解，达不到投晶种的作用；若控制溶液 pH 太低，已经有了较多谷氨酸晶核析出，再投入晶种会刺激更多细小晶核的形成。一般情况下，投晶种量为发酵液的 1~3g/L。

等电点法提取谷氨酸过程中，对起晶点的判断十分关键。一般通过手触、目视等方法，一旦发现晶核，可确定为起晶点，这时要停止加酸进行育晶。育晶时间一般控制为 2~3h，使所投入的谷氨酸晶核能够有足够时间成长壮大，形成较大的结晶颗粒。

（10）搅拌对结晶晶型的影响　搅拌有利于晶体长大，避免晶簇生成，但搅拌太快，液体翻动剧烈，会引起晶体的磨损，对晶体长大不利，造成结晶细小。搅拌太慢，液体翻动不大，晶体容易下沉，pH 和温度不均匀，引起局部 pH 过低，形成过多的微细晶核，造成结晶颗粒大小不均，不易与菌体分离，影响收率。一般搅拌转速为 25~35r/min。

三、发酵液等电点法分批提取谷氨酸

1. 工艺流程

直接采用等电点法对带菌体的发酵液进行分批提取谷氨酸，其工艺流程如图 7 - 15 所示。

2. 起晶前的调酸

当发酵液放入等电点罐以后，启动搅拌，在等电点罐的盘管或列管中通入冷水，将温度降至 28℃ 左右，然后加入硫酸调节 pH。为了缩短提取周期，根据目前发酵液中的谷氨酸含量情况，在 pH5.0 之前的加酸速度可以加快，可在 1~2 小时内完成。当 pH 逐渐降低至起晶点时，加酸速度应逐渐减慢。在 pH 降低的过程中，用冷水缓慢降温，一般控制起晶点时的温度为 23~25℃。

3. 起晶与育晶

如果发酵液的谷氨酸含量为 80~140g/L，在 23~25℃、pH4.4~4.8 时，发酵液中的谷氨酸浓度可达到过饱和状态，会有晶核析出。因此，当 pH 下降至

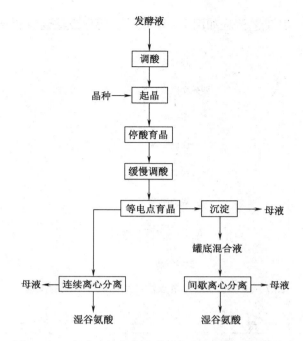

图 7 – 15　发酵液等电点法分批提取谷氨酸的工艺流程

5.0 之后，要注意取样仔细观测（可通过显微镜观察），一旦发现晶核出现，应立即停止加酸，并停止继续降温，投入质量良好的 α – 型晶种 0.1% ~ 0.3%，进行搅拌育晶 2h。

4. 继续调酸与等电点育晶

搅拌育晶 2h 后，继续缓慢加酸，并逐渐降低温度，一直将 pH 调节至 3.22，耗时 4 ~ 6h，此时温度可降低至 10 ~ 13℃。停止加酸后，继续用冷水缓慢降温，直至 4℃ 左右，继续搅拌育晶 8 ~ 12h。

5. 沉淀与分离

如果使用间歇卸料的离心机分离，由于劳动强度较大，通常在分离之前要停止搅拌，沉淀 4h，排出上清液，然后将等电点罐底部的固液混合液泵入离心机进行分离，可得湿谷氨酸产品。如果使用连续卸料的离心机，在离心机生产能力足够的情况下，通常不需经过沉淀，可直接将料液泵送至离心机进行连续分离。

在工厂供冷量充足的条件下，采用等电点分批提取谷氨酸的工艺，其分离母液一般含谷氨酸为 10 ~ 20g/L，一次收率一般可达 75% ~ 85%（与发酵液中谷氨酸含量有关）。

四、超滤液等电点法连续提取谷氨酸

1. 工艺流程与连续提取系统

发酵液经超滤膜除菌、蒸发浓缩后，采用等电点法对不带菌体的浓缩液进行连续提取谷氨酸，其工艺流程如图 7-16 所示。等电点法连续提取谷氨酸的系统如图 7-17 所示。

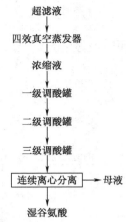

图 7-16　超滤液等电点法连续提取谷氨酸的流程

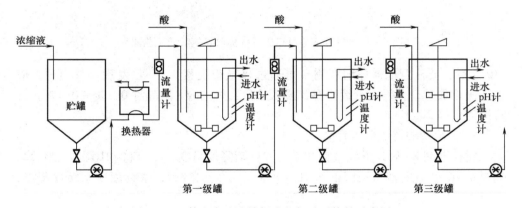

图 7-17　等电点法连续提取谷氨酸系统的示意图

2. 蒸发浓缩

将两次超滤所得清液合并在一起，采用四效（或三效）降膜式真空蒸发器进行蒸发浓缩。通常将清液浓缩至谷氨酸浓度为 300g/L 左右。蒸发器出来的浓缩液降温至 40℃ 左右，存放在贮罐内。使用时，经过换热器与离心分离母液交换热量，温度降低至 28~30℃，然后才进入第一级加酸罐。

3. 第一级加酸罐的控制

在进行连续等电点之前，首先将超滤液放入第一级加酸罐中，按照分批等电点工艺的操作步骤（如加酸、降温、投晶种、育晶等）进行起晶。然后，继续缓慢加酸，逐渐降低温度，使 pH 降低至 4.0 左右，温度降低至 20℃ 左右，便开始以一定流量将浓缩液泵送至第一级加酸罐，同时，以同样的流量从底部将第一级加酸罐中的固液混合物泵送至第二级加酸罐。流加过程中，要连续加酸、不断搅拌和不断降温，使操作条件恒定为 pH4.0 和温度 20℃。

为了保证第一级加酸罐中的晶核数量足够与相对稳定，必须注意控制浓缩液流量。流加浓缩液的开始，应以较低流量进行流加，每隔若干小时，可适当提高流量，24 小时以后流量提高至最高值。流量的最高值与浓缩液的含量、第一级加酸罐的操作条件（如 pH、温度等）、谷氨酸结晶速率以及第一级加酸罐体积有关。如果浓缩液中谷氨酸浓度为 300g/L 左右，当操作条件控制为 pH4.0 左右和温度 20℃ 左右时，一般以 4~6h 加满第一级加酸罐的流量进行控制浓缩液的流量，即浓缩液的流量计算公式为：

$$q = \frac{V}{4 \sim 6h} \tag{7-2}$$

式中　q——浓缩液流量，m^3/h

　　　V——第一级加酸罐体积，m^3

4. 第二级加酸罐的控制

第一级加酸罐中的固液混合物料进入第二级加酸罐后，当体积达到一半时，即可加酸调节 pH，使 pH 逐渐降低至 3.6 左右；同时，开始用冷水降温，使温度逐渐降低至 14℃ 左右。此后，需连续加酸、不断搅拌与不断降温，使操作条件恒定为 pH3.6 和温度 14℃。当第二级加酸罐被加满时，从底部将固液混合物料泵送至第三级加酸罐，其流量与第二级加酸罐的进料流量相等。

5. 第三级加酸罐的控制

第二级加酸罐中的固液混合物料进入第三级加酸罐后，当体积达到一半时，即可加酸调节 pH，使 pH 逐渐降低至 3.2；同时，开始用冷水降温，使温度逐渐降低至 8℃ 左右。此后，需连续加酸、不断搅拌与不断降温，使操作条件恒定为 pH3.2 和温度 8℃。当第三级加酸罐被加满时，将第二级加酸罐的固液混合物料泵送至另一个第三级加酸罐，而被加满的第三级加酸罐继续降温至 4~6℃，并不断搅拌，在等电点育晶 4~8h。等电点育晶时间长短视加满第三级加酸罐的耗时长短而定，若第三级加酸罐体积较大，加满过程中耗时较长，等电点育晶时间可以短一些。

在连续等电点工艺中，一条生产线通常需要 1 个第一级加酸罐、1 个第二级加酸罐和若干个第三级加酸罐。第三级加酸罐数量足够，才能保证 pH 到达等电点后的育晶时间，从而保证提取收率。

6. 离心分离

将第三级加酸罐中完成等电点育晶的料液泵送至连续卸料离心机中，进行连续分离，分离母液中谷氨酸浓度一般为 10~15g/L，由于采用了浓缩工艺，母液体积一般是发酵液体积的 30%~40%，因此，一次谷氨酸提取收率可达 85%~90%。

第四节　离子交换法提取技术

离子交换法是依靠离子交换剂的离子置换作用来完成分离操作的一种分离方

法。离子交换剂是一类能与其他物质发生离子交换的物质，分为无机离子交换剂（如沸石）和有机离子交换剂。有机离子交换剂是一种合成材料，又称离子交换树脂。采用离子交换法分离各种生物活性代谢物质具有成本低、工艺操作方便、提炼效率较高、设备结构简单，以及节约大量的有机溶剂等优点，已广泛应用于氨基酸发酵工业。

一、离子交换树脂的结构与分类

1. 离子交换树脂的结构

离子交换树脂是一种不溶于酸、碱和有机溶剂的固态高分子材料，它的化学稳定性良好，且有离子交换能力。离子交换树脂可以分成两部分：一部分是不能移动的、多价的高分子基团，构成树脂的骨架，使树脂具有化学稳定的性质；另一部分是可移动的离子，称为活性离子，它在树脂的骨架中进进出出，发生离子交换现象。

例如，聚苯乙烯磺化型阳树脂是由磺化苯乙烯和二乙烯苯聚合而成，如图 7－18 所示。苯乙烯形成网的直链，其上带有可离解的磺酸基，二乙烯苯把直链交联起来形成网状，既得到不易破碎的疏松的网状结构，又获得了许多可离解基团的特性。

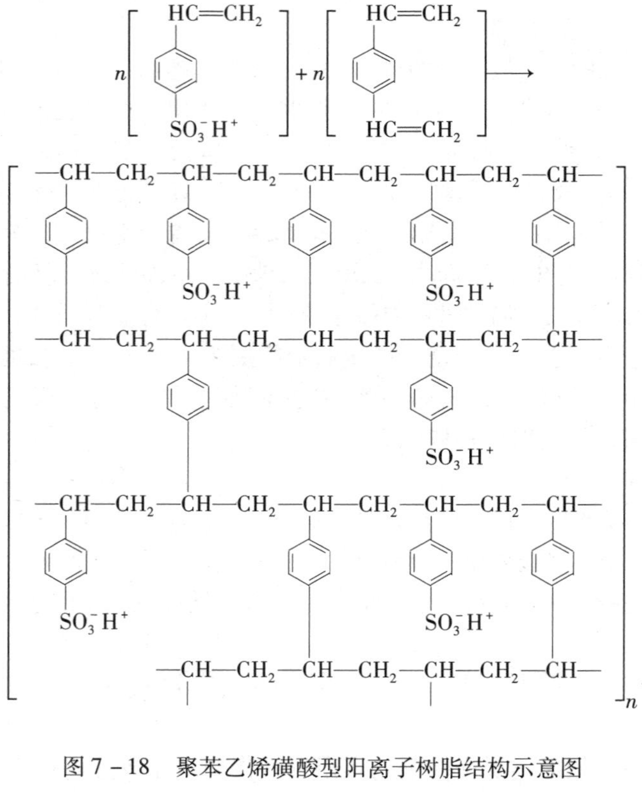

图 7－18　聚苯乙烯磺酸型阳离子树脂结构示意图

2. 离子交换树脂的分类

离子交换树脂可交换功能团中的活性离子，决定树脂的主要性能，因此，树脂可以按照活性离子分类。如果活性离子是阳离子，即这种树脂能和阳离子发生交换，就称为阳离子交换树脂；如果活性离子是阴离子，则称为阴离子交换树脂。阳离子交换树脂的功能团是酸性基团，而阴离子交换树脂的功能团是碱性基团。功能团的电离程度决定了树脂的酸性或碱性的强弱，因此，通常将树脂分为强酸性、弱酸性阳离子树脂和强碱性、弱碱性阴离子树脂。

（1）强酸性阳离子树脂　这类树脂含有强酸性基团，如磺酸基（—SO_3H），能在溶液中离解 H^+ 而呈强酸性。以 R 表示树脂的骨架，反应简式为：

$$R \cdot SO_3H \rightarrow R \cdot SO_3^- + H^+$$

树脂中的 SO_3^- 基团能吸附溶液中的其他阳离子，例如：

$$R \cdot SO_3^- + Na^+ \rightarrow R \cdot SO_3Na$$

强酸性树脂的离解能力很强，在酸性或碱性溶液中都能离解和产生离子交换，因此使用时 pH 一般不受限制。以磷酸基 [—$PO(OH)_2$] 和次磷酸基 [—$PHO(OH)$]作为活性基团的树脂具有中等强度的酸性。

（2）弱酸性阳离子树脂　这类树脂含有弱酸性基团，如羧基（—COOH）、酚羟基（—OH）等，能在水中离解出 H^+ 而呈弱酸性，反应简式为：

$$R \cdot COOH \rightarrow R \cdot COO^- + H^+$$

$R \cdot COO^-$ 能与溶液中的其他阳离子吸附结合，而产生阳离子交换作用。这类树脂由于离解性较弱，溶液 pH 较低时，难以离解和进行离子交换，只有在碱性、中性或微酸性溶液中才能进行离解和离子交换，交换能力随溶液的 pH 增大而提高。对于羧基树脂，应在 pH >6 的溶液中操作，对于酚羟基树脂，应在 pH >9 的溶液中操作。

（3）强碱性阴离子树脂　强碱性阴离子交换树脂含有季胺基（—NR_3OH）等强碱性基团，能在水中离解出 OH^- 而呈碱性，反应简式为：

$$R \cdot NR_3OH \rightarrow R \cdot NR_3^+ + OH^-$$

树脂中的离解基团能与溶液中其他阴离子吸附结合，产生阴离子交换作用。这类树脂的离解性很强，使用 pH 不受限制。

（4）弱碱性阴离子树脂　弱碱性阴离子交换树脂含有弱碱性基团，如伯胺基（—NH_2）、仲胺基（—NHR）或叔胺基（—NR_2），它们在水中能离解出 OH^- 而呈弱碱性，反应简式为：

$$R \cdot NH_2 + H_2O \rightarrow R \cdot NH_3^+ + OH^-$$

树脂中的离解基团能与溶液中其他阴离子吸附结合，产生阴离子交换作用。和弱酸性树脂一样，这类树脂的离解能力较弱，只能在低 pH（如 pH1.0～9.0）下进行离子交换操作。其交换能力随 pH 变化而变化，pH 越低，交换能力越强。

另外，按照骨架结构不同，离子交换树脂可分为凝胶型和大孔型树脂。凝胶型树脂是以苯乙烯或丙烯酸与交联剂二乙烯苯聚合得到的具有交联网状结构的聚合体，这种聚合体一般是呈透明状态的，在它的高分子骨架中，没有毛细孔，而在吸水润胀后，才在大分子链节间形成很微细的孔隙，通常称为显微孔，适用于吸附交换无机离子等小离子。大孔型树脂是由苯乙烯或丙烯酸与交联剂二乙烯苯的异构体聚合，再经特殊的物理处理，使其形成大网孔，再导入交换基团制成，它内部并存有微细孔和大量的粗孔，比较适合于吸附大分子有机物。

二、离子交换树脂的理化性能和测定方法

离子交换树脂是可以再生、反复使用的一种化学药剂。在应用中，要求树脂不仅要交换容量大和选择性好（即吸附性能好），而且要有良好的可逆性（即容易解吸）。树脂的基本原料（单体）性质、链节结构和功能团的性质决定树脂的性能。在实际应用中，对离子交换树脂有以下要求。

1. 外观与颗粒

离子交换树脂是一种透明或半透明的物质，有白、黄、黑及赤褐色等几种颜色。一般颜色与性能关系不大，在制造时若交联剂多，原料杂质多，颜色就稍深，树脂吸附饱和后的颜色也会变深。如果树脂颜色偏浅，凭树脂颜色变化可明显地看出吸附情况和色带移动情况。

树脂的形状有球状（也称珠状）和无定型粒状之分，以制成球状为宜，因为球状可使液体阻力减小，流量均匀，压头损失小，其耐磨性能也较好，不易被液体磨损而破裂。

树脂的颗粒大小，对树脂的交换能力、树脂层中溶液流动分布均匀程度、溶液通过树脂层的压力以及交换和反冲时树脂的流失等都有很大影响。颗粒过小，会使流体阻力增大，流速慢，反洗时困难大；颗粒过大，会使交换速度降低。因此，颗粒大小一般为 20~60 目（0.84~0.25mm）。

2. 膨胀度

膨胀度表示干树脂吸收水分后体积增大的性能。由于树脂有网状结构，水分容易浸入使树脂体积膨胀，树脂内部液体是可以移动的，可与树脂颗粒外部的溶液自由交换。在确定树脂装量时应考虑树脂的膨胀性能。

将 10~15mL 风干树脂放入量筒中，加入试验的溶剂（通常是水），不时摇动，24h 后，测定树脂体积，前后体积之比，称为膨胀系数，以 $K_{膨胀}$ 表示。膨胀系数与树脂的交联度、交换量、溶液中的离子浓度等因素有关：交联度越大，膨胀系数越小；交换量越大，吸水性越强，膨胀系数也越大；溶液中的离子浓度越大，交换树脂内部与外围溶液之间的渗透压差别越小，膨胀系数也越小。

3. 密度

树脂的密度有干真密度、湿真密度、视密度等。干真密度是干燥状态下树脂合成材料本身的密度，一般为 $1.6g/cm^3$ 左右，但没有实用意义。湿真密度是树

脂充分膨胀后，树脂颗粒本身的密度。

$$湿真密度 = \frac{树脂湿重}{树脂颗粒所占体积}（g/cm^3） \qquad (7-3)$$

湿真密度对树脂反洗强度大小，以及混合柱再生前分层好坏有影响。湿真密度一般为 $1.04 \sim 1.3 g/cm^3$，阳离子树脂比阴离子树脂大。

湿真密度的测定方法是：取处理成所需形式的湿树脂，在布氏漏斗中抽干。迅速称取 $2 \sim 5g$ 抽干树脂，放入密度瓶中，加水至刻度称重，可以计算湿真密度。

视密度指树脂充分膨胀后的堆积密度。

$$视密度 = \frac{树脂湿重}{树脂层的体积}（g/cm^3） \qquad (7-4)$$

视密度一般为 $0.6 \sim 0.85 g/cm^3$，根据此值来估计树脂柱所受的压力，计算树脂柱需装树脂的质量。

4. 交联度

交联度表示离子交换树脂中交联剂的含量，通常以质量分数来表示，符号为 DVB%。树脂在结构中必须具有一定的交联度，使其不溶于一般的酸、碱及有机溶剂。大多数离子交换树脂是由苯乙烯和二乙烯苯聚合而成的。通常所说的树脂交联度是二乙烯苯在树脂母体总量中所占的质量分数。二乙烯苯含量高，则交联度大，反之交联度小。树脂的交联度可按下式计算：

$$w = \frac{m_d \cdot P}{m_m} \times 100\% \qquad (7-5)$$

式中 w——交联度，%

     m_d——工业二乙烯苯质量，kg

     P——工业二乙烯苯纯度，%

     m_m——单体相总质量，kg

交联度的大小决定着树脂机械强度以及网状结构的疏密。交联度大，网孔小，结构紧密，树脂机械强度大；交联度小，则树脂网孔大，结构疏松，强度小。同时，交联度的变化，使离子交换树脂对大小不同的各种离子具有选择性通过的能力。此外，由于树脂交联结构的特点，使树脂具有固体不溶性，但能吸水溶胀，使树脂在转型、进行交换和再生时，体积发生胀缩，这是引起树脂老化的原因。一般来说，溶胀性越大的树脂，机械强度也越差。

5. 化学稳定性

树脂应有较好的化学稳定性，不含有低相对分子质量的杂质，不易被分解破坏。缩聚树脂的化学稳定性一般较差，在强碱溶液中，缩聚阳离子树脂会破坏，共聚阳离子树脂对碱抵抗能力较强，但也不应该与浓度大于 2mol/L 的碱液长期接触。阴离子树脂对碱敏感，处理时，碱液浓度不宜超过 1mol/L。强碱树脂稳定性较差，常常可以嗅到分解的胺的气味。羟型阴离子树脂即使在水中也不稳定，因此常以氯型保存。

6. 机械强度

树脂使用和再生多次循环后，仍能保持完整形状和良好的性能，即树脂的耐磨性能，又称为机械强度。树脂必须具有一定的机械强度，以避免或减少在使用过程中破损流失。商品树脂的机械强度一般要求在90%以上，可连续使用数年。机械强度与交联度、膨胀度有关，一般来说，交联度大，膨胀度小，机械强度就高；反之，则膨胀度大，机械强度就差。显然，机械强度的选定也应和树脂其他性能综合考虑。

7. 交换容量

交换容量是表征树脂化学性能的重要数据，它是用单位质量（干树脂）或单位体积（湿树脂）树脂所能交换离子的量（mmol）来表示的。树脂在应用时，希望有较大的交换容量，也即在实际应用中具有较大交换离子的能力。为了能有较大的交换容量，在制造时应使单位质量树脂所含的官能团尽可能多。

（1）交换容量的表示方法　理论交换容量，又称总交换量，是指树脂交换基团中所有可交换离子全部被交换时的交换容量，也就是树脂全部可交换离子的量。理论交换容量为离子交换树脂的特性所决定，与操作条件无关。理论交换容量一般采用滴定法测定。

工作交换量是指在一定操作条件下，离子交换树脂所能够利用的交换容量，也可以称为实际交换量。它受操作条件，如树脂柱长度、树脂粒度、离子性质及浓度、流速、交换基团等因素影响。因为不是树脂的每个活性基团都进行交换，又因氨基酸发酵液中尚含有一些其他离子，所以工作交换容量总比理论交换容量要低些。

（2）交换量的测定方法　树脂通常是亲水性的，因此常含有很多水分。将树脂在105~110℃干燥至恒重就可以测定其含水量。

如果是阳离子交换树脂，可先将树脂处理成 H^+ 型。称取数克树脂，测其含水量，同时称取若干克树脂，加入一定量的标准 NaOH 溶液，静置一昼夜（强酸性树脂）或数昼夜（弱酸性树脂）后，测定剩余 NaOH 的量（mmol），就可求得总交换量。

对于阴离子交换树脂则不能用上面相对应的方法，因为羟型阴离子交换树脂在高温下易分解，故含水量测不准，且当用水洗涤时，羟型树脂要吸附 CO_2，使部分树脂成为碳酸型，所以应该用氯型树脂来测定。称取一定量的氯型树脂放入柱中，在动态下通入硫酸钠溶液，以 $AgNO_3$ 溶液滴定流出液中的氯离子含量，用铬酸钾作指示剂。根据洗下来的氯离子量，就可求得总交换量。

若将树脂充填在柱中进行操作，即在固定床中操作，当流出液中有目的产物的离子，且达到所规定的某一浓度时（称为漏出点），操作即停止，进行再生。在漏出点时，树脂所吸附的量称为工作交换容量，在实用上比较重要。

8. 滴定曲线

和无机酸、碱一样，离子交换树脂也有滴定曲线，其测定方法如下：分别在几个大试管中各放入 1g 树脂（氢型或羟型），其中一个试管中放入 50mL 0.1mol/L NaCl 溶液，其他试管中也放入同样体积的溶液，但含有不同量的 0.1mol/L NaOH 或 0.1mol/L HCl，静置 1 天（强酸或强碱树脂）或 7 天（弱酸或弱碱树脂），令其达到平衡。测定平衡时的 pH，以每克干树脂所加入 NaOH 或 HCl 的物质的量（mmol）为横坐标，以平衡 pH 为纵坐标，就得到滴定曲线，如图 7 – 19 所示。

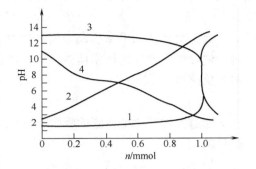

图 7 – 19　各种离子交换树脂的滴定曲线

1—强酸性树脂 Amberlite IR – 120

2—弱酸性树脂 Amberlite IRC – 84

3—强碱性树脂 Amberlite IRA – 400

4—弱碱性树脂 Amberlite IR – 46

n—单位树脂交换容量加入的盐酸或氢氧化钾的量（mmol）

对于强酸性或强碱性树脂，滴定曲线有一段是水平的，到某一点即突然升高或降低，这表明树脂上的功能团已经饱和；而对于弱碱性或弱酸性树脂，则无水平部分，曲线逐步变化。离子交换树脂的滴定曲线与离子强度、种类、树脂功能团的强度有关。由滴定曲线的转折点，可估计其总交换量；而由转折点的数目，可推知功能团的数目。曲线还表示交换容量随 pH 的变化，所以滴定曲线较全面地表征树脂功能团的性质。

三、离子交换反应的可逆性与选择性

1. 离子交换反应的可逆性

当树脂浸在水溶液中时，活性离子因热运动，可在树脂周围的一定距离内运动。树脂内部有许多空隙，由于内部和外部溶液的浓度不相等（通常是内部浓度较高），存在着渗透压，外部水分可渗入内部，这样就促使树脂体积膨胀。把树脂骨架看作是一个有弹性的物质，当树脂体积增大时，骨架的弹力也随着增加，当弹力大到和渗透压达到平衡时，树脂体积就不再增大。骨架上的活性离子在水溶液中发生离解，可在较大的范围内自由移动，扩散到溶液中。同时，在溶液中的同类型离子，也能从溶液中扩散到骨架的网格或孔内。当这两种离子浓度差较大时，就产生一种交换的推动力，使它们之间产生交换作用，浓度差越大，交换速度越快。利用这种浓度差的推动力使树脂上的可交换离子发生可逆交换反应，溶液中的离子因此而被吸附在树脂上。

当树脂的可交换离子与溶液的同类型离子的交换反应进行到一定程度时，就建立了离子交换平衡，这时树脂上和溶液中的离子浓度都为定值。一般认为，离子交换过程按化学物质量的关系进行，例如，阳离子交换反应可表示为：

$$A^{n+} + n \, (R\!-\!SO_3^-) \, B^+ \Leftrightarrow nB^+ + \, (R\!-\!SO_3^-)_n A^{n+}$$

离子交换达到平衡后，选用亲和力更强的同性离子取代树脂上吸附的目的产物，使目的产物脱离树脂而被收集，此过程称为洗脱（或解吸）。例如，阳离子解吸反应可表示为：

$$nC^+ + \, (R\!-\!SO_3^-)_n A^{n+} \rightarrow A^{n+} + n \, (R\!-\!SO_3^-) \, C^+$$

通过发酵产物被树脂的吸附和洗脱两个过程，从而达到浓缩和分离目的产物的目的。

例如，谷氨酸是两性电解质，是一种酸性氨基酸，含有可交换的—NH_4^+和—$COOH^-$，与酸、碱两种树脂都能发生交换。谷氨酸的等电点为pH3.22，当pH＞3.22时，羧基离解，而带负电荷，能被阴离子交换树脂交换吸附；当pH＜3.22时，谷氨酸在酸性介质中，呈阳离子状态，氨基离解，带正电荷，能被阳离子交换树脂交换吸附。如果用苯乙烯型强酸性阳离子交换树脂732#提取谷氨酸，其化学反应式如下。

（1）吸附

$$RSO_3H + NH_4Cl \rightarrow RSO_3^- NH_4^+ + HCl$$

$$H_2NCHR'COONH_4 \xrightarrow{2H^+} H_3^+NCHR'COOH + NH_4^+$$

$$RSO_3^- H^+ + H_3^+NCHR'COOH \rightarrow RSO_3^- H_3^+NCHR'COOH + H^+$$

（2）洗脱

$$RSO_3^- H_3^+NCHR'COOH + NaOH \rightarrow RSO_3Na + H_2NCHR'COOH + H_2O$$

$$RSO_3^- NH_4^+ + NaOH \rightarrow RSO_3Na + NH_4OH$$

（3）再生

$$RSO_3Na + HCl \rightarrow RSO_3H + NaCl$$

2. 离子交换反应的选择性

在实际应用时，溶液中常常同时存在着很多离子，离子交换树脂能否将所需离子从溶液中吸附出或将杂质离子全部（或大部）吸附住，需要对离子交换树脂的选择吸附性进行研究。离子交换树脂和离子间的亲和力越大就越容易吸附，当吸附离子后，树脂的膨胀度减小。树脂对不同离子亲和能力的差别，表现为对其选择性系数的大小，离子选择性系数用K来表示。$K_{B \cdot A}$（B离子取代树脂上A离子的交换常数）越大，离子交换树脂对B离子的选择性越大（相对于A离子而言）；反之，$K < 1$，树脂对A离子的选择性大。

离子交换树脂的吸附顺序如下。

（1）强酸性阳离子交换树脂（RSO_3H）

$$金属离子 > NH_4^+ > 氨基酸 > 有机色素$$

$$Fe^{3+} > Al^{3+} > Ca^{2+} > Mg^{2+} > K^+ > NH_4^+ > Na^+ > H^+$$

（2）弱酸性阳离子树脂

$$H^+ > Fe^{3+} > Al^{3+} > Ca^{2+} > Mg^{2+} > K^+ > Na^+$$

（3）强碱性阴离子交换树脂（$R \equiv N^+ OH^-$）

$(C_6H_8O_7)^{3-}$（柠檬酸根）$> SO_4^{2-} > C_2O_4^{2-} > I^- > NO_3^- > CrO_4^{2-} > Br^- > SCN^- > Cl^- > HCOO^- > OH^- > F^- > CH_3COO^-$

（4）弱碱性阴离子交换树脂

$OH^- > SO_4^{2-} > CrO_4^{2-} > (C_6H_5O_7)^{3-} > (C_4H_4O_6)^{2-} > NO_3^- > AsO_4^{3-} > PO_4^{3-} > CH_3COO^- > I^- > Br^- > Cl^- > F^-$

四、离子交换树脂的应用和树脂层的交换带

1. 离子交换树脂的应用

根据离子交换工艺操作，可分为静态交换和动态交换两类应用方式。静态交换是在一个带有搅拌器的反应罐中进行，交换后利用沉降、过滤或其他方式将饱和树脂分离，然后将其装入解吸罐或柱中进行解吸（再生）。动态交换是在离子交换柱（$H/D > 3.0$）中进行全过程的操作。动态交换又可根据树脂的运动方式，分为固定床和流动床两类。固定床和流动床又可分别分为单床法、复床法、混合床法。复床法是阳、阴离子交换柱串联操作，但一个柱中只装一种树脂。混合床法是阳、阴离子交换树脂混合装在同一个柱中操作，再生时利用两种树脂的密度不同而分层再生。按溶液进入交换柱的方向，可分为正吸附（顺流）、反吸附（逆流），按树脂流动的动力可分为重力流动式和压力流动式。

2. 树脂层中的交换带

以 732# 强酸性阳离子交换树脂为例，当谷氨酸发酵液（或等电点提取母液）进入离子交换柱中的树脂层上部时，溶液中阳离子在树脂层中的分布情况如图 7-20 所示。离子交换树脂可交换基团上的 H^+ 开始被 K^+、Na^+、Ca^{2+}、NH_4^+、GA^+ 等阳离子取代，随着料液的不断输入和交换，树脂层的上部逐渐形成了饱和层（已交换层），此层中 H^+ 浓度为 0，阳离子浓度为饱和浓度 c_s。在饱和层下面，树脂层中阳离子浓度逐渐降为 0，而 H^+ 浓度逐渐上升为 c_s，这一区域称为交换带。当谷氨酸发酵液（或等电点提取母液）继续进入时，交换带逐渐向下移动，至一定程度时则出现谷氨酸阳离子泄漏，此点则称为谷氨酸漏出点。谷氨酸发酵液（或等电点提取母液）采用正吸附（顺流）方式上柱的过程中，溶液中不同阳离子在柱内分层交换比较明显，如图 7-21 所示。

五、离子交换法提取谷氨酸

目前国内大多数工厂采用等电点–离子交换法提取谷氨酸，即先采用等电点法对发酵液进行提取谷氨酸，再采用离子交换树脂柱对等电点母液进行交换吸附，然后用碱液洗脱树脂柱上的谷氨酸，收集洗脱液的高流分，将其与下一批发

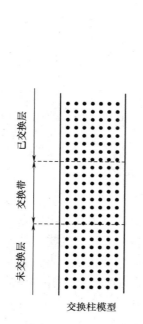

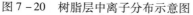

图 7-20　树脂层中离子分布示意图

图 7-21　谷氨酸发酵液在离子交换
树脂柱中的交换层次示意图

酵液合并，再用等电点法提取谷氨酸。该提取工艺既可以克服等电点法提取收率低的缺点，又可以减少树脂用量，获得较高的提取收率。下面主要采用离子交换树脂对等电点提取母液进行提取谷氨酸。

1. 工艺流程与离子交换提取系统

采用 732# 强酸性阳离子树脂柱从等电点母液中提取谷氨酸，其工艺流程如图 7-22 所示。离子交换柱及其管道装置简单示意图如图 7-23 所示。

2. 树脂预处理

新树脂常有某些未参与聚合反应的低分子和高分子成分的分解产物以及铁、铜、铝等金属物质等杂物，会影响交换效果和产品质量，甚至会使树脂失效。因此，新树脂在使用之前必须进行预处理。新树脂装填入交换柱后，先用清水浸泡 12h 左右，再用 2~3 倍树脂体积的 10% 食盐水浸泡 4h 以上，然后用清水洗净残留的 NaCl，最后根据树脂类型和使用所需要的型号分别用碱和酸处理。

利用 732# 树脂提取谷氨酸，一般树脂先用 4% NaOH（用量一般为树脂体积的 2 倍）浸泡 4h，水洗至 pH8.0 以下，加入 4% 盐酸（用量一般为树脂体积的 2 倍）浸泡 4h，最后用少量自来水洗至 pH2.0 左右，备用。

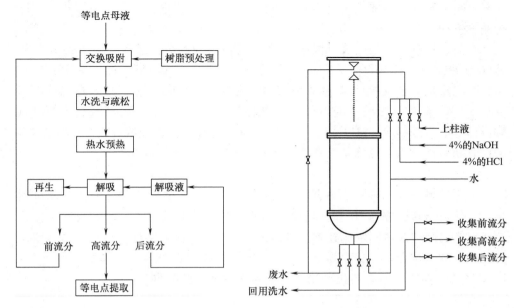

图 7 – 22　等电点母液中谷氨酸的　　　　图 7 – 23　离子交换柱及其管道装置示意图
　　　　　离子交换法提取工艺流程

3. 交换吸附

采用顺流方式上柱，等电点母液以 $1.5 \sim 2.0 m^3/$（m^3 树脂·h）的流量连续流入树脂柱，流出液作为废液。根据预测的树脂柱工作交换量，在交换吸附的后期，应注意检测流出液的谷氨酸含量，可用 5% 茚三酮溶液的显色反应来检测。当流出液谷氨酸含量大于 2g/L 时，视为漏吸。

4. 水洗、疏松与预热

等电点母液存在很多杂质，特别是菌体等蛋白、色素、消泡剂等非离子型大分子黏稠物质，上柱过程中会滞留在树脂缝隙中，使树脂部分活性基团受封闭。如果不在洗脱前冲洗走这些杂质，就会严重影响洗脱的效果与洗脱后重新交换吸附的效果，同时这些杂质也会进入洗脱收集液，随洗脱收集液循环进入等电点罐，对等电点提取操作造成不良影响，严重时有可能导致等电点过程产生 β – 型结晶。因此，交换吸附结束后必须进行冲洗操作。

为了不打乱交换层次，通常从树脂柱顶部进水顺洗，水洗过程中可通入压缩空气疏松树脂，直至流出液清亮为止。水洗结束后，为了防止解吸下来的谷氨酸在树脂柱内结晶析出，发生结柱现象，在解吸前，要用 50 ~ 60℃ 热水对树脂柱预热。预热后，将树脂柱内残留的水排出。

5. 解吸

解吸剂有很多种，生产上通常采用 6% ~ 8% 的 NaOH 溶液或用液氨调节pH9.0 以上的等电点母液，为了防止结柱现象发生，解吸剂温度一般为 60 ~

70℃。将解吸剂从顶部顺流连续进入树脂柱，解吸的流量要比上柱流量小，一般控制为 1.0m³/（m³树脂·h）左右。

在解吸过程中，流出液可根据 pH 和浓度变化进行分段进行收集。从 pH1.8、0°Bé 开始收集，到 pH2.5、1°Bé，这一段为前流分，其谷氨酸浓度为 10g/L 左右，可以重新上柱交换。从 pH2.5、1°Bé 到 pH9、4°Bé，这一段为高流分。以 pH3.0~3.5 时的谷氨酸浓度为最高，均浓度为 80g/L 左右，将其泵送至等电点罐进行等电点法提取。pH9~12 的收集液为后流分，谷氨酸浓度为 20g/L 左右，NH_4^+ 含量较高，可加热除氨，然后再上柱交换，或用于配制解吸液。

6. 再生

树脂柱解吸后，树脂成为 NH_4^+ 型和 Na^+ 型，下次继续使用之前，必须进行再生，使树脂转变成为 H^+ 型。再生之前，将热水从底部进入，进行反洗，使残留在树脂缝隙的杂质随水流经排污口排出，至排出液接近中性，然后，将残留在树脂柱内的水排出，再从顶部流入 5%~10% 盐酸进行再生，流量控制为 0.7~1.0m³/（m³树脂·h），再生剂用量一般为树脂全交换量的 1.2 倍。

第五节 蒸发浓缩、结晶与干燥技术

一、蒸发浓缩技术

1. 蒸发浓缩操作的基本条件

蒸发浓缩是将溶液加热沸腾，使溶剂汽化除去，从而提高溶液中溶质浓度的过程。蒸发是溶液表面的溶剂分子获得的动能超过溶液内溶剂分子的吸引力，溶剂分子脱离液面逸向空间的过程。液体在任何温度下都在蒸发，溶液受热，液体中溶剂分子动能增加，蒸发过程加快。各种液体在一定温度下都具有一定饱和蒸气压，当液面上的溶剂蒸汽分子密度很小，经常处于不饱和的低压状态时，液相与汽相的溶剂为了维持其分子密度的动态平衡，溶液中的溶剂分子就必须不断地汽化逸出空间。因此，蒸发速度与温度、蒸发面积和液面蒸汽分子密度有关，温度越高，蒸发速度越快；液体表面积越大，蒸发速度越快；液面蒸汽分子密度越小，蒸发速度越快。蒸发的条件就是不断地供给热能并将所产生的蒸汽不断地排除。

液体在沸腾状态下的给热系数高，传热速度快，为了强化蒸发浓缩过程，工业上采用的蒸发装置都是在沸腾状态下进行的。另外，采用蒸发浓缩法的溶液必须是由不挥发性溶质与液体溶剂组成，蒸发过程中只有溶剂汽化而溶质不汽化。例如，在谷氨酸制味精的生产中，用结晶罐加热谷氨酸钠溶液，只有水分汽化，而谷氨酸钠不汽化，从而使谷氨酸钠浓度不断提高，直至饱和析出，制得味精晶体。

蒸发过程的两个必要组成部分是加热使溶液沸腾汽化和不断排除水蒸气，与此相应的蒸发系统是由蒸发器和冷凝器两部分组成的。蒸发器是一个换热器，由加热室和气液分离器两部分组成，加热沸腾产生的二次蒸气经气液分离器与溶液分离后引出。冷凝器实际上也是换热器，它有直接接触式和间接式两种类型，二次蒸气在冷凝器内冷凝后排出系统。蒸发系统总的蒸发速度是由蒸发器的蒸发速度和冷凝器的冷凝速度共同决定的，蒸发速度或冷凝速度发生变化，则系统总的蒸发速度也相应发生变化。因此，操作蒸发系统时必须保证蒸发器和冷凝器均正常工作。

2. 蒸发浓缩操作的基本方式

根据操作压力不同，蒸发浓缩过程可分为常压蒸发浓缩和真空蒸发浓缩。常压蒸发浓缩是指在冷凝器和蒸发器溶液侧的操作压力为大气压或略高于大气压，加热使溶液汽化而达到浓缩的方法，此时系统中不凝性气体依靠本身的压力从冷凝器中排出。在低于大气压条件下加热使溶剂汽化、溶质浓缩的过程，称为真空蒸发浓缩过程。此时系统中不凝性气体必须用真空泵抽出。采用真空蒸发浓缩，降低液面压力使液体沸点相应降低，且真空度越高沸点就降得越低，故加热时温度比常压浓缩低，所需浓缩时间比常压浓缩要短。

真空蒸发浓缩与常压蒸发浓缩相比，具有的优点是：①溶液沸点低，可以用温度较低的低压蒸气或废蒸气作加热蒸气。②溶液沸点低，采用同样的加热蒸气蒸发时传热的平均温度差大，所需的传热面小。③沸点低，有利于处理热敏性物料，即高温下易分解和变质的物料。④蒸发器的操作温度低，系统的热损失小。

但是，真空蒸发浓缩也有一些缺点，表现为：①溶液温度低，黏度大，沸腾的传热系数小，蒸发器的传热系数小。②蒸发器和冷凝器内压力低于大气压，浓缩液和冷凝水需用泵或大气腿排出。③需用真空泵抽出不凝性气体，以保持一定的真空度，因而需要增加一定的电耗。

根据二次蒸气是否用来作为另一蒸发器的加热蒸气，真空蒸发浓缩过程又可分为单效蒸发和多效蒸发。图 7 – 24 所示的是单效蒸发流程，单效蒸发流程的二次蒸气在冷凝器中冷却成水而排出，1kg 加热蒸气可以蒸发 1kg 水。在多效蒸发中，第一个蒸发器（又称为第一效）中出来的二次蒸气用作第二个蒸发器（又称为第二效）的加热蒸气，第二个蒸发器出来的二次蒸气用作第三个蒸发器（又称为第三效）的加热蒸气，以此类推，图 7 – 25 所示的是三效蒸发流程。二次蒸气的利用次数可根据具体情况而定，系统中串联的蒸发器数目称为效数，通常为 2 ~ 6 效，蒸发 1kg 水要消耗的蒸气为 0.2 ~ 0.6kg。另外，根据蒸气和物料的流向，多效蒸发系统可以分为并流、逆流和平流操作流程。

随着蒸发技术的不断发展，已经发展了多种形式的蒸发器。按其结构型式不同，蒸发设备有中央循环管式蒸发器、横管竖式蒸发器、夹套蒸发器、夹套带搅拌外循环蒸发器、强制循环蒸发器和薄膜蒸发器。薄膜蒸发器又可分管式、刮板

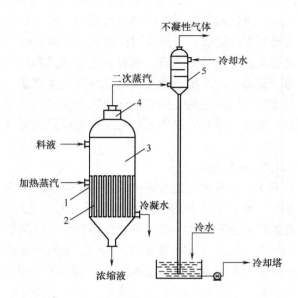

图 7－24　单效蒸发流程

1—加热室　2—加热管　3—蒸发室　4—除沫器　5—冷凝器

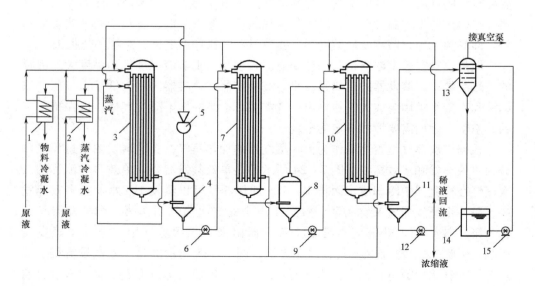

图 7－25　三效降膜式真空蒸发器流程图

1—预热器　2—预热器　3—第一效蒸发器　4—分离器　5—蒸气喷射热泵
6—泵　7—第二效蒸发器　8—分离器　9—泵　10—第三效蒸发器
11—分离器　12—泵　13—冷凝器　14—冷却水池　15—泵

式、旋风式和离心式等，其中管式薄膜蒸发器又有升膜式、降膜式和升降膜式之分。

发酵工业生产中，通常根据被蒸发溶液的性质，如溶液的黏度、热敏性、发泡性、腐蚀性以及是否结垢或析出晶体等方面来考虑，使选择的蒸发浓缩流程能够保证发酵产品的质量，具有较大的生产强度和较低的生产成本。

二、结晶技术

1. 结晶操作的基本条件

结晶是使溶质呈晶态从溶液中析出的过程。结晶过程具有高度的选择性，只有同类分子或离子才能结合成晶体。结晶操作能从杂质含量相当多的发酵液或溶液中形成纯净的晶体。结晶过程成本低，结晶设备与操作比较简单，其产品外观优美，包装、运输、贮存和使用都很方便。因此，结晶操作在氨基酸等工业中得到广泛的应用。

结晶过程不仅包括溶质分子凝聚成固体，还包括这些分子有规律地排列在一定晶格中。晶体是化学性均一的固体，具有一定规则的晶形，以分子（或离子、原子）在空间晶格上的对称排列为特征。一个晶体由许多性质相同的单位粒子有规律地排列而成，在宏观上具有连续性、均匀性。一切晶体都具有各向异性，即在晶体同一方向上具有相同性质，在不同方向上具有相异性质。这些特性都是由组成晶体的粒子排列具有空间点阵式周期性所引起的。因此，一般把许多性质相同的粒子（包括原子、离子、分子）在空间有规律地排列成格子状的固体称作晶体。由于水合作用，溶质从溶液中成为具有一定晶形的晶体水合物析出，晶体水合物含有一定数量的水分子，称为结晶水。例如，味精就是带有一个结晶水的棱柱形八面体晶体。

结晶的全过程包括形成过饱和溶液、晶核形成和晶体生长三个阶段。溶液达到过饱和是结晶的前提，过饱和率是结晶的推动力。为了进行结晶，必须先使溶液达到过饱和状态，过量的溶质才会以固体态结晶出来。通常以溶质的溶解度作为该溶液浓度的量度，溶解度通常以 100g 溶剂中所含溶质的克数来表示。当溶液浓度等于溶质溶解度时，溶质的溶解和析出数量相等，即溶质与溶液处于平衡状态，此溶液称为饱和溶液；溶液未饱和，若添加固体则固体溶解；如溶液状态已过饱和，超过饱和点的溶质迟早要从溶液中结晶析出。

溶液的过饱和度与结晶的关系如图 7-26 所示，AB 为饱和曲线，CD 为过饱和曲线（无晶种，无搅拌时自发产生

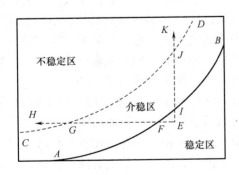

图 7-26 饱和曲线与过饱和曲线

晶核的浓度曲线），曲线 AB、CD 将图分为稳定区、介稳区和不稳区。

稳定区的溶液尚未饱和，没有结晶的可能，因此溶液的浓度是稳定的。介稳区内，也不会自发产生晶核，此间溶液具有相对的稳定性，但是，如果从外部加入晶种或外界因素刺激起晶后，过量的溶质就会逐渐结晶析出，晶体长大，溶液的浓度降低到相应的饱和度。实际上，介稳区的各部分相对稳定性也有不同，溶液的过饱和程度越低就越稳定。在介稳区中，根据过饱和程度的情况又可分为两部分，即与过饱和曲线相邻的一侧，容易在外界影响下产生晶核，因此称为刺激起晶区；与饱和曲线相邻一侧即使有外界因素的刺激仍不易产生晶核，但如果从外部加入晶种，却有利于晶体的长大，因此称为养晶区。刺激起晶区与养晶区之间没有明显的界限。在不稳区内，溶液中的溶质立即会自然起晶析出晶体，并使溶液浓度下降到相应温度时的饱和度，此时的溶液浓度是不稳定的。

图 7-26 中 E 点是溶液的原始未饱和状态，EH 是冷却结晶线，F 点是饱和点，不能结晶，因为缺乏结晶推动力——过饱和度，穿过介稳区，到达 G 点时，自发产生晶核，越深入不稳区（如 H 点），自发产生的晶核也越多。直线 EIJK 为恒温蒸发过程。

从以上讨论可知，饱和曲线上方区域的溶液都是过饱和溶液。结晶过程、晶体质量均与溶液过饱和程度有关，溶液的过饱和程度可用过饱和度 S（%）来表示，即：

$$S = \frac{s}{s'} \times 100\% \tag{7-6}$$

式中　s——过饱和溶液的溶解度

　　　s'——饱和溶液的溶解度

随着温度的下降，溶液过饱和程度逐渐增加，它的过饱和系数也就变大。溶液处于不饱和时，$S < 1$；溶液处于饱和状态时，$S = 1$；而当溶液处于过饱和状态时，$S > 1$。例如，谷氨酸一钠的过饱和溶液介稳区的 S 大致在 1.0~1.3，而 $S >$ 1.3 时，即处于不稳区的范围。

2. 结晶操作的基本方式

在氨基酸生产中，应用较广泛的结晶方法主要有冷却结晶、蒸发结晶、等电点结晶等。从操作方式划分，结晶方式可分为间歇式与连续式两种。间歇式结晶操作的主要优点是设备简单，操作方便，能够生产出指定纯度、粒度分布以及晶形合格的产品，但是成本比较高，产品质量的稳定性较差。连续结晶具有许多优点：①冷却法及蒸发法（真空冷却法除外）采用连续结晶操作费用低，经济性好；②结晶工艺简化，相对容易保证质量；③生产周期短，节约劳动力费用；④结晶设备的生产能力可比分批操作提高数倍甚至数十倍，相同生产能力则投资少，占地面积小；⑤操作参数相对稳定，易于实现自动化控制。

但是，连续结晶也有缺点，使得人们在许多时候宁愿采用分批操作，其缺点主要有：①换热面和器壁上容易产生晶垢，并不断累积，使运行后期的操作条件和产品质量逐渐恶化，清理机会少于分批操作；②产品平均粒度较小；③操作控制上比分批结晶困难，要求严格。

无论采用哪种操作方式，在结晶过程中，为了控制晶体的生长，获得粒度较均匀的产品，必须尽可能防止不需要的晶核生成。因此，需小心地将溶液的状态控制在介稳区内，有时可在适当时机向溶液中添加适量的晶种，使被结晶的溶质只在晶体表面上生长。同时，结晶过程中采用温和的搅拌，使晶体较均匀地悬浮在整个溶液中，并尽量避免二次成核现象。

三、干燥技术

1. 干燥操作的基本条件

干燥是指利用热能使湿物料湿分汽化并排除蒸汽，从而得到较干物料的过程。其往往作为发酵产品提取与精制过程的最后一道单元操作，目的在于除去产品所含的水分，使发酵产品能够长期保存而不变质，同时减少发酵产品的体积和质量，便于包装、贮存、运输以及使用等。

水分在固体中可分为表面水分、毛细管水分和被膜所包围的水分三种。表面水分又称为自由水分，不与物料结合而附着于固体表面，干燥最快，最均匀。毛细管水分是一种结合水分，如化学结合水等，存在于固体极细孔隙的毛细管中，水分子逸出比较困难，蒸发时间慢并需较高温度。膜包围的水分，需经缓慢扩散至膜外才能进行蒸发，最难除去。

固体物料的干燥包括两个基本过程：传热过程和传质过程。传热过程是对固体加热，以使水分汽化的过程；传质过程包括汽化后的水蒸气由于其蒸汽分压较大而扩散进入气相的过程，以及水分从固体物料内部经扩散等作用而被输送到达固体表面的过程。因此，干燥过程中的传热与传质同时并存，两者相互影响而又相互制约。

一般热空气作为干燥介质，当热空气将热量传给物料时，物料表面水分就汽化进入空气中。空气与物料的温差越大，传热速率越快。若物料表面水分的蒸汽压与热空气的水蒸气分压之差越大，水分汽化越快。由于物料表面的水分汽化后，物料内部与表面之间形成了湿度差，于是物料内部的水分便不断地从内部扩散至表面，然后在表面汽化。其湿度差越大，扩散速率也越大。这一过程一直进行到物料含水量降低到其水蒸气压等于空气中的水蒸气分压为止。

在干燥过程中，水分先从物料的内部扩散到表面，然后汽化转移到气相中，所以干燥速度取决于物料内部扩散和表面汽化的速度。干燥速率是干燥时单位干燥面积，单位时间内汽化的水量。可用下式表示：

$$u = m/A \tag{7-7}$$

式中　u——干燥速度，$kg/(m^2 \cdot h)$

$\quad\quad m$——单位时间内的水分汽化量，kg/h

A——被干燥物料的表面积，m²

图 7 – 27 所示的是干燥速度曲线，它反映了物料干燥过程中干燥速率与物料湿含量的关系。从图中可看出，干燥过程具有以下特征。

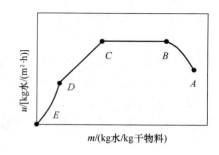

图 7 – 27 $u - m$ 的关系曲线

（1）经过一个恒速干燥阶段（BC 段）

在恒速干燥段，湿物料表面全部为非结合水，由于非结合水分与物料结合能力小，故物料表面水分汽化的速率与纯水的汽化速率相一致。此阶段传质推动力（非结合水的蒸汽压与空气中的水蒸气分压之差）不变，若湿物料内部水分向表面的扩散速率等于或大于水分的表面汽化速率，则物料表面总将维持湿润状态。

（2）经过一个降速干燥阶段（CD 段） 当湿物料中的非结合水分被干燥除去以后，进入了除去结合水的阶段。由于结合水分所产生的蒸汽压恒低于同温度下水分的饱和蒸汽压，所以，水蒸气自物料表面扩散至干燥介质主流中的传质推动力将变小，这样水蒸气传质速率必将降低，干燥速率也必将随之下降。由于传质速率的下降，干燥介质传给物料的热量除供给已下降了的汽化水分所需的潜热以外，剩余的热量将用于加热湿物料，故湿物料温度将不断上升。干燥速率的下降和物料温度的上升，是物料进入降速干燥阶段的标志。

总之，如果物料内部的水分能有足够的速度流向表面，则物料表面依然可以保持湿润，干燥速率不变；若内部水分流出的速率低于物料表面的汽化速率，则部分表面变干，物料温度升高，从而进入降速干燥阶段。随着物料的不断干燥，其内部水分越来越少，水分由内部向表面传递的速率就越来越慢，干燥速率也就越来越小，表面物料温度则随之不断提高。

2. 干燥操作的基本方式

目前，发酵工业上常用的干燥方法主要有对流加热干燥法、接触加热干燥法和冷却升华干燥法三种，分别介绍如下。

（1）对流加热干燥法 对流加热干燥法又称为加热干燥法，即空气通过加热器后变为热空气，将热量带给干燥器并传给物料，利用对流传热方式向湿物料供热，使物料中的水分汽化，形成的水汽被空气带走。在对流加热干燥法中，空气既是载热体，又是载湿体。发酵工业中这种方法又可分为气流干燥、沸腾干燥和喷雾干燥等三种。

气流干燥是一种连续式高效流态化干燥方法，即将颗粒状的湿物料送入高温快速的热气流中，与热气流并流，均匀分散成悬浮状态，增大物料与热空气接触的总表面，强化了热交换作用，仅在几秒钟（1～5s）内即能使物料达到干燥的要求。在气流干燥流程中，湿物料经料斗和螺旋加料器进入干燥管，空气由鼓风机鼓入，经加热器加热后与物料会合，在干燥管内达到干燥目的。干燥后的物料在旋风除尘器和带式除尘器中得到回收，废气经抽风机由排气管排出。

沸腾干燥是利用热空气使孔板上的颗粒状物料呈流化沸腾状态，物料中的水分迅速汽化而达到干燥的目的。在沸腾干燥流程中，物料由给料器进入干燥器的床面，热空气以一定的速度由干燥器底部经过布风板与物料接触，当热空气对物料的浮力与物料重力达到平衡时，就形成了悬浮床（又称为流态化床或沸腾床）。采用沸腾床强化了气－固两相间的传质与传热过程，使物料呈浮态，空气呈上升态，则两相呈湍流相混合。沸腾干燥器形式多样，以卧式沸腾干燥器应用较多，主要用来干燥颗粒直径为 0.03～6mm 的粉状和颗粒状物料。但是，为防止设备的结壁、堵床现象，一般不适用于湿含量大、黏度大、易结壁、易结块物料的干燥。

喷雾干燥是利用不同的喷雾器，将悬浮液、乳浊液或浆料喷成雾状，使其在干燥室中与热空气接触，由于接触面积大，微粒中水分迅速蒸发，在几秒或几十秒内获得干燥。在喷雾干燥流程中，将料液泵送至塔顶，经过雾化器喷成雾状的液滴，与塔顶引入的热风接触后，水分迅速蒸发，在极短的时间内便成为干燥产品。干燥产品从干燥塔底部排出，热风与液滴接触后温度显著降低，湿度增大，作为废气由排风机抽出。废气中夹带的微粉用分离装置回收。由于干燥速度迅速，采用高温（80～800℃）热风，其排风温度仍不会很高，产品不致发生过热现象，适用于热敏性物料，干燥产品质量较好。废气中回收微粒的分离装置要求较高。在生产粒径小的产品时，废气中约夹带有 20% 的微粒，需选用高效的分离装置。

（2）冷冻升华干燥法　冷冻升华干燥法是先将湿物料冷冻至较低温度，使水分结冰，然后在较高的真空条件下，使冰直接升华为水蒸气而除去的过程。整个过程分为三个阶段：其一是冷冻阶段，即将样品低温冷冻；其二是升华阶段，即在低温真空条件下直接升华；其三是剩余水分的蒸发阶段。冷冻升华干燥法适宜于具有生理活性的生物大分子和酶制剂、维生素及抗生素等热敏性发酵产品的干燥。

冷冻升华干燥也可不先将物料预冻结，而是利用高度真空时汽化吸热而将物料自行冻结，这种方法称为蒸发冻结。其优点是可以节约一定能量，但操作时易产生泡沫或飞溅现象而导致物料损失，同时不易获得均匀的多孔干燥物。

（3）接触加热干燥法　接触加热干燥法又称为加热面传热干燥法，即用某种加热面与物料直接接触，将热量传给物料，使其中水分汽化。在发酵工业中，接触加热干燥法比较普遍使用，其干燥设备有干燥箱、滚筒式干燥器、转筒式干燥器等。

第六节 谷氨酸制味精

味精是 L－谷氨酸一钠，带有一个分子的结晶水。对味精生产而言，谷氨酸是半成品，需进行中和反应生产谷氨酸一钠，然后经过脱色、除铁等一系列处理，最后通过蒸发浓缩、结晶、分离及干燥，方可获得味精的晶体。

一、味精的性质与谷氨酸制味精的流程

1. 味精的性质

味精（MSG）是 L－谷氨酸单钠一水化合物，学名为 α－氨基戊二酸单钠一水化合物，是无色至白色的柱状结晶或白色的结晶性粉末，属斜方晶系，在显微镜下观察，其晶形为棱柱状的八面体。其分子式为 $C_5H_8NO_4Na \cdot H_2O$，相对分子质量为 187.13。由于分子结构含有不对称碳原子，具有旋光性，分为 L－型、D－型及 DL－型三种光学异构体，当 D－型与 L－型相等时，发生消旋，称为 DL－型。谷氨酸一钠的分子结构式如下：

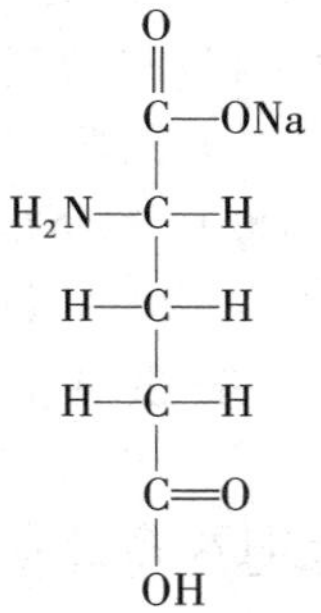

L－谷氨酸钠 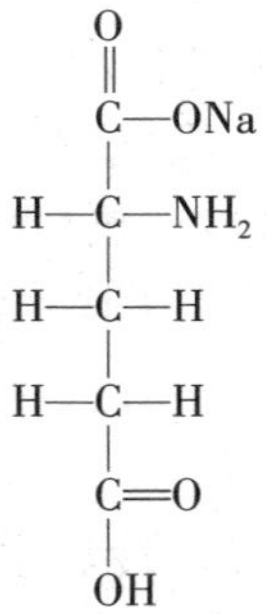　　　　　D－谷氨酸钠

味精的粒子相对密度为 1.635，熔点为 195℃，在 120℃ 以上逐渐失去结晶水。L－谷氨酸单钠的比旋光度为 $[\alpha]_D^{20} = 24.8° \sim 25.3°$（2.5mol/L HCl）。味精易溶于水，不溶于乙醚、丙酮等有机溶剂，难溶于纯乙醇。在两种光学异构体中，只有 L－谷氨酸单钠具有鲜味，其阈值为 0.03%。

L－谷氨酸单钠具有一个羧基（—COOH），一个羧酸钠（—COONa），一个氨基（—NH₂），呈中性，其主要化学性质如下。

（1）与酸作用生成谷氨酸或谷氨酸盐酸盐。

$$NaC_5H_8NO_4 + HCl \longrightarrow NaCl + C_5H_9NO_4 \xrightarrow{HCl} C_5H_9NO_4 \cdot HCl$$

谷氨酸单钠　　　　　　　谷氨酸　　　　谷氨酸盐酸盐

（2）与碱作用生成谷氨酸二钠盐，加酸后又生成单钠盐。

$$NaC_5H_8NO_4 + NaOH \longrightarrow H_2O + Na_2C_5H_7NO_4 \xrightarrow{HCl} NaC_5H_8NO_4 + NaCl$$

谷氨酸二钠　　　谷氨酸单钠

（3）在 120℃ 下失去结晶水，在 155℃ 下分子内脱水，225℃ 以上分解。若其水溶液长时间受热，会引起失水，生成焦谷氨酸一钠。其结构式如下：

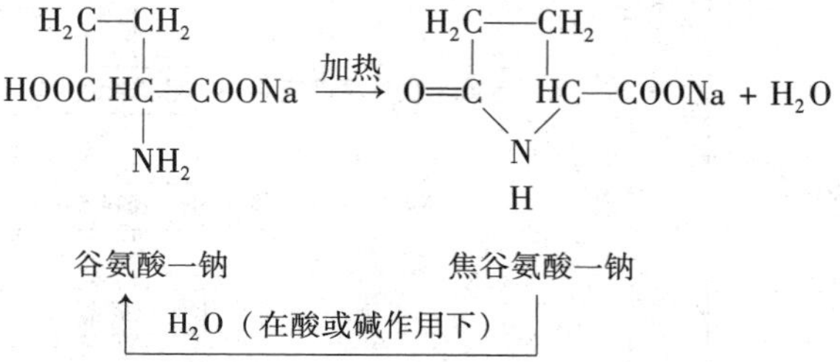

2. 谷氨酸制味精的流程

从发酵液中提取得到的谷氨酸可以直接中和，也可以先经转晶处理后进行中和，然后经脱色、除铁、蒸发浓缩、结晶及干燥等操作，最后得到味精的晶体，其生产流程如图 7-28 所示。

二、谷氨酸晶体转型

1. 谷氨酸晶体转型的工艺流程

将提取工序得到的 α-型谷氨酸转变为 β-型谷氨酸的工艺过程称为谷氨酸晶体转型。在中和之前，通过将谷氨酸悬液加热至 75~80℃，促使晶体转型，可以增大谷氨酸晶体的比表面积，使包藏在 α-型谷氨酸晶体内部的色素和杂质暴露在晶体表面，用热水洗涤可以除去晶体表面大部分的色素和杂质，从而减小中和液脱色难度，有利于提高味精产品的质量。晶体转型的工艺流程如图 7-29 所示。

2. 谷氨酸晶体转型的控制

按图 7-29 所示的工艺流程，将 α-型谷氨酸转为 β-型谷氨酸，控制如下。

（1）配制 α-型谷氨酸悬液　在谷氨酸晶体转型罐中，加入一定量的水或末次味精母液，启动搅拌，并用蒸汽加热至 60℃ 左右，然后投入 α-型谷氨酸，调整浓度使悬液的谷氨酸含量为 50% 左右，最后用纯碱溶液或烧碱溶液调节 pH 至 4.5~4.8。

（2）加热转晶　用蒸汽继续加热，使温度升至 75~80℃，维持 30min 左右，观察悬液变化，若固-液分明的悬液变为均匀的糊状，取样用显微镜观察晶体，当全部转变为 β-型谷氨酸晶体时，即可进行过滤分离。

（3）真空过滤及洗涤　用浓浆泵将转晶液打到真空带式过滤机进行过滤，

边进料边过滤，色素等可溶性杂质随滤液被滤除。滤布连续循环转动，当滤布运

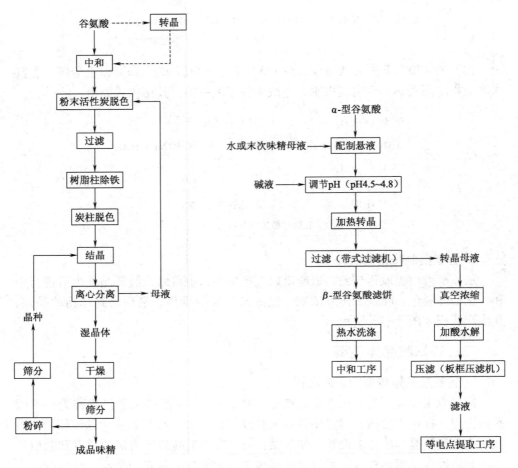

图 7 – 28　谷氨酸制味精的流程　　　　图 7 – 29　谷氨酸晶体转型的工艺流程

行到过滤机中部时，滤布上已形成 30 ~ 40mm 厚度的 β – 型谷氨酸滤饼，在过滤机中部位置的滤饼上方，用 60℃左右的软水进行连续均匀的喷淋，以洗涤 β – 型晶体表面的色素。为了控制转晶母液量，洗涤用水不宜过多，其流量一般为谷氨酸悬液流量的 1/30。当滤布从过滤机中部运行至尾部时，洗涤滤饼的水分基本被吸走，大部分的色素已被除去，最终得到白色的 β – 型谷氨酸滤饼，其谷氨酸含量为 75%（质量分数）左右。在过滤机尾端，β – 型谷氨酸滤饼随滤布转动自动掉进收集漏斗，进入中和罐。

（4）转晶母液的处理　转晶母液含有溶解的谷氨酸、色素以及少量滤布漏出的 β – 型谷氨酸晶体，总的谷氨酸含量在 8% 左右，必须回收处理。先用碱液将转晶母液的 pH 调节至 7.0，使谷氨酸全部溶解，经真空蒸发浓缩，使溶液的谷氨酸含量达到 250g/L 左右，然后放入水解罐中，加硫酸调节 pH 至 1.0 左右，

在 120℃下水解 60min 左右，最后冷却至 60℃左右，并采用耐酸性的板框压滤机进行压滤，所得滤液送到等电点工序，用于等电点法的调酸。

三、谷氨酸中和

谷氨酸是具有两个羧基（—COOH）的酸性氨基酸，与碳酸钠或氢氧化钠均能发生中和反应生成它的钠盐。当中和的 pH 在谷氨酸的第二等电点 [（pK_2 + pK_3）/2 =（4.25 + 9.67）/2 = 6.96]时，谷氨酸单钠离子在溶液约占总离子浓度的 99.59%，谷氨酸单钠具有强烈的鲜味。以纯碱和烧碱为中和剂的化学反应如下式：

$$\begin{matrix} COO^- \\ | \\ H_3^+N-CH \\ | \\ CH_2 \\ | \\ CH_2 \\ | \\ COOH \end{matrix} + \frac{1}{2}Na_2CO_3 \longrightarrow \begin{matrix} COO^-\ Na^+ \\ | \\ H_3^+N-CH \\ | \\ CH_2 \\ | \\ CH_2 \\ | \\ COO^- \end{matrix} + \frac{1}{2}CO_2\uparrow + \frac{1}{2}H_2O$$

$$\begin{matrix} COO^- \\ | \\ H_3^+N-CH \\ | \\ CH_2 \\ | \\ CH_2 \\ | \\ COOH \end{matrix} + NaOH \longrightarrow \begin{matrix} COO^-\ Na^+ \\ | \\ H_3^+N-CH \\ | \\ CH_2 \\ | \\ CH_2 \\ | \\ COO^- \end{matrix} + H_2O$$

按化学反应式计算，谷氨酸与碱反应生成谷氨酸单钠盐，其换算因数为：169.13/147.13 = 1.15；如果以含一个结晶水的谷氨酸单钠盐（味精）计算，其换算因数为：187.13/147.13 = 1.27。

纯碱（Na_2CO_3）或离子膜法生产的烧碱溶液（NaOH）均可作为谷氨酸的中和剂。使用纯碱，中和过程中有大量 CO_2 泡沫产生，影响中和速度和设备利用率；如果采用烧碱溶液，可克服纯碱作为中和剂的缺点，但反应剧烈，应注意控制流加碱液的速度，否则容易引起局部过热和 pH 过高，造成谷氨酸环化反应，影响精制质量和收率。

（1）中和前的准备　向中和罐加入一定量的软水或洗涤压滤机的回收水，为了减少谷氨酸的损失，通常采用洗涤压滤机的回收水作为底水。由于谷氨酸在常温下溶解度很低，需先将底水加热到 65℃左右。

（2）加碱中和　启动搅拌（转速一般为 60r/min），按每罐定量投入谷氨酸，同时缓慢加入碱液，恒温 65℃左右，中和结束时的溶液浓度应为 21 ~ 23°Bé，pH应为 6.96。中和完毕，加入一定量的粉末活性炭，搅拌均匀后泵送至脱色罐脱色。

在中和过程中，应注意以下事项：

①中和过程必须严格控制温度低于70℃，避免温度过高发生消旋化反应和脱水环化生成焦谷氨酸钠的反应。

②中和时必须严格控制准确的pH。如果pH偏低，谷氨酸中和不彻底；如果pH偏高，造成谷氨酸二钠盐百分率高。无论是谷氨酸还是谷氨酸二钠盐，都不呈鲜味。因此，pH控制不准确，对精制收率和产品质量均有影响。

③中和速度要控制缓慢。如果采用纯碱作为中和剂，中和速度过快将产生大量的CO_2泡沫，致使料液逸出，造成损失。同时，加碱速度过快，会导致局部pH和温度过高，容易发生消旋化反应和脱水环化生成焦谷氨酸钠的反应。

④由于中和液要上柱脱色、除铁，为了防止结柱，中和液浓度不宜过高。根据实践经验，中和液浓度一般为22°Bé左右比较理想。

四、谷氨酸中和液的除铁与脱色

1. 中和液的除铁

生产原材料夹带的铁离子与设备腐蚀而游离出的铁离子，包括Fe^{2+}和Fe^{3+}，都可以与谷氨酸形成络合物，使味精成品呈浅黄色或黄色，严重影响产品质量。因此，精制过程中必须采取措施除去铁离子。味精工业中的除铁工艺主要有硫化钠除铁法和树脂除铁法两种，由于硫化钠除铁法对环境污染较大，目前较少厂家采用。

（1）硫化钠除铁　利用硫化钠使中和液存在的少量铁质变成硫化亚铁沉淀，其反应式为：

$$Na_2S + Fe^{2+} \rightarrow FeS\downarrow + 2Na^+$$

硫化铁除铁的流程是：中和液→加入硫化钠→充分搅拌→静置8h→过滤→获得清液。

（2）树脂除铁　鉴于铁以络合物的形式存在于谷氨酸溶液中，利用带酚氧基团的树脂，使络合铁与树脂螯合成新的更稳定的络合物，以达到除铁的目的。反应式为：

$$6R—C_6H_4OH + Fe^{3+} \rightarrow 6H^+ + [Fe—(R—C_6H_4O)_6]^{3-}$$
$$6R—C_6H_4OH + Fe^{2+} \rightarrow 6H^+ + [Fe—(R—C_6H_4O)_6]^{4-}$$

2. 中和液的脱色

谷氨酸中和液一般都含有深浅不同的黄褐色色素，其主要来源有：铁制设备的腐蚀，游离出许多铁离子，除了产生红棕色外，还与水解糖中的单宁结合，生成紫黑色单宁铁；淀粉制糖、培养基灭菌、葡萄糖蒸发浓缩与灭菌、发酵液蒸发浓缩等过程中发生葡萄糖聚合反应产生的色素；培养基灭菌、发酵液蒸发浓缩等过程中葡萄糖与氨基酸在受热情况下发生美拉德反应产生的黑色色素；若用硫化碱对中和液进行除铁，硫化碱用量不当（过量或不足），会导致中和液色素增加。这些色素的存在，就会影响味精成品的色泽和纯度，必须进行脱色处理。目前，常用的脱色方法有活性炭脱色、树脂脱色和纳滤脱色。

（1）活性炭脱色　不同类型、品种的活性炭具有不同的脱色能力。常用粉末活性炭、GH-15 颗粒活性炭对谷氨酸中和液进行脱色。

采用粉末活性炭脱色时，影响脱色效果的因素主要如下。

①温度：在一定温度范围内，温度升高，分子运动速度加快，同时溶液的黏度也降低，色素分子向活性炭表面的扩散速度增加，进入小孔机会多，增加接触的机会，有利于吸附。但温度过高，分子运动过剧，反而使解吸色素的速度增大，有利于色素的解吸。综合考虑温度对色素吸附与解吸的作用，一般控制脱色温度在 50~60℃。

②pH：一般活性炭在 pH4.5~5.0 脱色效果较好，但此范围内尚有 40% 的谷氨酸未生成谷氨酸单钠，因此，生产上控制脱色的 pH 为中和终点的 pH。

③活性炭用量：活性炭用量一般取决于其本身的质量和谷氨酸的质量，如果两者质量均好，活性炭用量一般在 20~40g/L。如果活性炭或谷氨酸质量差，可适当增加活性炭用量，但应注意，增加至一定用量以后，脱色效果并没有随活性炭用量增加而有明显变化。此时，再增加活性炭用量反而给中和液带来钙、镁、铁、氯等杂质。

④脱色时间：色素分子向活性炭表面扩散以及吸附均需要一定的时间，只有充分接触，活性炭才能发挥脱色效力。但是，当活性炭吸附饱和后，延长脱色对脱色效果没有意义，反而影响设备利用率。一般控制脱色时间为 60~120min。

GH15 颗粒活性炭脱色能力比粉末活性炭的脱色能力弱，但具有较多的优点，包括：机械强度高，化学稳定性好，能反复再生使用，可装填在柱内进行连续脱色等。谷氨酸中和液经粉末活性炭脱色、压滤后，滤液的透光率往往达不到要求，可用 GH15 颗粒活性炭柱作为最后一道脱色工序。

（2）树脂脱色　离子交换树脂的脱色作用，主要靠树脂的多孔隙表面对色素进行吸附作用。这种吸附作用主要是树脂的基团与色素的某些基团形成共价键，因而对杂质起到吸附与交换作用。它的作用原理如下：

脱色：$R \equiv NCl + MF \rightarrow R \equiv NF + MCl$　　（F 为带负电荷的色素或杂质）

再生：$R \equiv NF + NaCl \rightarrow R \equiv NCl + NaF$

树脂脱色操作如下。

①预处理及转型：先 4% NaOH 溶液浸泡去除杂质，然后用水洗至 pH8.0 以下，再用 4% HCl 转型，无离子水洗至流出液呈中性，最后用 5% NaCl 溶液洗至进、出液 pH 相同。

②上柱脱色及水洗：中和液以低流速上柱，上柱完毕后用热水洗至流出液 0°Bé 以下。

③再生：用 10% NaCl + 10% NaOH 混合液再生，水洗至 pH8.0 以下，无离子

水洗至进、出液的氯离子含量相同，最后用5% NaCl溶液洗至进、出液 pH 相同。

（3）纳滤膜脱色　由于中和液中色素分子远远大于谷氨酸单钠分子，随着膜技术的发展，近年来已有一些厂家采用纳滤膜取代粉末活性炭对中和液脱色，消除了粉末活性炭对环境的污染，降低了劳动强度和生产成本，并提高了脱色效果。其流程如图 7-30 所示。

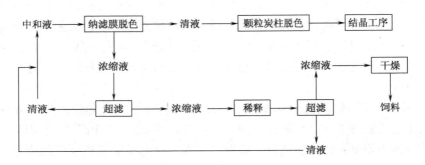

图 7-30　纳滤膜脱色流程

3. 中和液脱色和除铁的控制

（1）中和液脱色、除铁的工艺流程　目前，国内味精生产厂一般先采用粉末活性炭对谷氨酸中和液进行一次脱色，压滤后，所得滤液经树脂除铁，然后采用 GH15 颗粒炭对其进行脱色。其流程如图 7-31 所示。

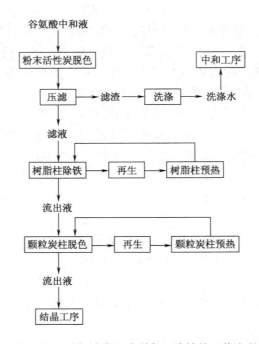

图 7-31　谷氨酸中和液脱色、除铁的工艺流程

（2）粉末活性炭脱色的控制 谷氨酸中和完毕，将中和液送至脱色罐，加入2~5g/L的粉末活性炭，保持脱色温度为55~60℃，进行搅拌脱色一定时间60~120min，然后过滤，清液即为第一次的脱色液。过滤后，要用软水洗涤滤渣，直至洗涤水接近0°Bé，收集洗涤水，作为中和添加用水。

（3）树脂柱除铁的控制

①树脂预热：以热水预热40~50℃，避免谷氨酸钠析出。

②交换：一般顺流上柱交换，每小时进料量为树脂体积的1~2倍。当流出液在12°Bé以前，收集在低浓度贮罐中，作为谷氨酸中和及调节母液浓度之用；当流出液高于12°Bé时，检查无铁离子时即可收集，进入下工序；当吸附饱和时，检查流出液有铁离子存在，立即停止进料，改进软水洗涤，直至洗出液为0°Bé，收集洗出液作为低浓度溶液。

③再生：正、反水洗→酸洗→正水洗（pH5~6）→碱洗→正、反水洗（pH8~9）→备用。酸洗时，盐酸浓度为4%，用量为树脂体积的2~3倍，浸泡2~4h；同样，碱洗时，烧碱浓度为4%，温度40~50℃，用量为树脂体积的2~3倍，浸泡2~4h。

（4）颗粒炭柱脱色的控制

①颗粒炭柱的预热：以热水预热40~50℃，避免谷氨酸钠析出。

②吸附：一般顺流上柱交换，每小时进料量为树脂体积的1~2倍。流出液的收集方式与树脂柱除铁时的收集方式相同。

③再生：正、反水洗→碱洗→正水洗（pH5~6）→酸洗→正、反水洗（pH8~9）→备用。碱洗、酸洗的控制条件与树脂柱的再生条件相同。

五、谷氨酸中和液的蒸发浓缩与味精结晶

1. 谷氨酸单钠的饱和溶液与过饱和溶液

如表7-7所示，谷氨酸单钠在水中的溶解度较大。不含结晶水的谷氨酸钠（简称Glu·Na）在不同温度下在水中的溶解度按如下经验公式计算：

$$s_d = 35.30 + 0.098t + 0.0012t^2 \qquad (7-8)$$

式中 s_d——Glu·Na的溶解度，g/100g溶液

t——温度，℃

含结晶水的谷氨酸钠（简称Glu·Na·H$_2$O）在不同温度下在水中的溶解度按如下经验公式计算：

$$s_C = 39.18 + 0.109t + 0.0013t^2 \qquad (7-9)$$

式中 s_C——Glu·Na·H$_2$O的溶解度，g/100g溶液

t——温度，℃

表7－7 谷氨酸钠对水的溶解度

温度/℃	Glu·Na·H₂O 溶解度/(g/100g 水)	Glu·Na·H₂O 溶解度/(g/100g 溶液)	Glu·Na·H₂O 溶解度/(g/100mL 溶液)	Glu·Na 溶解度/(g/100g 水)	Glu·Na 溶解度/(g/100g 溶液)	Glu·Na 溶解度/(g/100mL 溶液)
0	64.42	39.18	46.33	54.56	35.30	41.74
10	67.79	40.40	48.04	57.23	36.40	43.28
20	72.06	41.88	50.09	60.62	37.74	45.14
30	77.37	43.62	52.52	64.80	39.32	47.34
40	83.89	45.62	55.33	69.89	41.14	49.89
50	91.87	47.88	58.56	76.06	43.20	52.83
60	101.61	50.40	62.23	83.49	45.50	56.18
65	107.30	51.76	64.24	87.76	46.74	58.01
70	113.58	53.18	66.38	92.46	48.04	59.96
80	128.41	56.22	71.06	103.33	50.82	64.23
90	147.04	59.52	76.30	116.64	53.84	69.02
100	170.86	63.08	82.19	133.10	57.10	74.40

与其他物质一样，谷氨酸单钠溶液有三种状态：不饱和溶液、饱和溶液与不饱和溶液。在不饱和溶液中，溶解速度大于晶析速度，若外加晶体时，晶体颗粒会逐渐溶解变小，直至达到饱和溶液为止；在饱和溶液中，溶解速度等于晶析速度，溶液中的晶体大小基本不变，溶液浓度不变；在饱和溶液中，溶解速度小于晶析速度，溶液会自然形成新晶体，并且晶粒能长大，直至溶液降至饱和溶液。

溶液的过饱和程度常用过饱和系数 α 来表示，即：

$$\alpha = s/s_0 \qquad (7-10)$$

式中　α——过饱和系数

　　　s——过饱和浓度，g/100g

　　　s_0——溶解度平衡浓度，g/100g

理论上，任一温度时，溶液达到略呈饱和溶液时，就会有溶质析出，但对许多物质的过饱和溶液的研究中发现，把不饱和溶液冷却的方法或蒸发去掉一部分溶剂的方法，使其浓度略微超过饱和浓度，一般并没有溶质晶体析出，只有达到某种程度的过饱和状态时才析出溶质晶体。通过对谷氨酸单钠在不同温度下微晶初始生成、大量生成的观测，可绘制谷氨酸单钠饱和溶解度曲线与过饱和溶解度曲线，如图7－32所示。

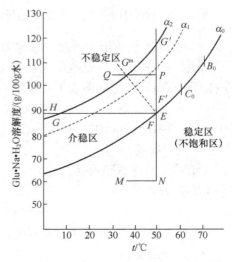

图7－32　谷氨酸单钠的饱和曲线与过饱和曲线

图中 α_0 是谷氨酸单钠的饱和溶解曲线，α_1 是微晶初始生成的曲线，α_2 是微晶大量生成的曲线（即为过饱和溶解曲线曲线），α_0、α_1、α_2 相互大致平行。α_0 与 α_2 将图分成三个区域：稳定区、不稳定区和介稳区。在稳定区内，无晶体析出现象，外加晶体会溶解；在介稳区内，晶核不会自动形成，但诱导可以产生，若有晶体存在可以长大；在不稳定区内，可以自然产生大量晶核，晶体也可以长大。

经过多年味精生产实践，总结出结晶与过饱和系数的一般规律（特殊情况除外）如下。

（1）过饱和系数小于 1 时，即稳定区，晶体只能溶解，不能长大。在整晶或溶掉假晶时，可将溶液浓度控制在此范围。

（2）过饱和系数在 $1.0 \sim 1.2$ 时，即养晶区，不能自然形成晶核，但可以使已有的晶体长大。晶种起晶法结晶过程，溶液浓度要控制在此范围内。

（3）过饱和系数在 $1.2 \sim 1.3$ 时，即刺激起晶区，已有的晶核能长大，受外界影响也能产生新的晶核。粉体味精的刺激起晶，溶液浓度控制在此范围内，结晶味精假晶常在此区产生。

（4）过饱和系数大于 1.3 时，即不稳区，在此范围能自动产生大量的晶核，自然起晶时控制在此范围。

2. 味精结晶的流程与影响因素

（1）味精结晶的流程　要想从溶液中析出结晶，必须除去大量的水分，使溶液达到过饱和状态。因此，在味精结晶操作之前，通常采用减压蒸发浓缩技术对中和液进行处理。减压蒸发浓缩分单效蒸发浓缩和多效蒸发浓缩，有些工厂采用单效蒸发浓缩工艺，即在单效真空结晶罐中完成中和液的浓缩与结晶的全部过程；而有些工厂采用多效蒸发浓缩工艺，即先在多效真空蒸发器中将中和液浓缩至一定浓度（一般由 $22°Bé$ 左右浓缩至 $26 \sim 28°Bé$），然后送至单效真空结晶罐中继续浓缩与进行结晶操作，采用此工艺可以节省蒸汽 25% 左右。晶体味精结晶的工艺流程如图 7 – 33 所示。

在结晶过程中，味精晶体成长分为两个阶段：①味精分子由液相以分子运动扩散方式透过膜达到晶体界面，即扩散过程；②味精分子达到晶体表面吸附层，发生表面反应，沉积到晶面上，液体浓度降至饱和浓度，即表面反应过程（又称为沉积过程）。结晶过程的控制，必须保持扩散速度与表面反应速度两者一致。

（2）味精结晶的影响因素　味精的总结晶量与结晶时间、晶核总表面积以及结晶成长速度都成正比关系。其中，结晶速度是生产效率的重要因素，其受以下因素所影响。

①过饱和系数：过饱和系数对结晶速度的影响体现在，过饱和系数在 $1.0 \sim 1.2$ 时，晶体能以最大的速度长大，且不产生新的晶核，在此范围内过饱和系数越大，结晶速度越大，形成的晶体颗粒大。

②溶液的纯度：在相同的过饱和系数下，溶液的纯度越高，黏度就越小，抑

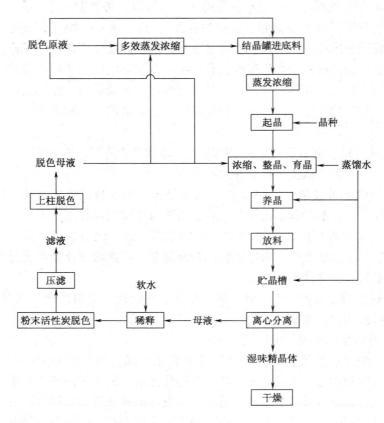

图 7 – 33　晶体味精结晶操作流程

制结晶的因素越小，溶质分子扩散的阻力也就越小，结晶的速度越快。因此，生产中尽量除去溶液中可能存在的杂质，如残糖、色素、表面活性剂、焦谷氨酸钠、DL – MSG、盐类、金属离子和有机酸等。

③温度：结晶的温度高，溶液黏度小，有利于溶质分子扩散，结晶速度也提高。但温度高易生成焦谷氨酸钠，不仅收率低，也影响产品质量。因此，生产上采用真空结晶操作，控制温度 65～70℃。

④稠度：稠度是指结晶过程中罐内固液相之比（俗称干稀度），稠度大，则在单位容积结晶罐中含有较多的晶体，即生产效率高，但稠度过大，使结晶流动性差，运动阻力大，降低结晶速度；当稠度过低时，罐内晶间距大，浓度梯度小，扩散速度慢，结晶速度慢，易形成新的晶核，而且稠度低，结晶面积小，单罐产量少，对生产不利。因此，生产上要控制适宜的稠度。

⑤结晶液的流动性：结晶液的流动性好，有利于溶质分子的扩散，结晶速度加快。在一定黏度下，结晶液的流动性取决于搅拌强度。搅拌强度大，罐内对流循环好，有利于结晶，但强烈搅拌，溶质分子流动过快，不利于长晶，对晶形也

有损伤，并且容易导致二次成核现象，所以搅拌强度要选择适当。

3. 味精结晶的控制

（1）结晶罐的结构　大型生产一般采用内热式真空结晶罐，其结构如图 7 - 34 所示。

（2）蒸发浓缩过程

以 30m³ 结晶罐为例。先将 18m³ 左右的料液（21 ~ 23°Bé）加入结晶罐，启动搅拌，搅拌转速与结晶罐设计有关，以使料液循环为宜，在加热室中通入蒸汽进行加热蒸发，控制真空度为 0.08 ~ 0.085MPa，温度为 60 ~70℃，在 1 ~ 2h 内将底料浓缩至 29.5 ~ 30.5°Bé，即达介稳区。

（3）起晶　投晶种量与所用晶种的颗粒大小有关。一般情况下，按结晶罐全容积计算，40 目晶种的投入量为 20 ~ 40g/L，30 目晶种的投入量为 40 ~ 60g/L，20 目晶种的投入量为 60 ~ 90g/L。投晶种时，用软管的一端连接结晶罐的进料口，另一端插入晶种桶中，靠结晶罐的真空把晶种吸入结晶罐。

（4）结晶过程　在整个结晶过程中，应控制结晶罐内真空度为 0.08 ~ 0.085MPa，温度为 60 ~ 70℃，并控制蒸发速度与结晶速度一致，使结晶罐

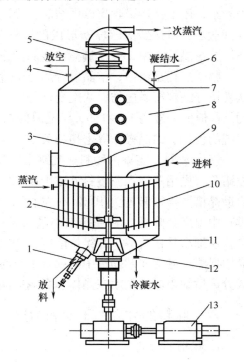

图 7 - 34　内热式真空结晶罐
1—下展式放料阀　2—搅拌器　3—视镜
4—放空管　5—气液分离器　6—软水入口
7—上封头（锥形）　8—罐体　9—进料口
10—列管式加热器　11—下封头（锥形）
12—冷凝水出口　13—传动装置

内料液浓度处于介稳区内。随着晶体长大，应逐渐提高搅拌转速，使固液混合物料充分循环，避免晶体沉积，有利于提高结晶速率，但是，应避免搅拌速度过快而损伤晶体。

随着水分不断被蒸发和晶粒的不断长大，结晶罐内的液位会逐渐降低，料液的稠度趋于增大，此时应及时将 21 ~ 23°Bé 的料液补进结晶罐，以补充溶质，促进晶体增长，同时在介稳区内起着降低浓度的作用。但是，应注意控制补料量，以免罐内料液浓度波动过大而引起溶晶现象。

如果控制不慎，当蒸发速度大于结晶速度，使结晶罐内料液浓度超越介稳区，会析出一些细小的新晶核（假晶），这时应加入与料液温度接近的蒸馏水进

行整晶，即溶掉新形成的微晶核。整晶所用的蒸馏水来自于结晶罐加热室的蒸汽冷凝水，用不锈钢罐收集以供结晶过程流加以及贮晶槽调水使用。整晶用水量要控制适当，以达到溶解掉新形成的微细晶核为目的，防止正常晶种的溶化和损伤。在结晶过程中，应尽量减少整晶操作次数，一般不应超过 3 次。

　　整个过程是浓缩、整晶、育晶三个阶段交替进行的过程。结晶过程中，必须从视镜仔细观察罐内物料浓度变化与循环状况，以便采取相应的操作。晶体味精的结晶时间一般为 10～16h，结晶时间与料液质量、晶种投入量、结晶罐及相关系统的设计、结晶操作等密切相关。

　　（5）放料　当罐内物料达到罐全容积的 70%～80% 时，可以进行放罐操作。放罐前，先用蒸馏水调整料液浓度至 29.5～30.5°Bé，然后关闭真空、蒸汽，开启助晶槽搅拌（转速为 10r/min 左右），最后将物料迅速放入助晶槽。由于放罐过程中温度会降低，有一些细小晶核析出，在助晶槽中需适当加蒸馏水调整浓度，使细小晶核溶解，并维持浓度为 29.5～30.5°Bé。同时，适当采用蒸汽对助晶槽保温，避免在贮晶槽中继续有细小晶核产生，影响离心分离效率与效果，造成分离后细小晶核粘附在晶体上影响成品的品质。

六、味精的分离、干燥和筛选

1. 味精的分离

　　谷氨酸单钠溶液经结晶后得到的是固液混合物，必须采取有效的方法进行分离，才能得到湿味精晶体。生产上，采用过滤式离心机，有三足式（分上、下出料）、平板式（分上、下出料）和上悬式分离机等。分离质量要求是：晶体味精表面含水率在 1% 以下，粉体味精含水率在 5%～8%。分离质量直接影响到干燥工序操作，如果晶体表面含母液高，干燥过程中易产生小晶核粘附在晶体表面上，出现并晶或晶体发毛、色泽偏黄等现象，严重影响产品质量。分离质量与离心机转速快慢和直径大小有关，转速越大，分离因数越大，其分离效果也越好。为了保证分离出来的晶体表面光洁度，在离心分离过程中当母液离开晶体后，三足式、平板式分离机一般用适量热水均匀喷淋晶体，而上悬式分离机一般采用汽洗，使晶体表面黏附液被喷洗出来。

　　味精一次结晶得率一般为 50% 左右，即晶体成品量占总投入物料折纯量的 50% 左右，意味着有 50% 左右的纯谷氨酸单钠存在于分离母液，待下一次结晶操作进行提炼。因此，分离母液需收集，然后用去离子水稀释至 22°Bé 左右，经粉末活性炭脱色、上柱脱色除铁等工序，再送至结晶工序进行结晶提炼。原液经过一次结晶、分离所得的母液称为一次母液，一次母液再经结晶、分离所得的母液称为二次母液，依次类推，不断循环，当最后所得的母液由于色素等杂质含量较多，从经济和产品质量角度考虑，已不能用于结晶生产成品，此母液称为末次母液。为了减少损失和提高精制收率，末次母液可以采用适当方法处理而进行不同程度的回收利用。

2. 味精的干燥

干燥的目的是除去味精表面的水分，而不失去结晶水，外观上保持原有晶型和晶面的光洁度。目前，味精工业主要采用振动式沸腾干燥设备进行干燥，其原理是利用振动输送机的槽体加一层多孔板，当振动时，湿味精晶体在多孔板上跳跃前进，与此同时，热风从多孔板下方吹入，将湿味精晶体的水分蒸发掉，从而达到烘干的目的。

影响味精干燥速度的因素有：①味精含水率：若含水率高，湿度大，干燥速度慢。②热空气温度和湿度：热空气温度高，其相对湿度低，吸湿力强，干燥速度快，但生产上温度不宜过高，以免味精失去结晶水，一般不超过80℃。③热空气流量：热空气量的大小影响到物料与气流的湍流程度，物料处于悬浮状态，有利于传热和传质，加快干燥速度。④热空气流动方向：尽量使物料运动方向与热空气流动方向相反，以增大温度差，提高汽化速度。⑤干燥停留时间：干燥停留时间越短，晶体表面亮度就越好，相反就越差，停留时间与振动干燥机振动面的长度、坡度、振动频率和振幅等有关。

3. 味精的筛选

紧接着振动式沸腾干燥设备，应安装振动筛选机，对干燥出来的味精及时进行筛选。根据不同晶体规格的要求，选择不同孔径的筛网。表7-8是一些味精厂大结晶味精和小结晶味精的筛选机筛网目数及尺寸。

表7-8   味精筛选机筛网目数及尺寸

筛网尺寸	味精种类	大结晶味精	小结晶味精
上层	筛网目数	10 ~ 14	14 ~ 16
	筛网孔径/mm	1. 17 ~ 1. 65	0. 99 ~ 1. 17
中层	筛网目数	20 ~ 22	—
	筛网孔径/mm	0. 77 ~ 0. 83	—
下层	筛网目数	40	40
	筛网孔径/mm	0. 37	0. 37

七、结晶末次母液的处理

味精母液经多次回用，其杂质含量大量增加，结晶过程还生成一些其他物质如焦谷氨酸等，再用于制造味精，晶形、色泽等方面必然影响成品质量。因此，必须采取特殊方法对末次母液进行除杂处理，才能再利用。目前，末次母液常用处理方法有以下几种。

（1）酸水解法　末次母液中含焦谷氨酸钠为 50～100g/L，为谷氨酸钠量的 15%～25%。将末次母液加酸调节至 pH0.5 以下，在温度 105℃进行水解 1.5h 左右，可使焦谷氨酸钠转化为 L–谷氨酸盐酸盐，再将所得的水解液作为提取车间等电点提取过程中的中和剂，用于提取发酵液的谷氨酸。或用 NaOH 溶液缓慢调节水解液至 pH3.22，可结晶出谷氨酸。

此回收方法需要水解设备，但是回收率高达 90% 以上。若水解液用于提取车间中和发酵液，生产上不增加盐酸的消耗，是比较理想的方法；若采用烧碱进行中和并结晶出谷氨酸，生产上盐酸和烧碱耗量会增加。

（2）碱水解法　在末次母液中加碱进行水解，加碱量为 0.5～1.0mol/L，在温度 105℃进行水解 1.5h 左右，可得水解产物 L–谷氨酸二钠。所得水解液可以用于谷氨酸中和工序，取代部分纯碱或烧碱。或用 HCl 中和所得水解液，调节至 pH3.22，可结晶出谷氨酸。

碱水解法需要水解设备，但回收率高。若将水解液直接用于谷氨酸中和工序，生产上碱液耗量不增加；若采用盐酸进行中和并结晶出谷氨酸，生产上酸、碱耗量会增加。

（3）直接等电点法　先用水或提取车间等电点提取母液稀释末次母液，调节浓度至 17～18°Bé，再按等电点工艺进行操作，提取谷氨酸；或在发酵液等电点提取谷氨酸过程中，谷氨酸育晶之后，将末次母液以较小的流速流加到等电点罐中，达到回收的目的。此法回收率仅有 70%～75%，但工艺简单，不需要专用设备。

（4）再结晶方法　为了降低末次母液量，以减少工艺损失，有些厂家采用粉体味精结晶的操作方法，先将末次母液结晶出味精粗品，然后将味精粗品溶解，与中和液合并，经过脱色除铁后进行正常结晶提炼。味精粗品结晶时所得的母液，可以采用上述水解方法处理。再结晶法处理末次母液消耗一定蒸汽，但回收率较高，且采用水解法处理的母液量较少。

备注：与晶体味精操作不同，在粉体味精结晶操作中，浓缩和结晶在两个设备内分两步进行，物料先浓缩除去一定水分，使浓度达到规定值后放入冷却罐，通过降温刺激起晶并不断搅拌结晶。由于粉体味精无晶型的要求、色泽等外观指标都比晶体味精稍低，生产中通常采用晶体味精结晶的多次母液（经稀释、脱色、除铁等处理）作为粉体味精结晶的溶液。将母液用真空吸入蒸发罐内，在 0.075～0.085MPa 下进行减压蒸发浓缩，待蒸发至一定液面后，继续补料和蒸发，料液达到一定浓度 [33～36°Bé（80℃）] 和体积（一般为罐全容积的 80% 左右）时，先将罐内温度升至 80℃（这样可使结出的晶体比较结实，质量好，易分离），然后放料至搅拌冷却结晶罐内，一边搅拌（36r/min 左右），一边冷却，搅拌 2～3h 后，开冷却水降温，降温速率为 3～4℃/h，液温下降至比室温高 15℃ 左右时，进行离心分离、烘干。

（5）谷氨酸晶型转变工序添加法 在谷氨酸中和前，如果采用谷氨酸晶型转变工艺进行脱色，末次母液可以在配制谷氨酸悬液时按比例加入，使悬液的谷氨酸含量达到 400～500g/L，同时取代部分碱液而调节混合液的 pH 至 4.5～4.8，加热至 75～80℃，保温 30min，α-型谷氨酸可完成晶型转变，最后经真空过滤得到 β-型谷氨酸。此法操作简单，回收率达到 85% 左右。所得谷氨酸中和液质量好，结晶循环次数多。

实训项目

一、谷氨酸发酵液的菌体分离

1. 实训准备

设备：小型超滤设备（配备 150～200kD 的膜管），分光光度计，华勃氏微量呼吸仪。

材料与试剂：谷氨酸发酵液（谷氨酸含量 100～120g/L），氢氧化钠溶液，谷氨酸测定的相关试剂。

2. 实训步骤

（1）超滤分离前，在小型超滤机上安装 150 或 200kD 的膜管，在贮液罐内放入清水，启动循环泵，进行水通量测试，测试合格后将清水排出。同时，测定发酵液的 OD_{650} 和谷氨酸含量。

（2）量取 5L 发酵液放入贮液罐，设置浓缩比为 10:1，启动超滤装置的循环泵，进行超滤分离，根据小型超滤设备的要求进行流量、温度和压力的控制，收集清液。

（3）超滤结束后，将菌体浓缩液放出，用清水洗涤干净贮液罐，将 5L 的氢氧化钠溶液（pH11）放入贮液罐，启动循环泵清洗，清洗时间视清洗效果而定。清洗后，再次进行水通量测试，清洗后的水通量要求达到全新膜元件水通量的90% 以上，否则需再次进行清洗操作。

（4）分别准确测量菌体浓缩液、清液的体积，分别测定菌体浓缩液、清液的谷氨酸含量，测定清液的 OD_{650}。根据检测数据，计算一次超滤操作的谷氨酸收率。计算如下：

$$一次超滤的谷氨酸收率 = \frac{清液体积 \times 清液的谷氨酸含量}{发酵液体积 \times 发酵液的谷氨酸含量} \times 100\%$$

二、谷氨酸的等电点法提取

1. 实训准备

设备：5L 小型提取罐（带搅拌、pH 计、夹层降温等装置），华勃氏微量呼吸仪，蠕动泵，离心机，显微镜，干燥箱。

材料与试剂：谷氨酸发酵液（谷氨酸含量 100~120g/L），α-型谷氨酸，浓硫酸，谷氨酸测定的相关试剂。

2. 实训步骤

（1）提取前，测定发酵液的谷氨酸含量。

（2）将 3L 的发酵液放入小型提取罐中，启动搅拌，控制转速为 24~28r/min，利用蠕动泵缓慢地加入浓硫酸，同时利用夹层降温装置通入冷却水进行缓慢降温，密切观察 pH 和温度的变化，在起晶点到达前控制温度为 25℃左右。

（3）当 pH 接近 5.0 时，逐步减小浓硫酸的流量，不定时取样观察晶核（显微镜观察）形成情况；一旦观察到晶核出现，立即停止加酸和降温，投入 0.1% 的 α-型谷氨酸，搅拌育晶 2h。

（4）然后，在 5h 左右的时间内，继续缓慢地加酸，直至将 pH 调节至 3.22；同时，继续缓慢降温，pH3.22 时的温度控制为 10℃左右。此后，继续利用冷却水降温，使温度降至 6℃左右，再继续搅拌育晶 4h。

（5）最后，利用大容量离心机对悬液进行分离，离心分离条件控制为 4000r/min 和 20min，收集沉淀物，即得到湿的谷氨酸晶体。

（6）将湿的谷氨酸晶体置于 100℃下干燥至恒重，称量谷氨酸晶体的质量，并测定谷氨酸晶体的含量，计算等电点法的提取率。计算如下：

$$等电点提取率 = \frac{谷氨酸晶体质量 \times 晶体的谷氨酸含量}{发酵液体积 \times 发酵液的谷氨酸含量} \times 100\%$$

三、谷氨酸的离子交换法提取

1. 实训准备

设备：有机玻璃离子交换柱（$\Phi200mm \times 600mm$），华勃氏微量呼吸仪，蠕动泵。

材料与试剂：谷氨酸发酵液（谷氨酸含量 30~40g/L），732#强酸性阳离子树脂，盐酸，氢氧化钠，谷氨酸测定的相关试剂。

2. 实训步骤

（1）用清水浸泡 732#强酸性阳离子树脂 12h，排去清水；然后，加入 2 倍体积的 4% NaOH 浸泡 4h，排去碱液，用清水洗涤至中性；最后，加入 2 倍体积的 4% 盐酸浸泡 4h，排去酸液，用清水洗涤至 pH2.0 左右。

（2）将 732#强酸性阳离子树脂装入有机玻璃离子交换柱，使树脂的湿体积占总容积的 60%。采用顺流方式上柱，利用蠕动泵输入发酵液，控制发酵液的每小时流量为树脂体积的 1.5 倍。根据预测的树脂工作交换量，在交换吸附的后期，用 5% 茚三酮溶液的显色反应来检测谷氨酸的漏出点。

（3）当树脂吸附饱和后，立即停止进料，用热水（50~60℃）以顺流方式洗柱，直至流出液清澈，排去柱内残留的水。然后，用 8% 的 NaOH 溶液以顺流方式解吸，碱液的每小时流量为树脂体积的 1.0 倍。按流出液的 pH 进行分段收集，pH2.5 以前为前流分，pH2.5～9.0 为高流分，pH9.0 以后为后流分。

（4）解吸结束后，排出柱内残留液体，用热水（50～60℃）以逆流方式洗柱，直至排出液的 pH 为 7.0，排去柱内残留液体。然后，用 10% 的盐酸溶液浸泡2h，再以顺流方式进出交换柱，酸液的每小时流量为树脂体积的0.7倍，酸液用量一般为树脂全交换量的1.2倍。

（5）准确测量上柱的发酵液体积，测量高流分的体积，并测定高流分的谷氨酸含量，计算离子交换树脂法的提取率。计算如下：

$$离子交换树脂法的提取率 = \frac{高流分体积 \times 高流分的谷氨酸含量}{发酵液体积 \times 发酵液的谷氨酸含量} \times 100\%$$

拓展知识

一、赖氨酸的离子交换法提取

1. 赖氨酸的主要性质

赖氨酸的化学组成为 $C_6H_{14}O_2N_2$，相对分子质量为 146.19。具有不对称的 α-碳原子，故有 L-型和 D-型两种异构体，DL-赖氨酸是等分子 L-型和 D-型的混合物，L-型和 D-型分别如下：

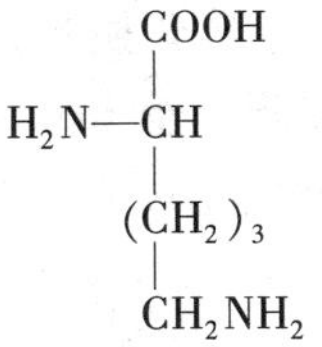

L-赖氨酸属于单斜晶系，熔点为 263℃，比旋光度是 $[a]_D^{20} = +21°$（$c = 8g/100mL$，6mol/L HCl），难溶于醇和醚，易溶于水，在水溶液中 $pK_1 = 2.20$（—COOH），$pK_2 = 8.90$（α—NH_2），$pK_3 = 10.28$（ε—NH_2），等电点为 pI=9.59。

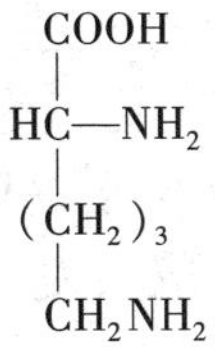

游离的 L-赖氨酸具有很强的呈盐性，极易吸收空气的 CO_2 生成碳酸盐，故一般商品是以 L-赖氨酸盐酸盐的形式存在。L-赖氨酸盐酸盐的化学组成为 $C_6H_{15}O_2N_2Cl$ 或 $C_6H_{14}O_2N_2 \cdot HCl$，其相对分子质量为 182.64，化学性质稳定。

2. 赖氨酸的离子交换法提取

L-赖氨酸的离子交换法提取流程如图 7-35 所示。

赖氨酸提取与精制的操作要点如下。

（1）发酵液预处理　由于采用离子交换法从发酵液中提取赖氨酸，为了提高树脂对赖氨酸的吸附能力，通常采用超滤法或添加絮凝剂沉淀法去除菌体。实践证明，发酵液经除菌体处理后的提取得率比不进行预处理要高很多。

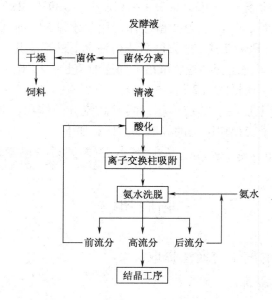

图 7 – 35　L – 赖氨酸的离子交换法提取流程

由于赖氨酸是碱性氨基酸，其等电点为 9.59，在低于等电点的 pH 时呈阳离子存在，能够强烈地被阳离子交换树脂吸附。因此，在离子交换之前，需对发酵液或除菌体所得的清液进行酸化。采用强酸性阳离子交换树脂进行吸附时，在pH2.0 左右的吸附能力最大，故通常在上柱前用酸调节至 pH2.0 左右。

（2）离子交换树脂提取　一般采用 732# 强酸性阳离子交换树脂吸附赖氨酸阳离子，其吸附反应式为：

$$RSO_3^- \ NH_4^+ \ + \ \underset{\underset{\text{COOH}}{|}}{R'} {-}NH_2 \ \Longleftrightarrow RSO_3^- \ H_3N{-} \underset{\underset{\text{COOH}}{|}}{R'} {-}NH_2 \ + \ NH_4Cl$$

当用 2mol/L 氨水洗脱时，其洗脱反应式为：

$$RSO_3^- \ H_3^+N{-} \underset{\underset{\text{COOH}}{|}}{R'} {-}NH_2 \ + NH_4OH \longrightarrow RSO_3^- \ NH_4^+ + H_2O + \underset{\underset{\text{COOH}}{|}}{R'} {-}NH_2$$

在洗脱过程中，树脂转变为铵型，即洗脱过程也是再生过程。

采用离子交换树脂柱提取过程中，操作如下。

①离子交换柱的处理：新树脂需用水浸泡 24h，使树脂吸水后充分膨胀，同时可以漂洗树脂与去除破碎树脂，然后装柱。装柱后，用水正、反冲洗干净，接着用 2mol/L NaOH 流洗至进、出口 pH 一致，再以无离子水洗涤至 pH 接近中性，然后用 2mol/L HCl 流洗至进、出口 pH 一致，再用水洗至 pH 接近中性，最后用 1mol/L NaOH 浸泡 24h，排出 NaOH 后用水洗至 pH 接近中性，备用。

②上柱交换吸附：上柱方式有正上柱和反上柱两种。正上柱属多级交换，交换容量较大，而反上柱属于一级交换，交换容量较小。正上柱时，每吨树脂一般可吸附 90～100kg 赖氨酸盐酸盐；反上柱时，每吨树脂可吸附 70～80kg 赖氨酸盐酸盐。如果发酵液不经除菌体，适宜采用反上柱，不容易造成菌体堵塞树脂层。

上柱流速对交换效果影响很大，需严格控制。根据上柱液性质、树脂性质、柱大小以及上柱方式等决定上柱流速，一般控制每分钟流出量为树脂体积的 1% 左右。吸附过程中，随时检测流出液的 pH，当流出液 pH 降至 4.5 左右时，应立即停止上柱，并用茚三酮溶液检查流出液是否含有赖氨酸。

上柱完毕，需用水反洗树脂层，冲走残留在树脂层内的杂质，并起疏松树脂的作用，以便洗脱操作。

③氨水洗脱与收集：通常采用氨水进行洗脱。先用 1mol/L 氨水洗脱，当流出液达到 pH8.0 时改用 2mol/L 氨水洗脱。洗脱过程中需控制洗脱液流速，一般控制每小时流出液大致等于柱内树脂层体积。洗脱过程中需经常检测流出液的 pH，按 pH 变化分三段收集。第一段是 pH9.5 以下的流出液，为前流分，赖氨酸含量低，一般收集后与发酵液合并，重新上柱吸附回收；第二段是 pH9.5～13 的流出液，为高流分，此段平均赖氨酸含量为 60～80g/L，收集后进入真空浓缩工序；第三段是 pH13 以上的流出液，赖氨酸含量低，铵离子含量高，收集后用于下次配制洗脱所用的氨水。

二、赖氨酸的结晶法精制

赖氨酸的结晶法精制流程如图 7 - 36 所示。

赖氨酸结晶法精制的操作要点如下。

（1）真空蒸发浓缩　由于离子交换树脂的洗脱液中赖氨酸含量低，铵离子含量高，需采用真空蒸发浓缩，一方面提高 L - 赖氨酸浓度，另一方面驱除氨。浓缩前，用盐酸调节 pH7.0～8.0，最好采用多效蒸发器浓缩，控制温度与真空度，一般将物料浓缩至 22°Bé 左右（其 L - 赖氨酸盐酸盐含量为 400g/L 左右）。将氨回收装置连接着蒸发器，浓缩过程中回收稀氨水。

（2）冷却法结晶　将浓缩液泵送至结晶罐，用工业盐酸调节至 pH4.8，以 10～20r/min 的转速搅拌，并用冷水缓慢冷却，使终温降低至 8～10℃，保温育晶 10～12h。

（3）离心分离　冷却结晶后，采用离心机进行分离，可得含 1 个结晶水的湿 L - 赖氨酸盐酸盐粗晶体，含量约为 80%（质量分数）。离心分离后，用适量的水洗涤晶体粗品。离心所得母液经稀释，与发酵液合并后，再上柱吸附进行回收。

（4）赖氨酸的重结晶精制　晶体粗品含有色素等杂质，如果制造食品级和医药级 L-赖氨酸盐酸盐，还需要进一步精制纯化。通常，用适量水溶解粗晶体，并调节浓度至 16°Bé 左右，加入粉末活性炭搅拌脱色。粉末活性炭用量一般为粗晶体质量的 3% ~ 5%。控制脱色温度在 70℃ 左右，脱色时间为 60 ~ 90min，然后进行压滤，滤液再经真空浓缩、冷却结晶、离心分离等操作，可得重结晶的湿晶体。重结晶的一系列操作与前面粗晶体结晶一致，重结晶中离心分离的母液与粗晶体合并，再经溶解、脱色等操作。湿晶体在 60 ~ 80℃ 下干燥，使含水在 0.1%（质量分数）以下，粉碎至 60 ~ 80 目，包装得成品。

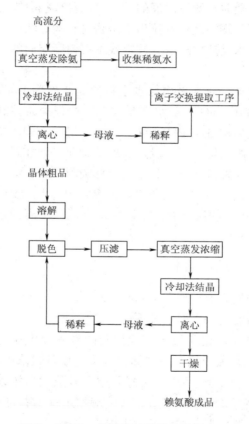

图 7-36 L-赖氨酸的结晶法精制流程

同步练习

1. 简述氨基酸提取与精制的一般流程和基本原则。

2. 氨基酸发酵液菌体分离的方法有哪些？简述超滤法分离谷氨酸发酵液菌体的工艺流程及控制要点。

3. 等电点法提取谷氨酸的工艺原理是什么？分别简述带菌体发酵液等电点

法分批提取谷氨酸和超滤液等电点法连续提取谷氨酸的工艺流程及控制要点。

4. 离子交换树脂理化指标有哪些?

5. 离子交换树脂法提取谷氨酸的工艺原理是什么? 简述离子交换树脂法提取谷氨酸的工艺流程及控制要点。

6. 简述谷氨酸制味精的工艺流程。

7. 分别简述谷氨酸晶体转型、谷氨酸中和、谷氨酸中和液除铁、谷氨酸中和液脱色的目的、操作流程及控制要点。

8. 味精结晶的工艺原理是什么? 简述味精结晶操作流程及控制要点。

9. 味精末次母液的处理方法有哪些? 分别简述这些处理方法。

10. 举例说明谷氨酸生产中的综合利用。

第八章 氨基酸发酵工业的综合利用技术

知识目标

● 了解氨基酸发酵工业综合利用的概况；

● 熟悉废液提取菌体蛋白、生产硫酸铵肥及复合肥、生产单细胞蛋白等工艺流程；

● 理解废液提取菌体蛋白、生产硫酸铵肥及复合肥、生产单细胞蛋白等工艺原理。

能力目标

● 能够制定废液提取菌体蛋白、生产硫酸铵肥及复合肥、生产单细胞蛋白等工艺流程及技术参数；

● 能够进行综合利用岗位操作。

第一节 废液提取菌体蛋白

氨基酸发酵菌体的蛋白质含量丰富（占菌体干重的 50% ~ 80%），氨基酸组分齐全，且含有丰富的维生素、核酸、多糖等。如果将发酵废液中的大量菌体直接排走，既会严重污染环境，又会造成大量蛋白资源的浪费。据报道，日本、美国等国家近年以蛋白质水解物生产调味品，因其含有丰富的氨基酸，营养价值较高，具有很大的市场消费量。目前，我国的蛋白质水解物类调味品也有较大的发展，但利用氨基酸发酵菌体为原料，仍以生产饲料蛋白为主。

以谷氨酸发酵为例，发酵液经提取谷氨酸后，提取废液中含有大量的菌体蛋白，占废液中有机成分的 30% ~ 40%，可采用絮凝气浮法或超滤法进行分离菌体，所得菌体经脱水干燥可制备饲料添加用的菌体蛋白，其蛋白含量可达 70%以上。菌体蛋白的提取流程如图 8 - 1 所示。

第七章已介绍了超滤法分离菌体的流程，这里就不再赘述。下面简单介绍絮凝法分离菌体的工艺。絮凝法是利用加入絮凝沉降剂使菌体成絮状物，使其密度增大而沉降下来，技术的关键是找到合适的絮凝剂及相应的絮凝工艺条件。絮凝是工业废水的主要处理方法，同时也是微生物发酵工艺过程中将产物和菌体分离的重要手段。

絮凝剂的种类包括无机絮凝剂（以铝盐和铁盐为主）、人工合成高分子絮凝剂和天然生物高分子絮凝剂。铝盐会影响人类健康，铁盐会造成处理水中带颜

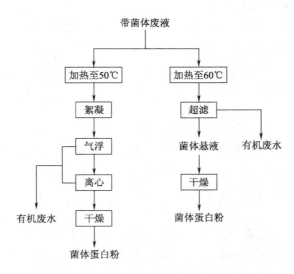

图 8 - 1　带菌体废液提取菌体蛋白的工艺流程

色，高浓度的铁也会对人类健康和生态环境产生不利影响，铝盐、铁盐等无机絮凝剂用于提取菌体蛋白时，产物会因颜色、毒性等问题不能使用。当絮凝提取的菌体用于饲料时，絮凝剂的选择应要求无毒、无害、无异味。近年出现的新型絮凝剂——脱乙酰甲壳素是符合这一要求的。

影响絮凝剂絮凝能力的因素很多，除了被絮凝物质的性质之外，影响絮凝能力的因素还包括温度、pH、无机金属离子和絮凝剂相对分子质量等，具体如下。

（1）温度的影响　温度对一些微生物絮凝剂的活性有较大的影响，主要是因为这些絮凝剂的蛋白质成分在高温变性后会丧失部分絮凝能力。首先，温度升高使得体系中的胶体性质发生变化，促进了絮凝物的生成和沉淀；其次，温度升高，料液黏度较小，使絮凝物容易沉淀。温度升高分子运动速度加快，加速了絮凝物的形成。

（2）pH 的影响　pH 影响絮凝剂的絮凝能力，其原因：酸碱度变化改变生物聚合物和高分子聚合物的带电状况和中和电荷的能力以及被絮凝物质的颗粒表面性质。离子交换废液的 pH1.2～2.0 是分离谷氨酸的条件，此时絮凝能力较强。等电点母液的 pH 为 3.22，此时 pH 对絮凝效果有很大影响，必须加以调整。这是由于溶液的 pH 变化会影响菌体胶粒和絮凝剂的电离度，从而影响分子链的伸展程度。在一定的 pH 条件下，絮凝剂分子链从卷曲状态到伸展状态，提高了架桥能力。同时，微粒表面带有较多的负电荷，使絮凝剂发挥了电荷与架桥的双重作用。

（3）金属离子与其他无机离子的影响　废液中加入的高分子絮凝剂含有金属阳离子，既可以加强絮凝剂的桥联和中和作用，又可以对絮凝剂的絮凝活性起促进作用，多数蛋白质的絮凝容易受金属阳离子的影响。

（4）絮凝剂相对分子质量的影响　微生物絮凝剂和合成高分子絮凝剂的相对分子质量大小，对絮凝剂的絮凝活性至关重要。相对分子质量大，吸附位点就多，携带的电荷也多，中和能力也强，桥联作用明显。目前已分离纯化的微生物絮凝剂都是多聚糖和蛋白质之类的生物大分子，相对分子质量大都在几十万到几百万。

（5）搅拌强度对絮凝效果的影响　搅拌强度不宜过大，否则会打碎大颗粒的絮凝物，使其变成小颗粒而不能沉淀，会降低絮凝效果。同时，搅拌强度也不能过小，如果搅拌强度太小，絮凝剂的浓度分布不均匀，絮凝剂和溶液不能充分接触，不利于絮凝剂捕集固体颗粒。因此，必须确定一个最佳的搅拌强度，以提高絮凝效果。

（6）搅拌时间对絮凝效果的影响　絮凝是一个复杂的化学动力学过程，搅拌时间对絮凝效果有很大的影响。如果搅拌不充分，絮凝剂和菌体微粒不能充分混合，会影响絮凝效果。如果絮凝物形成以后继续进行搅拌，会使已形成的絮凝物破碎，使体系重新达到平衡，对絮凝效果也产生严重影响。

第二节　废液生产无机肥和有机复合肥

氨基酸发酵液提取产物以及菌体后所得废液，往往含有较高的氮素、阳离子、有机质，还含有硫酸根或盐酸根，故可从中回收无机盐，减小污水处理的负荷，同时获得副产品以增加经济效益。

例如，在谷氨酸发酵生产中，提取蛋白后的酸性废水含有 SO_4^{2-}、NH_4^+ 及谷氨酸等有机物，目前从中回收硫酸铵较为普遍，同时，硫酸铵结晶母液可用于制备液体肥料，或进一步加工制备复合有机肥，其工艺流程如图 8-2 所示。

如果发酵液等电点提取时采用硫酸，提取废液中的铵离子含量相对硫酸根含量少，需补充适量的铵离子。一般先将提取废液在三效或四效真空蒸发器中进行浓缩到 $25°$Bé 左右，然后泵送至真空结晶器进一步浓缩到 $40°$Bé 以上。整个过程可以连续进料、结晶、出料，然后连续热分离，可得到硫酸铵的晶体。硫酸铵的结晶母液通过补加 K、P 以及造粒辅料，经造粒、干燥后，可进一步制得颗粒的复合肥。

第三节　废液、废渣生产单细胞蛋白

氨基酸工业生产中有大量废液、废渣产生，对环境造成了严重污染。如果利用废液、废渣生产单细胞蛋白，既可获得蛋白质含量高的饲料蛋白，又可降低对环境的污染。单细胞蛋白（SCP）又称为微生物蛋白或菌体蛋白，可以利用工业

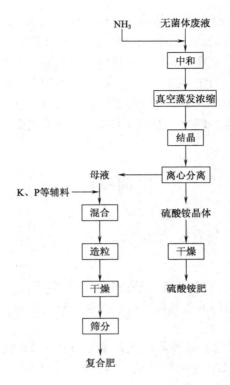

图 8 - 2 废液生产无机肥与复合有机肥的工艺流程

废水、有机垃圾等作为培养基，培养酵母、非病原性细菌、真菌等单细胞生物体，然后经过净化干燥处理制成。SCP生产工艺流程因原料和菌种不同而异，但基本工序大致是一样的。以谷氨酸提取废液生产产阮假丝酵母为例，其工艺流程如图 8 - 3 所示。

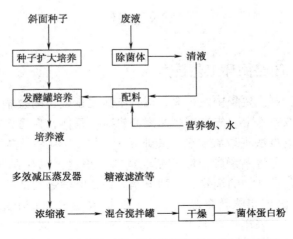

图 8 - 3 废液、废渣生产单细胞蛋白的工艺流程

　　废液经絮凝气浮法或超滤法除菌后，可获得氨基酸生产菌的菌体蛋白。除菌后的清液经调节 pH，添加适量的营养物，配制成培养酵母的培养基，在发酵罐中进行分批或连续的高密度培养，培养液经蒸发浓缩、干燥可得菌体蛋白粉，产品含蛋白达 60% 以上，用作饲料，其效果与鱼粉相同。如果培养液采用离心法或超滤法收集菌体，经进一步提炼，可制取食品蛋白。总之，该工艺对工业生产的废渣液处理比较彻底，整个过程不仅无废水排放或很少排放，还可获得较高附加值的副产品。

实训项目

絮凝法提取谷氨酸发酵菌体

1. 实训准备

设备：带搅拌的 5L 容器，真空抽滤装置，干燥箱。

材料与试剂：带菌体的谷氨酸等电点提取母液，烧碱。

2. 实训步骤

（1）将 3L 带菌体的谷氨酸等电点提取母液放入 5L 容器，用氢氧化钠溶液调节 pH 至 3.8，加入 12g 聚丙烯酸钠，缓慢搅拌（转速 20r/min）30min，即可完成菌体的絮凝，然后停止搅拌。

（2）将絮凝后的物料加热至 80℃，保温 10min，然后进行真空抽滤，收集滤渣，置于 100℃ 下进行干燥，恒重后准确称量滤渣的质量，计算滤渣的得率。计算如下：

$$提取母液的菌体滤渣得率 = \frac{干菌体滤渣的质量}{提取母液的体积}$$

拓展知识

谷氨酸提取闭路循环工艺技术

　　国外的味精工业主要集中在东亚，以日本味之素公司的技术最为先进。日本味之素公司在提取技术上，先采用高速离心机除去菌体，再将去菌体的发酵液浓缩，然后采用等电点法提取谷氨酸，提取率达 90%。但是，高浓度有机废水问题尚未解决，虽然有将剩余废液浓缩制成饲料的报道，仍存在 SO_4^{2-} 浓度太高的问题，不利于反刍类动物的饲养。法国奥桑公司是欧洲最大的味精生产企业，20世纪 90 年代与我国广州味精食品厂合资，其提取工艺是先用超滤技术除菌体，除菌清液经浓缩后，采用连续等电点法提取谷氨酸，提取率可达 90%，超滤所得的菌体浓缩液经干燥可得菌体蛋白饲料，等电点提取母液进一步生产硫酸铵和液体肥料，其大规模生产的超滤除菌工艺值得借鉴。

近年来，江南大学等单位的研究人员探索出一条新的谷氨酸提取工艺，即闭路循环提取谷氨酸工艺，如图8-4所示。发酵液以批次方式进入闭路循环圈，先经等电点结晶和晶体分离，获得主产品谷氨酸；提取母液经除菌体，得到菌体蛋白饲料；去菌体后的提取母液经蒸发浓缩，得到的冷凝水排出闭路循环圈；经浓缩的母液经过脱盐操作，获得结晶硫酸铵；硫酸铵的结晶母液进行焦谷氨酸开环操作和过滤分离，滤渣（高品位有机肥）排出闭路循环圈；最终得到富含谷氨酸的水解液经脱色，可代替浓硫酸用于下一批次发酵液的等电点法提取，物料主体构成了一个闭路循环。依此类推，周而复始。进入物流主体循环圈的有发酵液、硫酸等；离开主体循环圈的是谷氨酸、菌体蛋白、硫酸铵、腐殖质和蒸汽冷凝水。此工艺的不足是投资比较大，操作步骤多，易出故障。当闭路循环工艺中某一环节出现问题时，整个工艺就要停止，所以对设备和操作的要求比较高。

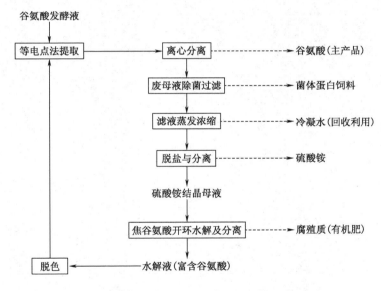

图8-4　谷氨酸发酵液提取谷氨酸的闭路循环工艺流程

从理论上证明可以进行无限次循环，该工艺和现提取工艺比较，有以下特点：

①革新离子交换工艺；

②改冷冻等电点结晶为常温等电点结晶，可以节约大量的冷冻耗电；

③谷氨酸提取率大于95%；

④实现物料闭路循环，不再产生对环境造成严重污染的废母液；

⑤可以生产的副产品为：菌体蛋白（干基）0.1t/t味精（蛋白含量为75%），硫酸铵晶体0.8~0.9t/t味精，高品位有机肥0.3t/t味精；

⑥冷凝水（60℃）可循环作工艺冷却水。

同步练习

1. 简述谷氨酸发酵废液提取菌体蛋白的工艺流程。
2. 简述谷氨酸发酵废液生产硫酸铵肥及复合肥的工艺流程。
3. 简述谷氨酸生产废液、废渣制取单细胞蛋白的工艺流程。

参考文献

［1］周德庆．微生物学教程．北京：高等教育出版社，2002

［2］中国发酵工业协会．全国发酵行业环境保护和综合利用技术交流会文集．山东济宁：2001

［3］中国发酵工业协会．全国氨基酸生产技术交流会论文集．天津：2005

［4］郑舒文，段辉，林剑等．味精废水处理研究．微生物学杂志，2001（9）：31～34

［5］郑善良．微生物学基础．北京：化学工业出版社，1994

［6］赵克勤，刘毅，邹祖然．谷氨酸发酵流加糖工艺的生产研究．食品工业科技，2005，26（3）：124～125

［7］赵景联，孙连魁．固定化谷氨酸棒杆菌T6－13细胞生产L－谷氨酸．西北大学学报，1990，20（4）：71～79

［8］张伟国等．氨基酸生产技术及应用．北京：中国轻工业出版社，1997

［9］张伟国，钱和．氨基酸生产技术及其应用．北京：中国轻工业出版社，1997

［10］张克旭．氨基酸发酵工艺学．北京：中国轻工业出版社，1992

［11］张克旭，陈宁，张蓓等．代谢控制发酵．北京：中国轻工业出版社，1998

［12］张蓓．代谢工程．天津：天津大学出版社，2001

［13］袁品旦．噬菌体感染的快速检测及其生产挽救．发酵科技通讯，2003，32（1）：29～30

［14］俞俊棠等．生物工艺学．上海：华东理工大学出版社，1991

［15］于信令．味精工业手册（第二版）．北京：中国轻工业出版社，2009

［16］姚汝华．微生物工程工艺原理．广州：华南理工大学出版社，2002

［17］徐保国，徐宏波，徐迈．计算机控制在轻工发酵行业的应用分析．自动化博览，2001（4）：16～18

［18］王玉池．噬菌体防治浅见．发酵科技通讯，2003，32（1）：17

［19］王凯军，秦人伟．发酵工业废水处理．北京：化学工业出版社，2000

［20］天津轻工业学院，大连轻工业学院．氨基酸工艺学．北京：中国轻工业出版社，1986

［21］陶文沂．工业微生物生理与遗传育种学．北京：中国轻工业出版社，1997

［22］司樨东．噬菌体学．北京：科学出版社，1996

［23］盛自华，王正发．从源头上减少污染．发酵科技通讯，2005，34（1）：19

［24］沈同．生物化学．北京：高等教育出版社，2000

［25］邱志成．提高谷氨酸发酵产酸率的途径．发酵科技通讯，2002，31（3）：19～20

［26］邱炜炜，林有波．预防噬菌体污染的有效方法．发酵科技通讯，2000，29（1）：38～39

［27］秦人伟，郭兴要，李君武．食品与发酵工业综合利用．北京：化学工业出版社，2009

［28］钱铭镛．发酵工程最优化控制．南京：江苏科学技术出版社，1998

［29］孟庆山．稳定提高谷氨酸发酵生产水平的方法．发酵科技通讯，2003，32（1）：1～2

［30］孟春等．厌氧－微氧生物法处理味精生产废水的研究．福州大学学报（自然版），2000（2）：106～109

［31］梅乐和等．生化生产工艺学．北京：科学出版社，2001

［32］刘艳，黄国林，张国庆．活性污泥法处理中浓度味精废水的研究．华东理工大学学报，2004（12）：274～278

［33］刘素英．味精生产废水处理与味精行业的清洁生产．环境保护，2012（1）：21～24

［34］梁世中．生物工程设备．北京：中国轻工业出版社，2002

［35］廉立伟，谭玉晶，刘巍等．细菌鉴定在谷氨酸发酵生产中的应用．发酵科技通讯，2004，33（4）：14～15

［36］李艳．发酵工业概论．北京：中国轻工业出版社，1999

［37］黄亚东．防治机械搅拌通风发酵过程中杂菌污染的方法．中国酿造，2001（4）：30～32

［38］黑亮，杨清香，杨敏等．用酵母菌处理高浓度味精废水的连续小试．环境科学，2002（7）：62～68

［39］贺延龄．废水的厌氧生物处理．北京：中国轻工业出版社，1998

［40］郭雅妮，李海红，念宁等．酵母处理味精废水研究．陕西师范大学学报（自然版），2004（6）：68～70

［41］郭晨，刘春朝，刘德华等．假丝酵母处理味精废水．化工冶金，1998（5）：150～154

［42］冯容保．提高谷氨酸发酵水平方法的剖析．发酵科技通讯，2003，32（4）：16～17

［43］冯容保．流加浓糖提高谷氨酸发酵产酸率．发酵科技通讯，2001，30（3）：14～15

［44］冯容保．发酵法赖氨酸生产．北京：中国轻工业出版社，1986

［45］冯德荣．生物传感器和谷氨酸发酵生产．发酵科技通讯，1996，25（3）：10～13

［46］杜连祥．工业微生物学实验技术．天津：天津科学技术出版社，1992

［47］丁中浩，蔡连浪，李镭．用上流式厌氧污泥床处理味精废水的研究．环境科学与技术，2002

［48］邓毛程，王瑶，阳元娥．高初糖谷氨酸发酵的研究．广东轻工职业技术学院学报，2004，3（2）：12～14

［49］陈卓贤．味精生产工艺学．北京：中国轻工业出版社，1990

［50］陈骟声．氨基酸及核酸类物质发酵生产技术．北京：化学工业出版社，1993

［51］陈青，曾科，黄相才．味精生产废水中提取菌体蛋白初探．郑州工业大学学报，1998，9

［52］陈宁．氨基酸工艺学．北京：中国轻工业出版社，2011

［53］陈宁．L－谷氨酸温度敏感突变株的选育．生物技术通讯，2000，13（2）：152～154

［54］曹军卫．微生物工程．北京：科学出版社，2002

［55］黑亮，杨清香，杨敏等．用酵母菌处理高浓度味精废水的连续小试．环境科学，2002（7）：62～68

［56］肖冬光．微生物工程．北京：中国轻工业出版社，2004

建议浏览国家级生物技术及应用专业教学资源库：http：//www. cchve. com. cn/hep/plugin/newPortal/shengwu/index. jsp